Reise in die Aequinoctial-Gegenden des neuen Continents

Band 4.

Alexander von Humboldt

(Translator: Hermann Hauff)

Alpha Editions

This edition published in 2022

ISBN : 9789356711501

Design and Setting By
Alpha Editions
www.alphaedis.com
Email - info@alphaedis.com

Contents

Vierundzwanzigstes Kapitel.

Der Cassiquiare. — Gabeltheilung des Orinoco.

Am 10. Mai. In der Nacht war unsere Pirogue geladen worden, und wir schifften uns etwas vor Sonnenaufgang ein, um wieder den Rio Negro bis zur Mündung des Cassiquiare hinaufzufahren und den wahren Lauf dieses Flusses, der Orinoco und Amazonenstrom verbindet, zu untersuchen. Der Morgen war schön; aber mit der steigenden Wärme fing auch der Himmel an sich zu bewölken. Die Luft ist in diesen Wäldern so mit Wasser gesättigt, daß, sobald die Verdunstung an der Oberfläche des Bodens auch noch so wenig zunimmt, die Dunstbläschen sichtbar werden. Da der Ostwind fast niemals zu spüren ist, so werden die feuchten Schichten nicht durch trockenere Luft ersetzt. Dieser bedeckte Himmel machte uns mit jedem Tage verdrüßlicher. Bonpland verdarben bei der übermäßigen Feuchtigkeit seine gesammelten Pflanzen und ich besorgte auch im Thal des Cassiquiare das trübe Wetter des Rio Negro anzutreffen. Seit einem halben Jahrhundert zweifelte kein Mensch in diesen Missionen mehr daran, daß hier wirklich zwei große Stromsysteme mit einander in Verbindung stehen; der Hauptzweck unserer Flußfahrt beschränkte sich also darauf, mittelst astronomischer Beobachtungen den Lauf des Cassiquiare aufzunehmen, besonders den Punkt, wo er in den Rio Negro tritt, und den andern, wo der Orinoco sich gabelt. Waren weder Sonne noch Sterne sichtbar, so war dieser Zweck nicht zu erreichen und wir hatten uns vergeblich langen, schweren Mühseligkeiten unterzogen. Unsere Reisegefährten wären gerne auf dem kürzesten Weg über den Pimichin und die kleinen Flüsse heimgekehrt; aber Bonpland beharrte mit mir auf dem Reiseplan, den wir auf der Fahrt durch die großen Katarakten entworfen. Bereits hatten wir von San Fernando de Apure nach San Carlos (über den Apure, Orinoco, Atabapo, Temi, Tuamini und Rio Negro) 180 Meilen zurückgelegt. Gingen wir auf dem Cassiquiare in den Orinoco zurück, so hatten wir von San Carlos bis Angostura wieder 320 Meilen zu machen. Auf diesem Wege hatten wir zehn Tage lang mit der Strömung zu kämpfen, im Uebrigen ging es immer den Orinoco hinab. Es wäre eine Schande für uns gewesen, hätte uns der Aerger wegen des trüben Himmels oder die Furcht vor den Moskitos auf dem Cassiquiare den Muth benommen. Unser indianischer Steuermann, der erst kürzlich in Mandavaca gewesen war, stellte uns die Sonne und »die großen Sterne, welche die Wolken **essen,**« in Aussicht, sobald wir die **schwarzen Wasser** des Rio Negro hinter uns haben würden. So brachten wir denn unser erstes Vorhaben, über den Cassiquiare nach San Fernando am Atabapo zurückzugehen, in Ausführung, und zum Glück für unsere Arbeiten ging die Prophezeiung des Indianers in Erfüllung.

Die weißen Wasser brachten uns nach und nach wieder heitereren Himmel, Sterne, Moskitos und Krokodile.

Wir fuhren zwischen den dicht bewachsenen Inseln Zaruma und Mini oder Mibita durch, und liefen, nachdem wir die Stromschnellen an der *Piedra de Uinumane* hinaufgegangen, acht Seemeilen weit von der Schanze San Carlos in den Rio Cassiquiare ein. Jene Piedra, das Granitgestein, das den kleinen Katarakt bildet, zog durch die vielen Quarzgänge darin unsere Aufmerksamkeit auf sich. Die Gänge waren mehrere Zoll breit, und ihren Massen nach waren sie augenscheinlich nach Alter und Formation unter einander sehr verschieden. Ich sah deutlich, daß überall an den Kreuzungsstellen die Gänge, welche Glimmer und schwarzen Schörl führten, die andern, welche nur weißen Quarz und Feldspath enthielten, durchsetzten und verwarfen. Nach Werners Theorie waren also die schwarzen Gänge von neuerer Formation als die weißen. Als Zögling der Freiberger Bergschule mußte ich mit einer gewissen Befriedigung beim Fels Uinumane verweilen und in der Nähe des Aequators Erscheinungen beobachten, die ich in den heimischen Bergen so oft vor Augen gehabt. Ich gestehe, die Theorie, nach welcher die Gänge Spalten sind, die mit verschiedenen Substanzen von oben her ausgefüllt worden, behagt mir jetzt nicht mehr so ganz wie damals; aber dieses sich Durchkreuzen und Verwerfen von Gestein- und Metalladern verdient darum doch, als eines der allgemeinsten und gleichförmigsten geologischen Phänomene, die volle Aufmerksamkeit des Reisenden. Ostwärts von Javita, längs des ganzen Cassiquiare, besonders aber in den Bergen von Duida vermehren sich die Gänge im Granit. Dieselben sind voll von Drusen, und ihr häufiges Vorkommen scheint auf ein nicht sehr hohes Alter des Granits in diesem Landstrich hinzudeuten.

Wir fanden einige Flechten auf dem Fels Uinumane, der Insel Chamanare gegenüber, am Rand der Stromschnellen; und da der Cassiquiare bei seiner Mündung eine rasche Wendung von Ost nach Südwest macht, so lag jetzt zum erstenmal dieser majestätische Arm des Orinoco in seiner ganzen Breite vor uns da. Er gleicht, was den allgemeinen Charakter der Landschaft betrifft, so ziemlich dem Rio Negro. Wie im Becken dieses Flusses laufen die Waldbäume bis ans Ufer vor und bilden ein Dickicht; aber der Cassiquiare hat weißes Wasser und ändert seine Richtung öfter. Bei den Stromschnellen am Uinumare ist er fast breiter als der Rio Negro und bis über Vasiva hinaus fand ich ihn überall 250 bis 280 Toisen breit. Ehe wir an der Insel Garigave vorbei kamen, sahen wir gegen Nordosten beinahe am Horizont einen Hügel mit halbkugligtem Gipfel. Diese Form ist in allen Himmelsstrichen den Granitbergen eigenthümlich. Da man fortwährend von weiten Ebenen umgeben ist, so hängt sich die Aufmerksamkeit des Reisenden an jeden freistehenden Fels und Hügel. Zusammenhängende Berge kommen erst weiter nach Ost, den Quellen des Pacimoni, Siapa und Mavaca zu. Südlich vom Raudal von Caravine bemerkten wir, daß der Cassiquiare auf seinem gekrümmten Lauf San Carlos wieder nahe kommt. Von der Schanze in die Mission San Francisco, wo wir übernachteten, sind es zu Lande nur zwei und eine halbe Meile, während man auf dem Fluß 7—8 rechnet. Ich verweilte einen Theil der Nacht im Freien in der vergeblichen Hoffnung, die Sterne zum Vorschein kommen zu sehen. Die Luft war nebligt trotz der **weißen Wasser**, die uns einem allezeit sternhellen Himmel entgegen führen sollten.

Die Mission San Francisco Solano auf dem linken Ufer des Cassiquiare heißt so zu Ehren eines der Befehlshaber bei der »Grenzexpedition,« Don Joseph Solano, von dem wir in diesem Werke schon öfter zu sprechen Gelegenheit gehabt. Dieser gebildete Officier ist nie über das Dorf San Fernando am Atabapo hinausgekommen; er hat weder die Gewässer des Rio Negro und des Cassiquiare, noch den Orinoco ostwärts vom Einfluß des Guaviare gesehen. In Folge eines Mißverständnisses, das aus der Unkenntniß der spanischen Sprache entsprang, meinten manche Geographen auf La Cruz Olmedillas berühmter Karte einen 400 Meilen langen Weg angegeben zu finden, auf dem Don Joseph Solano zu den Quellen des Orinoco, an den See Parime oder das **weiße Meer**, an die Ufer des Cababury und Uteta gekommen seyn sollte. Die Mission San Francisco wurde, wie die meisten christlichen Niederlassungen südlich von den großen Katarakten des Orinoco, nicht von Mönchen, sondern von Militärbehörden gegründet. Bei der Grenzexpedition legte man Dörfer an, wo ein **Subteniente** oder Corporal mit seiner Mannschaft Posto gefaßt hatte. Die Eingeborenen, die ihre Unabhängigkeit behaupten wollten, zogen sich ohne Gefecht zurück, andere, deren einflußreichste Häuptlinge man gewonnen, schlossen sich den Missionen an. Wo man keine Kirche hatte, richtete man nur ein großes Kreuz aus rothem Holze auf und baute daneben eine *Casa fuerte*, das heißt ein Haus, dessen Wände aus starken, wagrecht übereinander gelegten Balken bestanden. Dasselbe hatte zwei Stockwerke; im obern standen zwei Steinböller oder Kanonen von kleinem Kaliber; zu ebener Erde hausten zwei Soldaten, die von einer indianischen Familie bedient wurden. Die Eingeborenen, mit denen man im Frieden lebte, legten ihre Pflanzungen um die *Casa fuerte* an. Hatte man einen feindlichen Angriff zu fürchten, so wurden sie von den Soldaten mit dem Horn oder einem **Botuto** aus gebrannter Erde zusammengerusen. So waren die neunzehn angeblichen christlichen Niederlassungen beschaffen, die Don Antonio Santos auf dem Wege von Esmeralda bis zum Everato gegründet. Militärposten, die mit der Civilisation der Eingeborenen gar nichts zu thun hatten, waren auf den Karten und in den Schriften der Missionäre als Dörfer (*pueblos*) und *rediciones apostolicas* angegeben. Die Militärbehörde behielt am Orinoco die Oberhand bis zum Jahr 1785, mit dem das Regiment der Franciskaner seinen Anfang nimmt. Die wenigen Missionen, die seitdem gegründet oder vielmehr wiederhergestellt worden, sind das Werk der Observanten und die Soldaten, die in den Missionen liegen, stehen jetzt unter den Missionären, oder die geistliche Hierarchie maßt sich doch dieses Verhältniß an.

Die Indianer, die wir in San Francisco Solano trafen. gehörten zwei Nationen an, den Pacimonales und den Cheruvichahenas. Da letztere Glieder eines ansehnlichen Stammes sind, der am Rio Tomo in der Nachbarschaft der Manivas am obern Rio Negro haust, so suchte ich von ihnen über den obern Lauf und die Quellen dieses Flusses Erkundigung einzuziehen; aber mein Dolmetscher konnte ihnen den Sinn meiner Fragen nicht deutlich machen. Sie wiederholten nur zum Ueberdruß, die Quellen des Rio Negro und des Inirida seyen so nahe beisammen, »wie zwei Finger der Hand«. In einer Hütte der Pacimonales kauften wir zwei schöne, große Vögel, einen Tucan (Piapoco), der dem *Ramphastos erythrorynchos* nahe steht, und den **Ana**, eine Art Aras, 17 Zoll lang mit durchaus purpurrothem Gefieder, gleich dem *Psittacus Macao*. Wir hatten in unserer Pirogue bereits sieben Papagaien, zwei Felshühner, einen Motmot, zwei Guans oder Paoas de Monte, zwei Manaviris (*Cercoleptes* oder *Viverra caudivolvula*) und acht Affen, nämlich zwei Atelen (die Marimonda von den grossen Katarakten, Brissots *Simia Belzebuth*), zwei Titi's (*Simia sciurea*, Buffon's Saimiri), eine Viudita (*Simia lugens*), zwei Douroucoulis oder Nachtaffen (Cusicusi oder *Simia trivirgata*), und den Cacajao mit kurzem Schwanz (*Simia melanocephala*).[1] Pater Zea war auch im Stillen sehr schlecht damit zufrieden, daß sich unsere wandernde Menagerie mit jedem Tag vermehrte. Der Tucan gleicht nach Lebensweise und geistiger Anlage dem Raben; es ist ein muthiges, leicht zu zähmendes Thier. Sein langer Schnabel dient ihm als Vertheidigungswaffe. Er macht sich zum Herrn im Hause, stiehlt, was er erreichen kann, badet sich oft und fischt gern am Ufer des Stroms. Der Tucan, den wir gekauft, war sehr jung, dennoch neckte er auf der ganzen Fahrt mit sichtbarer Lust die Cusicusis, die trübseligen, zornmüthigen Nachtaffen. Ich habe nicht bemerkt, daß, wie in manchen naturgeschichtlichen Werken steht, der Tucan in Folge des Baus seines Schnabels sein Futter in die Luft werfen und so verschlingen müßte. Allerdings nimmt er dasselbe etwas schwer vom Boden auf; hat er es aber einmal mit der Spitze seines ungeheuern Schnabels gefaßt, so darf er nur den Kopf zurückwerfen und den Schnabel, so lange er schlingt, aufrecht halten. Wenn er trinken will, macht der Vogel ganz seltsame Geberden. Die Mönche sagen, er mache das Zeichen des Kreuzes über dem Wasser, und wegen dieses Volksglaubens haben die Creolen dem Tucan den sonderbaren Namen **Diostedè** (Gott vergelt's dir) geschöpft.

Unsere Thiere waren meist in kleinen Holzkäfigten, manche liefen aber frei überall auf der Pirogue herum. Wenn Regen drohte, erhoben die Aras ein furchtbares Geschrei, und der Tucan wollte ans Ufer, um Fische zu fangen, die kleinen Titiaffen liefen Pater Zea zu und krochen in die ziemlich weiten Aermel seiner Franciskanerkutte. Dergleichen Auftritte kamen oft vor und wir vergaßen darüber der Plage der Moskitos. Nachts im Bivouac stellte man in die Mitte einen ledernen Kasten (*petaca*) mit dem Mundvorrath, daneben unsere Instrumente und die Käfige mit den Thieren, ringsum wurden unsere Hängematten befestigt und weiterhin die der Indianer. Die äußerste Grenze bildeten die Feuer, die man anzündet, um die Jaguars im Walde fern zu halten. So war unser Nachtlager am Ufer des Cassiquiare angeordnet. Die Indianer sprachen oft von einem kleinen Nachtthier mit langer Nase, das die jungen Papagaien im Nest überfalle und mit den Händen fresse wie die Affen und die Manaviri's oder Kinkajous. Sie nannten es **Guachi**; es ist wahrscheinlich ein Coati, vielleicht *Viverra nasua*, die ich in Mexico im freien Zustand gesehen, nicht aber in den Strichen von Südamerika, die ich bereist. Die Missionäre verbieten den Eingeborenen alles Ernstes, das Fleisch des Guachy zu essen, da sie einen weit verbreiteten Glauben theilen und diesem Fleisch stimulirende Eigenschaften zuschreiben, wie die Orientalen dem Fleisch der Skinkos (*Lacerta scincus*) und die Amerikaner dem der Caymans.

Am 11. Mai. Wir brachen ziemlich spät von der Mission San Francisco Solano auf, da wir nur eine kleine Tagreise machen wollten. Die untere Dunstschicht fing an sich in Wolken mit festen Umrissen zu theilen, und in den obern Luftregionen ging etwas Ostwind. Diese Zeichen deuteten auf einen bevorstehenden Witterungswechsel, und wir wollten uns nicht weit von der Mündung des Cassiquiare entfernen, da wir hoffen durften, in der folgenden Nacht den Durchgang eines Sterns durch den Meridian beobachten zu können. Wir sahen südwärts den Caño Daquiapo, nordwärts den Guachaparu und einige Seemeilen weiterhin die Stromschnellen von Cananivacari. Die Strömung betrug 6,3 Fuß in der Secunde, und so hatten wir im Raudal mit Wellen zu kämpfen, die ein ziemlich starkes Scholken verursachten. Wir stiegen aus und Bonpland entdeckte wenige Schritte vom Ufer einen **Almandron** (Juvia), einen prachtvollen Stamm der *Bertholletia excelsa*. Die Indianer vetsicherten uns, in San Francisco Solano, Vasiva und Esmeralda wisse man nichts davon, daß dieser kostbare Baum am Cassiquiare wachse. Sie glaubten übrigens nicht, daß der Baum, der über 60 Fuß hoch war, aus Saamen aufgewachsen, die zufällig ein Reisender verstreut. Nach Versuchen, die man in San Carlos gemacht, weiß man, daß die Bertholletia wegen der holzigten Fruchthülle und des leicht ranzigt werdenden Oels der Mandel sehr selten zum Keimen zu bringen ist. Vielleicht war dieser Stamm ein Anzeichen, daß tiefer im Lande gegen Ost und Nordost eine Waldung von Bertholletia besteht. Wir wissen wenigstens bestimmt, daß dieser schöne Baum unter dem dritten Grad der Breite in den Cerros von Guanaya wild vorkommt. Die gesellig lebenden Gewächse haben selten scharf abgeschnittene Grenzen, und häufig stößt man, bevor man zu einem **Palmar** oder einem **Pinal**[2] gelangt, auf einzelne Palmen oder Fichten. Dieselben gleichen Colonisten, die in ein mit andern Gewächsen bevölkertes Land sich hinausgewagt haben.

Vier Seemeilen von den Stromschnellen von Cananivacari stehen mitten in der Ebene seltsam gestaltete Felsen. Zuerst kommt eine schmale, 80 Fuß hohe senkrechte Mauer, und dann, am südlichen Ende derselben, erscheinen zwei Thürmchen mit fast horizontalen Granitschichten. Diese Felsen von Guanari sind so symmetrisch gruppirt, daß sie wie die Trümmer eines alten Gebäudes erscheinen. Sind es Ueberbleibsel von Eilanden in einem Binnenmeer, das einst das völlig ebene Land zwischen der Sierra Parime und der Sierra dos Parecis bedeckte,[3] oder wurden diese Felswände, diese Granitthürme von den elastischen Kräften, die noch immer im Innern unseres Planeten thätig sind, emporgehoben? Von selbst grübelt der Gedanke über die Entstehung der Berge, wenn man in Mexico Vulkane und Trachytgipfel aus einer langen Spalte stehen, in den Anden von Südamerika Urgebirgs- und vulkanische Bildungen in Einer Bergkette lang hingestreckt sah, wenn man der ungemein hohen Insel von drei Seemeilen Umfang gedenkt, die in jüngster Zeit bei Unalashka vom Boden des Weltmeeres aufgestiegen.

Eine Zierde der Ufer des Cassiquiare ist die **Chirivapalme** mit gefiederten, an der untern Fläche silberweißen Blättern. Sonst besteht der Wald nur aus Bäumen mit großen lederartigen, glänzenden, nicht gezahnten Blättern. Diesen eigenthümlichen Charakter erhält die Vegetation am Rio Negro, Tuamini und Cassiquiare dadurch, daß in der Nähe des Aequators die Familien der Guttiferen, der Sapotillen und der Lorbeeren vorherrschen. Da der heitere Himmel uns eine schöne Nacht verhieß, schlugen wir schon um fünf Uhr Abends unser Nachtlager bei der **Piedra de Culimacari** auf, einem frei stehenden Granitfelsen, gleich allen zwischen Atabapo und Cassiquiare, deren ich Erwähnung gethan. Da wir die Flußkrümmungen aufnahmen, zeigte es sich, daß dieser Fels ungefähr unter dem Parallel der Mission San Francisco Solano liegt. In diesen wüsten Ländern, wo der Mensch bis jetzt nur flüchtige Spuren seines Daseyns hinterlassen hat, suchte ich meine Beobachtungen immer an einer Flußmündung oder am Fuße eines an seiner Gestalt leicht kenntlichen Felsen anzustellen. Nur solche von Natur unverrückbare Punkte können bei Entwerfung geographischer Karten als Grundlagen dienen.

In der Nacht vom 10. zum 11. Mai konnte ich an α des südlichen Kreuzes die Breite gut beobachten; die Länge wurde, indessen nicht so genau, nach den zwei schönen Sternen an den Füßen des Centauren chronometrisch bestimmt. Durch diese Beobachtung wurde, und zwar für geographische Zwecke hinlänglich genau, die Lage der Mündung des Rio Pacimoni, der Schanze San Carlos und des Einflusses des Cassiquiare in den Rio Negro zumal ermittelt. Der Fels Culimacari liegt ganz genau unter 2°0'42" der Breite und wahrscheinlich unter 69°33'50" der Länge. In zwei spanisch geschriebenen Abhandlungen, die ich dem Generalcapitän von Caracas und dem Minister Staatssekretär d'Urquijo überreicht, habe ich den Werth dieser astronomischen Bestimmungen für die Berichtigung der Grenzen der portugiesischen Colonien auseinandergesetzt. Zur Zeit von Solanos Expedition setzte man den Einfluß des Cassiquiare in den Rio Negro einen halben Grad nördlich vom Aequator, und obgleich die Grenzcommission niemals zu einem Endresultat gelangte, galt in den Missionen immer der Aequator als vorläufig anerkannte Grenze. Aus meinen Beobachtungen ergibt sich nun aber, daß San Carlos am Rio Negro, oder, wie man sich hier vornehm ausdrückt, die Grenzfestung keineswegs unter 0°20', wie Pater Caulin behauptet, noch unter 0°53', wie La Cruz und Surville (die officiellen Geographen der *Real Expedition de limites*) annehmen, sondern unter 1°53'42" der Breite liegt. Der Aequator läuft also nicht nördlich vom portugiesischen Fort San Jose de Marabitanos, wie bis jetzt alle Karten mit Ausnahme der neuen Ausgabe der Arrowsmith'schen Karte angeben, sondern 25 Meilen weiter gegen Süd zwischen San Felipe und der Mündung des Rio Guape. Aus der handschriftlichen Karte Requenas, die ich besitze, geht hervor, daß diese Thatsache den portugiesischen Astronomen schon im Jahr 1783 bekannt war, also 35 Jahre bevor man in Europa anfing dieselbe in die Karten aufzunehmen.

Da man in der *Capitania general* von Caracas von jeher der Meinung war, der geschickte Ingenieur Don Gabriel Clavero habe die Schanze San Carlos del Rio Negro gerade auf die Aequinoctiallinie gebaut, und da in der Nähe derselben die beobachteten Breiten, nach La Condamine, gegen Süd zu groß angenommen waren, so war ich darauf gefaßt, den Aequator einen Grad nördlich von San Carlos, demnach an den Ufern des Temi und Tuamini zu finden. Schon die Beobachtungen in der Mission San Balthasar (Durchgang dreier Sterne durch den Meridian) ließen mich vermuthen, daß diese Annahme unrichtig sey; aber erst durch die Breite der Piedra Culimacari lernte ich die wirkliche Lage der Grenze kennen. Die Insel San Jose im Rio Negro, die bisher als Grenze zwischen den spanischen und portugiesischen Besitzungen galt, liegt wenigstens unter 1°38' nördlicher Breite, und hätte Ituriagas und Solanos Commission ihre langen Verhandlungen zum Abschluß gebracht, wäre der Aequator vom Hofe zu Lissabon definitiv als Grenze beider Staaten anerkannt worden, so gehörten jetzt sechs portugiesische Dörfer und das Fort San Jose selbst, die nördlich vom Rio Guape liegen, der spanischen Krone. Was man damals mit ein paar genauen astronomischen Beobachtungen erworben hätte, ist von größerem Belang, als was man jezt besitzt; es ist aber zu hoffen, daß zwei Völker, welche auf einer ungeheuern Landstrecke Südamerikas ostwärts von den Anden die ersten Keime der Cultur gelegt haben, den Grenzstreit um einen 33 Meilen breiten Landstrich und um den Besitz eines Flusses, auf dem die Schifffahrt frei seyn muß, wie auf dem Orinoco und dem Amazonenstrom, nicht wieder aufnehmen werden.

Am 12. Mai. Befriedigt vom Erfolg unserer Beobachtungen, brachen wir um halb zwei Uhr in der Nacht von der Piedra Culimacari aus. Die Plage der Moskitos, der wir jetzt wieder Unterlagen, wurde ärger, je weiter wir vom Rio Negro wegkamen. Im Thale des Cassiquiare gibt es keine Zancudos (*Culex*), aber die Insekten aus der Gattung *Simulium* und alle andern aus der Familie der *Tipulae* sind um so häufiger und giftiger.[4] Da wir, ehe wir in die Mission Esmeralda kamen, in diesem nassen, ungesunden Klima noch acht Nächte unter freiem Himmel zuzubringen hatten, so war es der Steuermann wohl zufrieden, die Fahrt so einzurichten, daß wir die Gastfreundschaft des Missionärs von Mandavaca in Anspruch nehmen und im Dorfe Vasiva Obdach finden konnten. Nur mit Anstrengung kamen wir gegen die Strömung vorwärts, die 9 Fuß, an manchen Stellen, wo ich sie genau gemessen, 11 Fuß 8 Zoll in der Secunde, also gegen acht Seemeilen in der Stunde betrug. Unser Nachtlager war in gerader Linie schwerlich drei Meilen von der Mission Mandavaca entfernt, unsere Ruderer waren nichts weniger als unfleißig, und doch brauchten wir 14 Stunden zu der kurzen Strecke.

Gegen Sonnenuntergang kamen wir an der Mündung des Rio Pacimoni vorüber. Es ist dieß der Fluß, von dem oben bei Gelegenheit des Handels mit Sarsaparille die Rede war[5] und der in so auffallender Weise (durch den Baria) mit dem Cababuri verzweigt ist. Der Pacimoni entspringt in einem bergigten Landstrich und aus der Vereinigung dreier kleiner Gewässer, die auf den Karten der Missionäre nicht verzeichnet sind. Sein Wasser ist schwarz, doch nicht so stark als das des See's bei Vasiva, der auch in den Cassiquiare mündet. Zwischen diesen beiden Zuflüssen von Ost her liegt die Mündung des Rio Idapa, der weißes Wasser hat. Ich komme nicht darauf zurück, wie schwer es zu erklären ist, daß dicht neben einander verschieden gefärbte Flüsse vorkommen; ich erwähne nur, daß uns an der Mündung des Pacimoni und am Ufer des See's Vasiva die Reinheit und ungemeine Durchsichtigkeit dieser braunen Wasser von Neuem auffiel. Bereits alte arabische Reisende haben die Bemerkung gemacht, daß der aus dem Hochgebirg kommende Nilarm, der sich bei Halfaja mit dem Behar-el-Abiad vereinigt, grünes Wasser hat, das so durchsichtig ist, daß man die Fische auf dem Grund des Flusses sieht.[6]

Ehe wir in die Mission Mandavaca kamen, liefen wir durch ziemlich ungestüme Stromschnellen. Das Dorf, das auch Quirabuena heißt, zählt nur 60 Eingeborene. Diese christlichen Niederlassungen befinden sich meist in so kläglichem Zustande, daß längs des ganzen Cassiquiare auf einer Strecke von 50 Meilen keine 200 Menschen leben. Ja die Ufer dieses Flusses waren bevölkerter, ehe die Missionäre ins Land kamen. Die Indianer zogen sich in die Wälder gegen Ost, denn die Ebenen gegen West sind fast menschenleer. Die Eingeborenen leben einen Theil des Jahrs von den großen Ameisen, von denen oben die Rede war. Diese Insekten sind hier zu Lande so stark gesucht, wie in der südlichen Halbkugel die Spinnen der Sippe Epeira, die für die Wilden auf Neuholland ein Leckerbissen sind. In Mandavaca fanden wir den guten alten Missionär, der bereits »seine zwanzig Moskitojahre in den *Bosques del Cassiquiare*« zugebracht hatte, und dessen Beine von den Stichen der Insekten so gefleckt waren, daß man kaum sah, daß er eine weiße Haut hatte. Er sprach uns von seiner Verlassenheit, und wie er sich in der traurigen Nothwendigkeit sehe, in den beiden Missionen Mandavaca und Vasiva häufig die abscheulichsten Verbrechen straflos zu lassen. Vor wenigen Jahren hatte im letzteren Ort ein indianischer Alcade eines seiner Weiber verzehrt, die er in seinen **Conuco**[7] hinausgenommen und gut genährt hatte, um sie fett zu machen. Wenn die Völker in Guyana Menschenfleisch essen, so werden sie nie durch Mangel oder durch gottesdienstlichen Aberglauben dazu getrieben, wie die Menschen auf den Südseeinseln; es beruht meist auf Rachsucht des Siegers und — wie die Missionäre sagen — auf »Verirrung des Appetits.« Der Sieg über eine feindliche Horde wird durch ein Mahl gefeiert, wobei der Leichnam eines Gefangenen zum Theil verzehrt wird. Ein andermal überfällt man bei Nacht eine wehrlose Familie oder tödtet einen Feind, auf den man zufällig im Walde stößt, mit einem vergifteten Pfeil. Der Leichnam wird zerstückt und als Trophäe nach Hause getragen. Erst die Cultur hat dem Menschen die Einheit des Menschengeschlechts zum Bewußtseyn gebracht und ihm offenbart, daß ihn auch mit Wesen, deren Sprache und Sitten ihm fremd sind, ein Band der Blutsverwandtschaft verbindet. Die Wilden kennen nur ihre Familie, und ein Stamm erscheint ihnen nur als ein größerer Verwandtschaftskreis. Kommen Indianer, die sie nicht kennen, aus dem Walde in die Mission, so brauchen sie einen Ausdruck, dessen naive Einfalt mir oft aufgefallen ist: »Gewiß sind dieß Verwandte von mir, denn ich verstehe sie, wenn sie mit mir sprechen.« Die Wilden verabscheuen Alles, was nicht zu ihrer Familie oder ihrem Stamme gehört, und Indianer einer benachbarten Völkerschaft, mit der sie im Kriege leben, jagen sie, wie wir das Wild. Die Pflichten gegen Familie und Verwandtschaft sind ihnen wohl bekannt, keineswegs aber die Pflichten der Menschlichkeit, die auf dem Bewußtseyn beruhen, daß alle Wesen, die geschaffen sind wie wir, Ein Band umschlingt. Keine Regung von Mitleid hält sie ab, Weiber oder Kinder eines feindlichen Stammes ums Leben zu bringen. Letztere werden bei den Mahlzeiten nach einem Gefecht oder einem Ueberfall vorzugsweise verzehrt.

Der Haß der Wilden fast gegen alle Menschen, die eine andere Sprache reden und ihnen als **Barbaren** von niedrigerer Race als sie selbst erscheinen, bricht in den Missionen nicht selten wieder zu Tage, nachdem er lange geschlummert. Wenige Monate vor unserer Ankunft in Esmeralda war ein im Walde[8] hinter dem Duida gebotener Indianer allein unterwegs mit einem andern, der von den Spaniern am Ventuario gefangen worden war und ruhig im Dorfe, oder, wie man hier sagt, »unter der Glocke«, »debaxo de la campaña«, lebte. Letzterer konnte nur langsam gehen, weil er an einem Fieber litt, wie sie die Eingeborenen häufig befallen, wenn sie in die Missionen kommen und rasch die Lebensweise ändern.

Sein Reisegefährte, ärgerlich über den Aufenthalt, schlug ihn todt und versteckte den Leichnam in dichtem Gebüsch in der Nähe von Esmeralda. Dieses Verbrechen, wie so manches dergleichen, was unter den Indianern vorfällt, wäre unentdeckt geblieben, hätte nicht der Mörder Anstalt gemacht, Tags darauf eine Mahlzeit zu halten. Er wollte seine Kinder, die in der Mission geboren und Christen geworden waren, bereden, mit ihm einige Stücke des Leichnams zu holen. Mit Mühe brachten ihn die Kinder davon ab, und durch den Zank, zu dem die Sache in der Familie führte, erfuhr der Soldat, der in Esmeralda lag, was die Indianer ihm gerne verborgen hätten.

Anthropophagie und Menschenopfer, die so oft damit verknüpft sind, kommen bekanntlich überall auf dem Erdball und bei Völkern der verschiedensten Racen vor;[9] aber besonders auffallend erscheint in der Geschichte der Zug, daß die Menschenopfer sich auch bei bedeutendem Culturfortschritt erhalten, und daß die Völker, die eine Ehre darin suchen, ihre Gefangenen zu verzehren, keineswegs immer die versunkensten und wildesten sind. Diese Bemerkung hat etwas peinlich Ergreifendes, Niederschlagendes; sie entging auch nicht den Missionären, die gebildet genug sind, um über die Sitten der Völkerschaften, unter denen sie leben, nachzudenken. Die Cabres, die Guipunavis und die Caraiben waren von jeher mächtiger und civilisirter als die andern Horden am Orinoco, und doch sind die beiden ersteren Menschenfresser, während es die letzteren niemals waren. Man muß zwischen den verschiedenen Zweigen, in welche die große Familie der caraibischen Völker zerfällt, genau unterscheiden. Diese Zweige sind so zahlreich wie die Stämme der Mongolen und westlichen Tartaren oder Turcomannen. Die Caraiben auf dem Festlande, auf den Ebenen zwischen dem untern Orinoco, dem Rio Branco, dem Essequebo und den Quellen des Oyapoc verabscheuen die Sitte, die Gefangenen zu verzehren. Diese barbarische Sitte[10] bestand bei der Entdeckung von Amerika nur bei den Caraiben aus den antillischen Inseln. Durch sie sind die Worte Cannibalen, Caraiben und Menschenfresser gleichbedeutend geworden, und die von ihnen verübten Grausamkeiten veranlaßten das im Jahr 1504 erlassene Gesetz, das den Spaniern gestattet, jeden Amerikaner, der erweislich caraibischen Stammes ist, zum Sklaven zu machen. Ich glaube übrigens, daß die Menschenfresserei der Bewohner der Antillen in den Berichten der ersten Seefahrer stark übertrieben ist. Ein ernster, scharfsinniger Geschichtschreiber, Herera, hat sich nicht gescheut, diese Geschichten in die *Decades historicas* aufzunehmen; er glaubt sogar an den merkwürdigen Fall, der die Caraiben veranlaßt haben soll, ihrer barbarischen Sitte zu entsagen. »Die Eingeborenen einer kleinen Insel hatten einen Dominikanermönch verzehrt;

den sie von der Küste von Portorico fortgeschleppt. Sie wurden alle krank, und mochten fortan weder Mönch noch Laien verzehren.«

Wenn die Caraiben am Orinoco schon zu Anfang des sechzehnten Jahrhunderts andere Sitten hatten als die auf den Antillen, wenn sie immer mit Unrecht der Anthropophagie beschuldigt worden sind, so ist dieser Unterschied nicht wohl daher zu erklären, daß sie gesellschaftlich höher standen. Man begegnet den seltsamsten Contrasten in diesem Völkergewirre, wo die einen nur von Fischen, Affen und Ameisen leben, andere mehr oder weniger Ackerbauer sind, mehr oder weniger das Verfertigen und Bemalen von Geschirren, die Weberei von Hängematten und Baumwollenzeug als Gewerbe treiben. Manche der letzteren halten an unmenschlichen Gebräuchen fest, von denen die ersteren gar nichts wissen. Im Charakter und in den Sitten eines Volks wie in seiner Sprache spiegeln sich sowohl seine vergangenen Zustände als die gegenwärtigen; man müßte die ganze Geschichte der Gesittung oder der Verwilderung einer Horde kennen, man müßte den menschlichen Vereinen in ihrer ganzen Entwicklung und auf ihren verschiedenen Lebensstufen nachgehen können, wollte man Probleme lösen, die ewig Räthsel bleiben werden, wenn man nur die gegenwärtigen Verhältnisse ins Auge fassen kann.

»Sie machen sich keine Vorstellung davon,« sagte der alte Missionär in Mandavaca, »wie verdorben diese *famiglia de Indios* ist. Man nimmt Leute von einem neuen Stamm im Dorfe auf; sie scheinen sanftmüthig, redlich, gute Arbeiter; man erlaubt ihnen einen Streifzug (*entrada*) mitzumachen, um Eingeborene einzubringen, und hat genug zu thun, zu verhindern, daß sie nicht alles, was ihnen in die Hände kommt, umbringen und Stücke der Leichname verstecken.« Denkt man über die Sitten dieser Indianer nach, so erschrickt man ordentlich über diese Verschmelzung von Gefühlen, die sich auszuschließen scheinen, über die Unfähigkeit dieser Völker, sich anders als nur theilweise zu humanisiren, über diese Uebermacht der Bräuche, Vorurtheile und Ueberlieferungen über die natürlichen Regungen des Gemüths. Wir hatten in unserer Pirogue einen Indianer, der vom Rio Guaisia entlaufen war und sich in wenigen Wochen soweit civilisirt hatte, daß er uns beim Aufstellen der Instrumente zu den nächtlichen Beobachtungen gute Dienste leisten konnte. Er schien so gutmüthig als gescheit und wir hatten nicht übel Lust, ihn in unsern Dienst zu nehmen. Wie groß war unser Verdruß, als wir im Gespräch mittelst eines Dolmetschers von ihm hören mußten, »das Fleisch der Manimondas-Affen sey allerdings schwärzer, er meine aber doch, es schmecke wie Menschenfleisch.« Er versicherte, »seine **Verwandten** (das heißt seine Stammverwandten) essen vom Menschen wie vom Bären die Handflächen am liebsten.« Und bei diesem Ausspruch äußerte er durch Geberden seine rohe Lust. Wir ließen den sonst sehr ruhigen und bei den kleinen Diensten, die er uns leistete, sehr gefälligen jungen Mann fragen, ob er hie und da noch Lust spüre, »Cheruvichahena-Fleisch zu essen;« er erwiederte ganz unbefangen, in der Mission werde er nur essen, was er *los padres* essen sehe. Den Eingeborenen wegen des abscheulichen Brauchs, von dem hier die Rede ist, Vorwürfe zu machen, hilft rein zu nichts; es ist gerade als ob ein Bramine vom Ganges, der in Europa reiste, uns darüber anließe, daß wir das Fleisch der Thiere essen. In den Augen des Indianers vom Rio Guaisia war der Cheruvichahena ein von ihm selbst völlig verschiedenes Wesen; ihn umzubringen war ihm kein größeres Unrecht, als die Jaguars im Walde umzubringen. Es war nur Gefühl für Anstand, wenn er, so lange er in der Mission war, nur essen wollte, was *los padres* genossen. Entlaufen die Eingeborenen zu den Ihrigen (*al monte*), oder treibt sie der Hunger, so werden sie alsbald wieder Menschenfresser wie zuvor. Und wie sollten wir uns über diesen Unbestand der Völker am Orinoco wundern, da uns aufs glaubwürdigste bezeugt ist, was sich in Hungersnoth bei civilisirten Völkern schon Gräßliches ereignet hat? In Egypten griff im dreizehnten Jahrhundert die Sucht, Menschenfleisch zu essen, unter allen Ständen um sich; besonders aber stellte man den Aerzten nach. Hatte einer Hunger, so gab er sich für krank aus und ließ einen Arzt rufen, aber nicht um sich bei ihm Raths zu erholen, sondern um ihn zu verzehren. Ein sehr glaubwürdiger Schriftsteller, Abd-Allatif, erzählt uns, »wie eine Sitte, die Anfangs Abscheu und Entsetzen einflößte, bald gar nicht mehr auffiel.«[11]

So leicht die Indianer am Cassiquiare in ihre barbarischen Gewohnheiten zurückfallen, so zeigen sie doch in den Missionen Verstand und einige auch für Arbeit, besonders aber große Fertigkeit, sich spanisch auszudrücken. Da in den Dörfern meist drei vier Nationen beisammen leben, die einander nicht verstehen, so hat eine fremde Sprache, die zugleich die Sprache der bürgerlichen Behörde, des Missionärs ist, den Vortheil, daß sie als allgemeines Verkehrsmittel dient. Ich sah einen Poignave-Indianer sich spanisch mit einem Huairiba-Indianer unterhalten, und doch hatten beide erst seit drei Monaten ihre Wälder verlassen. Alle Viertelstunden brachten sie einen mühselig zusammengestammelten Satz zu Tage, und dabei war das Zeitwort, ohne Zweifel nach der Contur ihrer eigenen Sprachen, immer im Gerundium gesetzt. *Quando io mirando Padre. Padre me dimendo.* Statt: als ich den Pater sah, sagte er mir. Ich habe oben erwähnt, wie verständig mir die Idee der Jesuiten schien, eine der cultivirten amerikanischen Sprachen, etwa das Peruanische, die *lingua del Inga*, zur allgemeinen Sprache zu machen und die Indianer in einer Mundart zu unterrichten, die wohl in den Wurzeln, aber nicht im Bau und in den grammatischen Formen von den ihrigen abweicht. Man that damit nur, was die Incas oder priesterlichen Könige von Peru seit Jahrhunderten zur Ausführung gebracht, um die barbarischen Völkerschaften am obern Amazonenstrom unter ihrer Gewalt zu behalten und zu humanisiren, und solch ein System ist doch nicht ganz so seltsam als der Vorschlag, der auf einem Provinzialconcil in Mexico alles Ernstes gemacht worden, man solle die Eingeborenen Amerikas lateinisch sprechen lehren.

Wie man uns sagte, zieht man am untern Orinoco, besonders in Angostura, die Indianer vom Cassiquiare und Rio Negro wegen ihres Verstandes und ihrer Rührigkeit den Bewohnern der andern Missionen vor. Die in Mandavaca sind bei den Völkern ihrer Race berühmt, weil sie ein Curare-Gift bereiten, das in der Stärke dem von Esmeralda nicht nachsteht. Leider geben sich die Eingeborenen damit weit mehr ab als mit dem Ackerbau, und doch ist an den Ufern des Cassiquiare der Boden ausgezeichnet. Es findet sich daselbst ein schwarzbrauner Granitsand, der in den Wäldern mit dicken Humusschichten, am Ufer mit einem Thon bedeckt ist, der fast kein Wasser durchläßt. Am Cassiquiare scheint der Boden fruchtbarer als im Thal des Rio Negro, wo der Mais ziemlich schlecht geräth. Reis, Bohnen, Baumwolle, Zucker und Indigo geben reichen Ertrag, wo man sie nur anzubauen versucht hat. Bei den Missionen San Miguel de Davipe, San Carlos und Mandavaca sahen wir Indigo wild wachsen. Es läßt sich nicht in Abrede ziehen, daß mehrere amerikanische Völker, namentlich die Mexicaner, sich lange vor der Eroberung zu ihren hieroglyphischen Malereien eines wirklichen Indigo bedienten, und daß dieser Farbstoff in kleinen Broden auf dem großen Markt von Tenochtitlan verkauft wurde. Aber ein chemisch identischer Farbstoff kann aus Pflanzen gezogen werden, die einander nahe stehenden Gattungen angehören, und so möchte ich jetzt nicht entscheiden, ob die in Amerika einheimischen *Indigofera* sich nicht generisch von *Indigofera anil* und *Indigofera argentea* der alten Welt unterscheiden. Bei den Kaffeebäumen der beiden Welten ist ein solcher Unterschied wirklich beobachtet.

Die feuchte Luft und, als natürliche Folge davon, die Masse von Insekten lassen hier wie am Rio Negro neue Culturen fast gar nicht aufkommen. Selbst bei hellem, blauem Himmel sahen wir das Delucsche Hygrometer niemals unter 52 Grad stehen. Ueberall trifft man jene großen Ameisen, die in gedrängten Haufen einherziehen und sich desto eifriger über die Culturpflanzen hermachen, da dieselben krautartig und saftreich sind, während in den Wäldern nur Gewächse mit holzigten Stengeln stehen. Will ein Missionär versuchen, Salat oder irgend ein europäisches Küchenkraut zu ziehen, so muß er seinen Garten gleichsam in die Luft hängen. Er füllt ein altes Canoe mit gutem Boden und hängt es vier Fuß über dem Boden an Chiquichiquistricken auf; meist aber stellt er es auf ein leichtes Gerüste. Die jungen Pflanzen sind dabei vor Unkraut, vor Erdwürmern und vor den Ameisen geschützt, die immer geradeaus ziehen, und da sie nicht wissen, was über ihnen wächst, nicht leicht von ihrem Wege ablenken, um an Pfählen ohne Rinde hinaufzukriechen. Ich erwähne dieses Umstandes zum Beweis, wie schwer es unter den Tropen, an den Ufern der großen Ströme dem Menschen Anfangs wird, wenn er es versucht, in diesem unermeßlichen

Naturgebiete, wo die Thiere herrschen und der wilde Pflanzenwuchs den Boden überwuchert, einen kleinen Erdwinkel sich zu eigen zu machen.

Am 13. Mai. Ich hatte in der Nacht einige gute Sternbeobachtungen machen können, leider die letzten am Cassiquiare. Mandavaca liegt unter 2°47' der Breite und, nach dem Chronometer, 69°27' der Länge. Die Inclination der Magnetnadel fand ich gleich 25°25. Dieselbe hatte also seit der Schanze San Carlos bedeutend zugenommen; Das anstehende Gestein war indessen derselbe, etwas hornblendehaltige Granit, den wir in Javita getroffen, und der syenitartig aussieht. Wir brachen von Mandavaca um zwei ein halb Uhr in der Nacht auf. Wir hatten noch acht ganze Tage mit der Strömung des Cassiquiare zu kämpfen, und das Land, durch das wir zu fahren hatten, bis wir wieder nach San Fernando de Atabapo kamen, ist so menschenleer, daß wir erst nach dreizehn Tagen hoffen durften wieder zu einem Observanten, zum Missionär von Santa Barbara zu gelangen. Nach sechsstündiger Fahrt liefen wir am Einfluß des Rio Jdapa oder Siapa vorbei, der ostwärts aus dem Berg Unturan entspringt und zwischen dessen Quellen und dem Rio Mavaca, der in den Orinoco läuft, ein Trageplatz ist. Dieser Fluß hat weißes Wasser; er ist nur halb so breit als der Pacimoni, dessen Wasser schwarz ist. Sein oberer Lauf ist auf den Karten von La Cruz und Surville, die allen späteren als Vorbild gedient haben, seltsam entstellt. Ich werde, wenn von den Quellen des Orinoco die Rede ist, Gelegenheit finden, von den Voraussetzungen zu sprechen die zu diesen Irrthümern Anlaß gegeben haben. Hätte Pater Caulin die Karte sehen können, die man seinem Werke beigegeben, so hätte er sich wohl nicht wenig gewundert, daß man darin die Fictionen wieder aufgenommen, die er mit zuverlässigen, an Ort und Stelle eingezogenen Nachrichten widerlegt hat. Dieser Missionär sagt lediglich, der Idapa entspringe in einem bergigten Land, bei dem die Amuisanas-Indianer hausen. Aus diesen Indianern wurden Amoizanas oder Amazonas gemacht, und den Rio Idapa ließ man aus einer Quelle entspringen, die am Flecke selbst, wo sie aus der Erde sprudelt, sich in zwei Zweige theilt, die nach gerade entgegengesetzten Seiten laufen. Eine solche Gabelung einer Quelle ist ein reines Phantasiebild.

Wir übernachteten unter freiem Himmel beim Raudal des Cunuri. Das Getöse des kleinen Katarakts wurde in der Nacht auffallend stärker. Unsere Indianer behaupteten, dieß sey ein sicheres Vorzeichen des Regens. Ich erinnerte mich, daß auch die Bewohner der Alpen auf dieses Wetterzeichen[12] sehr viel halten. Wirklich regnete es lange vor Sonnenaufgang. Uebrigens hatte uns das lange anhaltende Geheul der Araguatos, lange bevor der Wasserfall lauter wurde, verkündet, daß ein Regenguß im Anzug sey.

Am 14. Mai. Die Moskitos und mehr noch die Ameisen jagten uns vor zwei Uhr in der Nacht vom Ufer. Wir hatten bisher geglaubt, die letzteren kriechen nicht an den Stricken der Hängematten hinauf; ob dieß nun aber unbegründet ist, oder ob die Ameisen aus den Baumgipfeln auf uns herabfielen, wir hatten vollauf zu thun, uns dieser lästigen Insekten zu entledigen. Je weiter wir fuhren, desto schmaler wurde der Fluß und die Ufer waren so sumpfigt, daß Bonpland sich nur mit großer Mühe an den Fuß einer mit großen purpurrothen Blüthen bedeckten *Carolinea princeps* durcharbeiten konnte. Dieser Baum ist die herrlichste Zierde der Wälder hier und am Rio Negro. Wir untersuchten mehrmals am Tage die Temperatur des Cassiquiare. Das Wasser zeigte an der Oberfläche nur 24° (in der Luft stand der Thermometer auf 25°,6), also ungefähr so viel als der Rio Negro, aber 4—5° weniger als der Orinoco. Nachdem wir westwärts die Mündung des Caño Caterico, der schwarzes, ungemein durchsichtiges Wasser hat, hinter uns gelassen, verließen wir das Flußbett und landeten an einer Insel, auf der die Mission Vasiva liegt. Der See, der die Mission umgibt, ist eine Meile breit und hängt durch drei Canäle mit dem Cassiquiare zusammen. Das Land umher ist sehr sumpfigt und fiebererzeugend. Der See, dessen Wasser bei durchgehendem Lichte gelb ist, trocknet in der heißen Jahreszeit aus und dann können es selbst die Indianer in den Miasmen, welche sich aus dem Schlamm entwickeln, nicht aushalten. Daß gar kein Wind weht, trägt viel dazu bei, daß diese Landstriche so ungemein ungesund sind. Ich habe die Zeichnung des Grundrisses von Vasiva, den ich am Tage unserer Ankunft aufgenommen, stechen lassen. Das Dorf wurde zum Theil an einen trockeneren Platz gegen Nord verlegt, und daraus entspann sich ein langer Streit zwischen dem Statthalter von Guyana und den Mönchen. Der Statthalter behauptete, letzteren stehe nicht das Recht zu, ohne Genehmigung der bürgerlichen Behörde ihre Dörfer zu verlegen; da er aber gar nicht wußte, wo der Cassiquiare liegt, richtete er seine Beschwerde an den Missionär von Carichana, der 150 Meilen von Vasiva haust und nicht begriff, von was es sich handelte. Dergleichen geographische Mißverständnisse kommen sehr häufig vor, wo die Leute fast nie im Besitz einer Karte der Länder sind, die sie zu regieren haben. Im Jahr 1785 übertrug man die Mission Padamo dem Pater Valor mit der Weisung, »sich unverzüglich zu den Indianern zu verfügen, die ohne Seelenhirten seyen.« Und seit länger als fünfzehn Jahren gab es kein Dorf Padamo mehr und die Indianer waren *al monte* gelaufen.

Vom 14. bis 21. Mai brachten wir die Nacht immer unter freiem Himmel zu — ich kann aber die Orte, wo wir unser Nachtlager aufschlugen, nicht angeben. Dieser Landstrich ist so wild und so wenig von Menschen betreten, daß die Indianer, ein paar Flüsse ausgenommen, keinen der Punkte, die ich mit dem Compaß aufnahm, mit Namen zu nennen wußten. Einen ganzen Grad weit konnte ich durch keine Sternbeobachtung die Breite bestimmen. Oberhalb des Punktes, wo der Itinivini vom Cassiquiare abgeht und westwärts den Granithügeln von Daripabo zuläuft, sahen wir die sumpfigten Ufer des Stroms mit Bambusrohr bewachsen. Diese baumartigen Gräser werden 20 Fuß hoch; ihr Halm ist gegen die Spitze immer umgebogen. Es ist eine neue Art *Bambusa* mit sehr breiten Blättern. Bonpland war so glücklich, ein blühendes Exemplar zu finden. Ich erwähne dieses Umstandes, weil die Gattungen *Nastus* und *Bambusa* bis jetzt sehr schlecht auseinander gehalten waren, und man in der neuen Welt diese gewaltigen Gräser ungemein selten blühend antrifft. Mutis botanisirte zwanzig Jahre in einem Land, wo die *Bambusa Guadua* mehrere Meilen breite sumpfigte Wälder bildet, und war nie im Stande einer Blüthe habhaft zu werden. Wir schickten diesem Gelehrten die ersten Bambusa-Aehren aus den gemäßigten Thälern von Popayan. Wie kommt es, daß sich die Befruchtungsorgane so selten bei einer Pflanze entwickeln, die im Lande zu Hause ist und vom Meeresspiegel bis in 900 Toisen Höhe äußerst kräftig wächst, also in eine subalpinische Region hinaufreicht, wo unter den Tropen das Klima dem des mittägigen Spaniens gleicht? Die *Bambusa latifolia* scheint den Becken des obern Orinoco, des Cassiquiare und des Amazonenstroms eigenthümlich zu seyn; es ist ein geselliges Gewächs, wie alle Gräser aus der Familie der Nastoiden; aber in dem Striche von spanisch Guyana, durch den wir gekommen, tritt sie nicht in den gewaltigen Massen auf, welche die Hispano-Amerikaner **Guaduales** oder Bambuswälder nennen.

Unser erstes Nachtlager oberhalb Vasiva war bald aufgeschlagen. Wir trafen einen kleinen trockenen, von Büschen freien Fleck südlich vom Caño Curamuni, an einem Ort, wo wir Kapuzineraffen,[13] kenntlich am schwarzen Bart und der trübseligen, scheuen Miene, langsam auf den horizontalen Aesten einer Genipa hin und hergehen sahen. Die fünf folgenden Nächte wurden immer beschwerlicher, je näher wir der Gabeltheilung des Orinoco kamen. Die Ueppigkeit des Pflanzenwuchses steigerte sich in einem Grade, von dem man sich keinen Begriff macht, selbst wenn man mit dem Anblick der tropischen Wälder vertraut ist. Ein Gelände ist gar nicht mehr vorhanden; ein Pfahlwerk aus dichtbelaubten Bäumen bildet das Flußufer. Man hat einen 200 Toisen breiten Canal vor sich, den zwei ungeheure mit Laub und Lianen bedeckte Wände einfassen; Wir versuchten öfters zu landen, konnten aber nicht aus dem Canoe kommen. Gegen Sonnenuntergang fuhren wir zuweilen eine Stunde lang am Ufer hin, um, nicht eine Lichtung (dergleichen gibt es gar nicht), sondern nur einen weniger dicht bewachsenen Fleck zu entdecken, wo unsere Indianer mit der Axt so weit aufräumen konnten, um für 12 bis 13 Personen ein Lager aufzuschlagen. In der Pirogue konnten wir die Nacht unmöglich zubringen. Die Moskitos, die uns den Tag über plagten, setzten sich gegen Abend haufenweise unter den **Toldo**, d. h. unter das Dach aus Palmblättern, das uns vor dem Regen schützte. Rio waren uns Hände und Gesicht so stark geschwollen gewesen. Pater Zea, der sich bis dahin immer gerühmt, er habe in seinen Missionen an den Katarakten die größten und wildesten (*las mas feroces*) Moskitos, gab nach und nach zu, nie haben ihn die Insektenstiche ärger geschmerzt, als hier am Cassiquiare. Mitten im dicken Walde konnten wir uns nur mit schwerer Mühe Brennholz verschaffen; denn in diesen Ländern am Aequator, wo es beständig regnet, sind die Baumzweige so saftreich, daß sie fast gar nicht brennen. Wo es keine trockenen Ufer gibt, findet man auch so gut wie kein altes Holz, das, wie die Indier sagen, **an der Sonne gekocht** ist. Feuer bedurften wir übrigens nur als Schutzwehr gegen die Thiere des Waldes; unser Vorrath an Lebensmitteln war so gering, daß wir zur Zubereitung der Speisen des Feuers ziemlich hätten entbehren können.

Am 18. Mai gegen Abend kamen wir an einen Ort, wo wilde Cacaobäume das Ufer säumen. Die Bohne derselben ist klein und bitter; die Indianer in den Wäldern saugen das Mark aus und werfen die Bohnen weg, und diese werden von den Indianern in den Missionen aufgelesen und an solche verkauft, die es bei der Bereitung ihrer Chokolate nicht genau nehmen. »Hier ist der **Puerto del Cacao**,« sagte der Steuermann, »hier übernachten *los Padres*, wenn sie nach Esmeralda fahren, um Blaseröhren und **Juvia** (die wohlschmeckenden Mandeln der *Bertholletia*) zu kaufen.« Indessen befahren im Jahre nicht fünf Canoes den Cassiquiare, und seit Maypures, also seit einem Monat, war uns auf den Flüssen, die wir hinauffuhren, keine Seele begegnet, außer in der nächsten Nähe der Missionen. Südwärts vom See Duractumini übernachteten wir in einem Palmenwalde. Der Regen goß in Strömen herab; aber die Pothos, die Arum und die Schlinggewächse bildeten eine natürliche, so dichte Laube, daß wir darunter Schutz fanden, wie unter dichtbelaubten Bäumen. Die Indianer, die am Ufer lagen, hatten Heliconien und Musaceen in einander verschlungen und damit über ihren Hängematten eine Art Dach gebildet. Unsere Feuer beleuchteten auf 50, 60 Fuß Höhe die Palmstämme, die mit Blüthen bedeckten Schlinggewächse und die weißlichten Rauchsäulen, die gerade gen Himmel stiegen; ein prachtvoller Anblick, aber um desselben mit Ruhe zu genießen, hätte man eine Luft athmen müssen, die nicht von Insekten wimmelte.

Unter allen körperlichen Leiden wirken diejenigen am niederschlagendsten, die in ihrer Dauer immer dieselben sind, und gegen die es kein Mittel gibt als Geduld. Die Ausdünstungen in den Wäldern am Cassiquiare haben wahrscheinlich bei Bonpland den Keim zu der schweren Krankheit gelegt, der er bei unserer Ankunft in Angostura beinahe erlegen wäre. Zu unserem Glück ahnte er so wenig als ich die Gefahr, die ihm drohte. Der Anblick des Flusses und das Summen der Moskitos kamen uns allerdings etwas einförmig vor; aber unser natürlicher Frohsinn war nicht ganz gebrochen und half uns über die lange Oede weg. Wir machten die Bemerkung, daß wir uns den Hunger auf mehrere Stunden vertrieben, wenn wir etwas trockenen geriebenen Cacao ohne Zucker aßen. Die Ameisen und die Moskitos machten uns mehr zu schaffen als die Nässe und der Mangel an Nahrung. So großen Entbehrungen wir auch auf unsern Zügen in den Cordilleren ausgesetzt gewesen, die Flußfahrt von Mandavaca nach Esmeralda erschien uns immer als das beschwerdereichste Stück unseres Aufenthalts in Amerika. Ich rathe den Reisenden, den Weg über den Cassiquiare dem über den Atabapo nicht vorzuziehen, sie müßten denn sehr großes Verlangen haben, die große Gabeltheilung des Orinoco mit eigenen Augen zu sehen.

Oberhalb des Caño Duractumuni läuft der Cassiquiare geradeaus von Nordost nach Südwest. Hier hat man am rechten Ufer mit dem Bau des neuen Dorfes Vasiva begonnen. Die Missionen Pacimona, Capivari, Buenaguardia, so wie die angebliche Schanze am See bei Vasiva auf unsern Karten sind lauter Fictionen. Es fiel uns auf, wie stark durch die raschen Anschwellungen des Cassiquiare die beiderseitigen Uferabhänge unterhöhlt waren. Entwurzelte Bäume bilden wie natürliche Flöße; sie stecken halb im Schlamm und können den Piroguen sehr gefährlich werden. Hätte man das Unglück, in diesen unbewohnten Strichen zu scheitern, so verschwände man ohne Zweifel, ohne daß eine Spur des Schiffbruchs verriethe, wo und wie man untergegangen. Man erführe nur an der Küste, und das sehr spät, ein Canoe, das von Vasiva abgegangen, sey hundert Meilen weiterhin, in den Missionen Santa Barbara und San Fernando de Atabapo nicht gesehen worden.

Die Nacht des 20. Mai, die letzte unserer Fahrt auf dem Cassiquiare, brachten wir an der Stelle zu, wo der Orinoco sich gabelt. Wir hatten einige Aussicht, eine astronomische Beobachtung machen zu können; denn ungewöhnlich große Sternschnuppen schimmerten durch die Dunsthülle, die den Himmel umzog. Wir schlossen daraus, die Dunstschicht müsse sehr dünn seyn, da man solche Meteore fast niemals unter dem Gewölk sieht. Die uns zu Gesicht kamen, liefen nach Nord und folgten auf einander fast in gleichen Pausen. Die Indianer, welche die Zerrbilder ihrer Phantasie nicht leicht durch den Ausdruck veredeln, nennen die Sternschnuppen den **Urin** und den Thau den **Speichel der Sterne**. Aber das Gewölk wurde wieder dicker und wir sahen weder die Meteore mehr noch die wahren Sterne, deren wir seit mehreren Tagen mit so großer Ungeduld harrten.

Man hatte uns gesagt, in Esmeralda werden wir die Insekten »noch grausamer und gieriger« finden, als auf dem Arm des Orinoco, den wir jetzt hinauffuhren; trotz dieser Aussicht erheiterte uns die Hoffnung, endlich einmal wieder an einem bewohnten Orte schlafen und uns beim Botanisiren einige Bewegung machen zu können. Beim letzten Nachtlager am Cassiquiare wurde unsere Freude getrübt. Ich nehme keinen Anstand, hier einen Vorfall zu erzählen, der für den Leser von keinem großen Belang ist, der aber in einem Tagebuch, das die Begebnisse auf der Fahrt durch ein so wildes Land schildert, immerhin eine Stelle finden mag. Wir lagerten am Waldsaum. Mitten in der Nacht meldeten uns die Indianer, man höre den Jaguar ganz in der Nähe brüllen, und zwar von den nahestehenden Bäumen herab. Die Wälder sind hier so dicht, daß fast keine andern Thiere darin vorkommen, als solche, die auf die Bäume klettern, Vierhänder, Cercolepten, Viverren und verschiedene Katzenarten. Da unsere Feuer hell brannten, und da man durch lange Gewöhnung Gefahren, die durchaus nicht eingebildet sind, ich möchte sagen, systematisch nicht achten lernt, so machten wir uns aus dem Brüllen der Jaguars nicht viel. Der Geruch und die Stimme unseres Hundes hatten sie hergelockt. Der Hund (eine große Dogge) bellte Anfangs; als aber der Tiger näher kam, fing er an zu heulen und kroch unter unsere Hängematten, als wollte er beim Menschen Schutz suchen. Seit unsern Nachtlagern am Rio Apure waren wir daran gewöhnt, bei dem Thier, das jung, sanftmüthig und sehr einschmeichelnd war, in dieser Weise Muth und Schüchternheit wechseln zu sehen. Wie groß war unser Verdruß, als uns am Morgen, da wir eben das Fahrzeug besteigen wollten, die Indianer meldeten, der Hund sey verschwunden! Es war kein Zweifel, die Jaguars hatten ihn fortgeschleppt. Vielleicht war er, da er sie nicht mehr brüllen hörte, von den Feuern weg dem Ufer zu gegangen; vielleicht aber auch hatten wir den Hund nicht winseln hören, da wir im tiefsten Schlafe lagen. Am Orinoco und am Magdalenenstrom versicherte man uns oft, die ältesten Jaguars (also solche, die viele Jahre bei Nacht gejagt haben) seyen so verschlagen, daß sie mitten aus einem Nachtlager Thiere herausholen, indem sie ihnen den Hals zudrücken, damit sie nicht schreien können. Wir warteten am Morgen lange, in der Hoffnung, der Hund möchte sich nur verlaufen haben. Drei Tage später kamen wir an denselben Platz zurück. Auch jetzt hörten wir die Jaguars wieder brüllen, denn diese Thiere haben eine Vorliebe für gewisse Orte; aber all unser Suchen war vergeblich. Die Dogge, die seit Caracas unser Begleiter gewesen und so oft schwimmend den Krokodilen entgangen war, war im Walde zerrissen worden. Ich erwähne dieses Vorfalls nur, weil er einiges Licht auf die Kunstgriffe dieser großen Katzen mit geflecktem Fell wirft.

Am 21. Mai liefen wir drei Meilen unterhalb der Mission Esmeralda wieder in das Bett des Orinoco ein. Vor einem Monat hatten wir diesen Fluß bei der Einmündung des Guaviare verlassen. Wir hatten nun noch 750 Seemeilen[14] nach Angostura, aber es ging den Strom abwärts, und dieser Gedanke war geeignet, uns unsere Leiden erträglicher zu machen. Fährt man die großen Ströme hinab, so bleibt man im Thalweg, wo es nur wenige Moskitos gibt; stromaufwärts dagegen muß man sich, um die Wirbel und Gegenströmungen zu benützen, nahe am Ufer halten, wo es wegen der Nähe der Wälder und des organischen Detritus, der aufs Ufer geworfen wird, von Mücken wimmelt.[15] Der Punkt, wo die vielberufene Gabeltheilung des Orinoco stattfindet, gewährt einen ungemein großartigen Anblick. Am nördlichen Ufer erheben sich hohe Granitberge; in der Ferne erkennt man unter denselben den Maraguaca und den Duida. Auf dem linken Ufer des Orinoco, westlich und südlich von der Gabelung, sind keine Berge bis dem Einfluß des Tamatama gegenüber. Hier liegt der Fels Guaraco, der in der Regenzeit zuweilen Feuer speien soll. Da wo der Orinoco gegen Süd nicht mehr von

Bergen umgeben ist und er die Oeffnung eines Thals oder vielmehr einer Senkung erreicht, welche sich nach dem Rio Negro hinunterzieht, theilt er sich in zwei Aeste. Der Hauptast (der Rio Paragua der Indianer) setzt seinen Lauf west-nord-westwärts um die Berggruppe der Parime herum fort; der Arm, der die Verbindung mit dem Amazonenstrom herstellt, läuft über Ebenen, die im Ganzen ihr Gefäll gegen Süd haben, wobei aber die einzelnen Gehänge im Cassiquiare gegen Südwest, im Becken des Rio Negro gegen Südost fallen. Eine scheinbar so auffallende Erscheinung, die ich an Ort und Stelle untersucht habe, verdient ganz besondere Aufmerksamkeit, um so mehr, als sie über ähnliche Fälle, die man im innern Afrika beobachtet zu haben glaubt, einigen Aufschluß geben kann. Ich beschließe dieses Capitel mit allgemeinen Betrachtungen über das **hydraulische System** von spanisch Guyana, und versuche es, durch Anführung von Fällen auf dem alten Continent darzuthun, daß diese Gabeltheilung, die für die Geographen, welche Karten von Amerika entwarfen, so lange ein Schreckbild war, immerhin etwas Seltenes ist, aber in beiden Halbkugeln vorkommt.

Wir sind gewöhnt, die europäischen Flüsse nur in dem Theil ihres Laufs zu betrachten, wo sie zwischen zwei Wasserscheiden liegen, somit in Thäler eingeschlossen sind; wir beachten nicht, daß, die Bodenhindernisse, welche Nebenflüsse und Hauptwasserbehälter ablenken, gar nicht so oft Bergketten sind, als vielmehr sanfte Böschungen von Gegenhängen; und so fällt es uns schwer, uns eine Vorstellung davon zu machen, wie in der neuen Welt die Ströme sich so stark krümmen, sich gabelig theilen und in einander münden sollen. An diesem ungeheuern Continent fällt die weite Erstreckung und Einförmigkeit seiner Ebenen noch mehr auf als die riesenhafte Höhe seiner Cordilleren. Erscheinungen, wie wir sie in unserer Halbkugel an den Meeresküsten oder in den Steppen von Bactriana um Binnenmeere, um den Aral und das caspische Meer beobachten, kommen in Amerika drei-, vierhundert Meilen von den Strommündungen vor. Die kleinen Bäche, die sich durch unsere Wiesengründe (die vollkommensten Ebenen bei uns) schlängeln, geben im Kleinen ein Bild jener Verzweigungen und Gabeltheilungen; man hält es aber nicht der Mühe werth, bei solchen Kleinigkeiten zu verweilen, und so fällt einem bei den hydraulischen Systemen der beiden Welten mehr der Contrast auf als die Analogie. Die Vorstellung, der Rhein könnte an die Donau, die Weichsel an die Oder, die Seine an die Loire einen Arm abgeben, erscheint uns auf den ersten Blick so ausschweifend, daß wir, wenn wir auch nicht daran zweifeln, daß Orinoco und Amazonenstrom in Verbindung stehen, den Beweis verlangen, daß was wirklich ist, auch möglich ist.

Fährt man über das Delta des Orinoco nach Angostura und zum Einfluß des Rio Apure hinauf, so hat man die hohe Gebirgskette der Parime fortwährend zur Linken. Diese Kette bildet nun keineswegs, wie mehrere berühmte

Geographen angenommen haben, eine Wasserscheide zwischen dem Becken des Orinoco und dem des Amazonenstroms, vielmehr entspringen am Südabhang derselben die Quellen des ersteren Stroms. Der Orinoco beschreibt (ganz wie der Arno in der bekannten **Voltata** zwischen Bibieno und Ponta Sieve) drei Viertheile eines Ovals, dessen große Achse in der Richtung eines Parallels liegt. Er läuft um einen Bergstock herum, von dessen beiden entgegengesetzten Abhängen die Gewässer ihm zulaufen. Von den« Alpenthälern des Maraguaca an läuft der Fluß zuerst gegen West oder West-Nord-West, als sollte er sich in die Südsee ergießen; darauf, beim Einfluß des Guaviare, fängt er an nach Nord umzubiegen und läuft in der Richtung eines Meridians bis zur Mündung des Apure, wo ein zweiter »Wiederkehrungspunkt« liegt. Auf diesem Stücke seines Laufs füllt der Orinoco eine Art **Rinne**, die durch das sanfte Gefälle, das sich von der sehr fernen Andenkette von Neu-Grenada herunterzieht, und durch den ganz kurzen Gegenhang, der ostwärts zur steilen Gebirgswand der Parime hinaufläuft, gebildet wird. In Folge dieser Bodenbildung kommen die bedeutendsten Zuflüsse dem Orinoco von Westen herzu. Da der Hauptbehälter ganz nahe an den Gebirgen der Parime liegt, um die er sich von Süd nach Nord herumbiegt (als sollte er Portocabello an der Nordküste von Venezuela zu laufen), so ist sein Bett von Felsmassen verstopft. Dieß ist der Strich der großen Katarakten; der Strom bricht sich brüllend Bahn durch die Ausläufer, die gegen West fortstreichen, so daß aus der großen »Land-Meerenge«[16] (*détroit terrestre*) zwischen den Cordilleren von Neu-Grenada und der Sierra Parime die Felsen am westlichen Ufer des Stroms noch dieser Sierra angehören. Beim Einfluß des Rio Apure sieht man nun den Orinoco zum zweitenmal, und fast plötzlich, aus seiner Richtung von Süd nach Nord in die von West nach Ost umbiegen, wie weiter oben der Einfluß des Guaviare den Punkt bezeichnet, wo der westliche Lauf rasch zum nördlichen wird. Bei diesen beiden Biegungen wird die Richtung des Hauptbehälters nicht allein durch den Stoß der Gewässer des Nebenflusses bestimmt, sondern auch durch die eigenthümliche Lage der Hänge und Gegenhänge, die sowohl auf die Richtung der Nebenflüsse als auf die des Orinoco selbst ihren Einfluß äußern. Umsonst sieht man sich bei diesen geographisch so wichtigen »Wiederkehrungspunkten« nach Bergen oder Hügeln um, die den Strom seinen bisherigen Lauf nicht fortsetzen ließen. Beim Einfluß des Guaviare sind keine vorhanden, und bei der Mündung des Apure konnte der niedrige Hügel von Cabruta auf die Richtung des Orinoco sicher keinen Einfluß äußern. Diese Veränderungen der Richtung sind Folgen allgemeinerer Ursachen; sie rühren her von der Lage der großen geneigten Ebenen, aus denen die polyedrische Fläche der Niederungen besteht. Die Bergketten steigen nicht wie Mauern auf wagrechten Grundflächen empor; ihre mehr oder weniger prismatischen Stöcke stehen immer auf Plateaux, und diese Plateaux streichen mit stärkerer oder geringerer Abdachung dem

Thalweg des Stromes zu. Der Umstand, daß die Ebenen gegen die Berge ansteigen, ist somit die Ursache, daß sich die Flüsse so selten an den Bergen selbst brechen und den Einfluß dieser Wasserscheiden, so zu sagen, in bedeutender Entfernung fühlen. Geographen, welche Topographie nach der Natur studirt und selbst Bodenvermessungen vorgenommen haben, können sich nicht wundern, daß auf Karten, auf denen wegen ihres Maßstabes ein Gefälle von 3—5 Grad sich nicht angeben läßt, die Ursachen der großen Flußkrümmungen materiell gar nicht ersichtlich sind. Der Orinoco läuft von der Mündung des Apure bis zu seinem Ausfluß an der Ostküste von Amerika parallel mit seiner anfänglichen Richtung, aber derselben entgegen; sein Thalweg wird dort gegen Norden durch eine fast unmerkliche Abdachung, die sich gegen die Küstenkette von Venezuela hinaufzieht, gegen Süden durch den kurzen steilen Gegenhang an der Sierra Parime gebildet. In Folge dieser eigenthümlichen Terrainbildung umgibt der Orinoco denselben granitischen Gebirgsstock in Süd, West und Nord, und befindet sich nach einem Lauf von 1350 Seemeilen (zu 950 Toisen) 300 Seemeilen von seinem Ursprung. Es ist ein Fluß, dessen Mündung bis auf zwei Grad im Meridian seiner Quellen liegt.

Der Lauf des Orinoco, wie wir ihn hier flüchtig geschildert, zeigt drei sehr bemerkenswerthe Eigenthümlichkeiten: 1) daß er dem Bergstock, um den er in Süd, West und Nord herläuft, immer so nahe bleibt; 2) daß seine Quellen in einem Landstrich liegen, der, wie man glauben sollte, dem Becken des Rio Negro und des Amazonenstroms angehört; 3) daß er sich gabelt und einem andern Flußsystem einen Arm zusendet. Nach bloß theoretischen Vorstellungen sollte man annehmen, die Flüsse, wenn sie einmal aus den Alpenthälern heraus sind, in deren obern Enden sie entsprungen, müßten rasch von den Bergen weg auf einer mehr oder weniger geneigten Ebene fortziehen, deren stärkster Fall senkrecht ist auf die große Achse der Kette oder die Hauptwasserscheide. Eine solche Voraussetzung widerspräche aber dem Verhalten der großartigsten Ströme Indiens und Chinas. Es ist eine Eigenthümlichkeit dieser Flüsse, daß sie nach ihrem Austritt aus dem Gebirge mit der Kette parallel laufen. Die Ebenen deren Gehänge gegen die Gebirge ansteigen, sind am Fuße derselben unregelmäßig gestaltet. Nicht selten mag die Erscheinung, von der hier die Rede ist, von der Beschaffenheit des geschichteten Gesteins und daher rühren, daß die Schichten den großen Ketten parallel streichen; da aber der Granit der Sierra Parime fast durchaus massig, nicht geschichtet ist, so deutet der Umstand, daß der Orinoco sich so nahe um diesen Gebirgsstock herumschlingt, auf eine Terrainsenkung hin, die mit einer allgemeineren geologischen Erscheinung zusammenhängt, auf eine Ursache, die vielleicht bei der Bildung der Cordilleren selbst im Spiele war. In den Meeren und den Binnenseen finden sich die tiefsten Stellen da, wo die Ufer am höchsten und steilsten sind. Fährt man von Esmeralda nach Angostura den Orinoco hinab, so sieht man (ob die Richtung West, Nord oder Ost ist) 250 Meilen weit am rechten Ufer beständig sehr hohe Berge, am linken dagegen Ebenen, so weit das Auge reicht. Die Linie der größten Tiefen, die Maxima der Senkung liegen also am Fuß der Cordillere selbst, am Umriß der Sierra Parime.

Eine andere Eigenthümlichkeit, die uns auf den ersten Anblick am Laufe des Orinoco auffällig erscheint, ist, daß das Becken dieses Stroms ursprünglich mit dem Becken eines andern, des Amazonenstroms, zusammenzufallen scheint. Wirft man einen Blick auf die Karte, so sieht man, daß der obere Orinoco von Ost nach West über dieselbe Ebene läuft, durch die der Amazonenstrom parallel mit ihm, aber in entgegengesetzter Richtung, von West nach Ost zieht. Aber das Becken ist nur scheinbar ein gemeinschaftliches; man darf nicht vergessen, daß die großen Bodenflächen, die wir Ebenen nennen, ihre Thäler haben, so gut wie die Berge. Jede Ebene besteht aus verschiedenen Systemen alternativer Hänge,[17] und diese Systeme sind von einander durch **secundäre** Wasserscheiden von so geringer Höhe getrennt, daß das Auge sie fast nicht bemerkt. Eine ununterbrochene, waldbedeckte Ebene füllt den ungeheuern Raum zwischen dem 3½ Grad nördlicher und dem 14. Grad südlicher Breite, zwischen der Cordillere der Parime und der Cordillere von Chiquitos und der brasilianischen. Bis zum Parallel der Quellen des Rio Temi (2°45' nördlicher Breite), auf einer Oberfläche von 204,000 Quadratmeilen,[18] laufen alle Gewässer dem Amazonenstrom als Hauptbehälter zu; aber weiter gegen Norden hat in Folge eigenthümlicher Terrainbildung auf einer Fläche von nicht 1500 Quadratmeilen ein anderer großer Strom, der Orinoco, sein eigenes hydraulisches System. Die Centralebene von Südamerika umfaßt also zwei **Strombecken**; denn ein Becken ist die Gesammtheit aller umliegenden Bodenflächen, deren stärkste Falllinien dem Thalweg, das heißt der Längenvertiefung, welche das Bett des Hauptbehälters bildet, zulaufen. Auf dem kurzen Strich zwischen dem 68 und 70. Grad der Länge nimmt der Orinoco die Gewässer auf, die vom Südabhang der Cordillere der Parime herabkommen; aber die Nebenflüsse, die am selben Abhang östlich vom Meridian von 68° zwischen dem Berge Maraguaca und den Bergen des portugiesischen Guyana entspringen, gehen in den Amazonenstrom. Also nur auf einer 50 Meilen langen Strecke haben in diesem ungeheuern Thal unter dem Aequator die Bodenflächen zunächst am Fuß der Cordillere der Parime ihren stärksten Fall in einer Richtung, die **aus dem Thal hinaus** zuerst nordwärts, dann ostwärts weist. In Ungarn sehen wir einen ähnlichen, sehr merkwürdigen Fall, wo Flüsse, die südwärts von einer Bergkette entspringen, dem hydraulischen System des Nordhangs angehören. Die Wasserscheide zwischen dem baltischen und dem schwarzen Meer liegt südlich vom Tatra, einem Ausläufer der Carpathen, zwischen Teplicz und Ganocz, auf einem nur 300 Toisen hohen Plateau. Waag und Hernad laufen südwärts der Donau zu, während der Poprad um das Tatragebirge gegen

West herumläuft und mit dem Dunajetz nordwärts der Weichsel zufließt. Der Poprad, der seiner Lage nach zu den Gewässern zu gehören scheint, die dem schwarzen Meer zufließen, trennt sich scheinbar vom Becken derselben los und wendet sich dem baltischen Meere zu.

In Südamerika enthält eine ungeheure Ebene das Becken des Amazonenstroms und einen Theil des Beckens des Orinoco; aber in Deutschland, zwischen Melle und Osnabrück, haben wir den seltenen Fall, daß ein sehr enges Thal die Becken zweier kleiner, von einander unabhängiger Flüsse verbindet. Die Else und die Haase laufen Anfangs nahe bei einander und parallel von Süd nach Nord; wo sie aber in die Ebene treten, weichen sie nach Ost und West auseinander und schließen sich zwei ganz gesonderten Flußsystemen, dem der Werra und dem der Ems, an.

Ich komme zur dritten Eigenthümlichkeit im Laufe des Orinoco, zu jener Gabeltheilung, die man im Moment, da ich nach Amerika abreiste, wieder in Zweifel gezogen hatte. Diese Gabeltheilung (*divergium amnis*) liegt nach meinen astronomischen Beobachtungen in der Mission Esmeralda unter dem 3°10' nördlicher Breite und dem 68°37' westlicher Länge vom Meridian von Paris. Im Innern von Südamerika erfolgt dasselbe, was wir unter allen Landstrichen an den Küsten vorkommen sehen. Nach den einfachsten geometrischen Grundsätzen haben wir anzunehmen, daß die Bodenbildung und der Stoß der Zuflüsse die Richtung der strömenden Gewässer nach festen, gleichförmigen Gesetzen bestimmen. Die **Deltas** entstehen dadurch, daß auf der Ebene eines Küstenlandes eine Gabeltheilung erfolgt, und bei näherer Betrachtung zeigen sich zuweilen in der Nähe dieser oceanischen Gabelung Verzweigungen mit andern Flüssen, von denen Arme nicht weit abliegen. Kommen nun aber Bodenflächen, so eben wie das Küstenland, im Innern der Festländer gleichfalls vor, so müssen sich dort auch dieselben Erscheinungen wiederholen. Aus denselben Ursachen, welche an der Mündung eines großen Stroms Gabeltheilungen herbeiführen, können dergleichen auch an seinen Quellen und in seinem obern Laufe entstehen. Drei Umstände tragen vorzugsweise dazu bei: die höchst unbedeutenden wellenförmigen Steigungen und Senkungen einer Ebene, die zwei Strombecken zugleich umfaßt, die Breite des einen der Hauptbehälter, und die Lage des Thalwegs am Rande selbst, der beide Becken scheidet.

Wenn die Linie des stärksten Falls durch einen gegebenen Punkt läuft, und wenn sie, noch so weit verlängert, nicht auf den Fluß trifft, so kann dieser Punkt, er mag noch so nahe am Thalweg liegen, nicht wohl demselben Becken angehören. In anstoßenden Becken sehen wir häufig die Zuflüsse des einen Behälters ganz nahe bei dem andern zwischen zwei Zuflüssen des letzteren entspringen. In Folge dieser eigenthümlichen Coordinationsverhältnisse zwischen den alternativen Gehängen werden die Grenzen der Becken mehr oder weniger gekrümmt. Die Längenfurche oder

der Thalweg ist keineswegs nothwendig in der Mitte des Beckens; er befindet sich nicht einmal immer an den tiefsten Stellen, denn diese können von Kämmen umgeben seyn, so daß die Linien des stärksten Falls nicht hinlaufen. Nach der ungleichen Länge der Zuflüsse an beiden Ufern eines Flusses schätzen wir ziemlich sicher, welche Lage der Thalweg den Grenzen des Beckens gegenüber hat. Am leichtesten erfolgt nun eine Gabeltheilung, wenn der Hauptbehälter einer dieser Grenzen nahe gerückt ist, wenn er längs dem Kamm hinläuft, der die Wasserscheide zwischen beiden Becken bildet. Die geringste Erniedrigung dieses Kamms kann dann die Erscheinung herbeiführen, von der hier die Rede ist, wenn nicht der Fluß, vermöge der einmal angenommenen Geschwindigkeit, ganz in seinem Bette zurückbleibt. Erfolgt aber die Gabeltheilung, so läuft die Grenze zwischen beiden Becken der Länge nach durch das Bett des Hauptbehälters, und ein Theil des Thalwegs von a enthält Punkte, von denen die Linien des stärksten Falls zum Thalweg von b weisen. Der Arm, der sich absondert, kann nicht mehr zu a zurückkommen, denn ein Wasserfaden, der einmal in ein Becken gelangt ist, kann diesem nicht mehr entweichen, ohne durch das Bett des Flusses, der alle Gewässer desselben vereinigt, hindurchzugehen.

Es ist nun noch zu betrachten, in wie fern die Breite eines Flusses unter sonst gleichen Umständen die Bildung solcher Gabeltheilungen begünstigt, welche, gleich den **Kanälen mit Theilungspunkten**, in Folge der natürlichen Bodenbildung eine schiffbare Linie zwischen zwei benachbarten Strombecken herstellen. Sondirt man einen Fluß nach dem Querdurchschnitt, so zeigt sich, daß sein Bett gewöhnlich aus mehreren Rinnen von ungleicher Tiefe besteht. Je breiter der Strom ist, desto mehr sind dieser Rinnen; sie laufen sogar große Strecken weit mehr oder weniger einander parallel. Es folgt daraus, daß die meisten Flüsse betrachtet werden können als aus mehreren dicht an einander gerückten Kanälen bestehend, und daß eine Gabelung sich bildet, wenn ein kleiner Bodenabschnitt am Ufer niedriger liegt, als der Grund einer Seitenrinne. Den hier auseinandergesetzten Verhältnissen zufolge bilden sich Flußgabelungen entweder im selben Becken oder auf der Wasserscheide zwischen zweien. Im ersteren Fall sind es entweder Arme, die in den Thalweg, von dem sie sich abgezweigt, früher oder später wieder einmünden, oder aber Arme, die sich mit weiter abwärts gelegenen Nebenflüssen vereinigen. Zuweilen sind es auch Deltas,[19] die sich entweder nahe der Mündung der Flüsse ins Meer oder beim Zusammenfluß mit einem andern Strom bilden. Erfolgt die Gabelung an der Grenze zweier Becken, und läuft diese Grenze durch das Bett des Hauptbehälters selbst, so stellt der sich abzweigende Arm eine hydraulische Verbindung zwischen zwei Flußsystemen her und verdient desto mehr unsere Aufmerksamkeit, je breiter und schiffbarer er ist. Nun ist aber der Cassiquiare zwei- bis dreimal breiter als die Seine beim *Jardin des plantes* in Paris, und zum Beweis, wie merkwürdig dieser Fluß ist, bemerke ich, daß eine sorgfältige Forschung nach Fällen von Gabeltheilungen im Innern der Länder, selbst zwischen weit weniger bedeutenden Flüssen, ihrer bis jetzt nur drei bis vier unzweifelhaft zu Tage gefördert hat. Ich spreche nicht von den Verzweigungen der großen indisch-chinesischen Flüsse, von den natürlichen Canälen, durch welche die Flüsse in Ava und Pegu, wie in Siam und Cambodja zusammenzuhängen scheinen; die Art dieser Verbindungen ist noch nicht gehörig aufgeklärt. Ich beschränke mich darauf, einer hydraulischen Erscheinung zu erwähnen, welche durch Baron Hermelins schöne Karten von Norwegen nach allen Theilen bekannt geworden ist. In Lappland sendet der Torneofluß einen Arm (den Tärendo-Elf) zum Calix-Elf, der ein kleines hydraulisches System für sich bildet. Dieser Cassiquiare der nördlichen Zone ist nur 10—12 Meilen lang, er macht aber alles Land am bothnischen Busen zu einer wahren Flußinsel. Durch Leopold von Buch wissen wir, daß die Existenz dieses natürlichen Canals lange so hartnäckig geläugnet wurde, wie die eines Arms des Orinoco, der in das Becken des Amazonenstroms läuft. Eine andere Gabeltheilung, die wegen des alten Verkehrs zwischen den Völkern Latiums und Etruriens noch mehr Interesse hat, scheint ehemals am Thrasimenischen See stattgefunden zu haben. Auf seiner vielberufenen **Voltata** von Süd nach West und Nord zwischen Bibieno und Ponta Sieve theilte sich der Arno bei Arezzo in zwei Arme, deren einer, wie jetzt, über Florenz und Pisa dem Meere zulief, während der andere durch das Thal von Chiana floß und sich mit dem Tiber vereinigte, entweder unmittelbar oder durch die Paglia als Zwischenglied. Fossombroni hat dargethan, wie sich im Mittelalter durch Anschwemmungen im Thal von Chiana eine Wasserscheide bildete, und wie jetzt das nördliche Stück des **Arno Teverino** von Süd nach Nord (auf dem Gegenhang) aus dem kleinen See von Montepulciano in den Arno fließt. So hatte denn der klassische Boden Italiens neben so vielen Wundern der Natur und der Kunst auch eine Gabeltheilung aufzuweisen, wie sie in den Wäldern der neuen Welt in ungleich größerem Maßstab auftritt.

Ich bin nach meiner Rückkehr vom Orinoco oft gefragt worden, ob ich glaube, daß der Canal des Cassiquiare allmählig durch Anschwemmungen verstopft werden möchte, ob ich nicht der Ansicht sey, daß die zwei größten Flußsysteme Amerikas unter den Tropen im Laufe der Jahrhunderte sich ganz von einander trennen werden. Da ich es mir zum Gesetz gemacht habe, nur Thatsächliches zu beschreiben und die Verhältnisse, die in verschiedenen Ländern zwischen der Bodenbildung und dem Laufe der Gewässer bestehen, zu vergleichen, so habe ich alles bloß Hypothetische zu vermeiden. Zunachst bemerke ich, daß der Cassiquiare in seinem gegenwärtigen Zustand keineswegs *placidus et mitissimus amnis* ist, wie es bei den Poeten Latiums heißt; er gleicht durchaus nicht dem *errans languido flumine Cocytus*, da er im größten Theile seines Laufs die ungemeine Geschwindigkeit von 6—8 Fuß in der Sekunde hat. Es ist also wohl nicht zu fürchten, daß er ein mehrere hundert

Toisen breites Bett ganz verstopft. Dieser Arm des obern Orinoco ist eine zu großartige Erscheinung, als daß die kleinen Umwandlungen, die wir an der Erdoberfläche vorgehen sehen, demselben ein Ende machen oder auch nur viel daran verändern könnten. Wir bestreiten nicht, vollends wenn es sich von minder breiten und sehr langsam strömenden Gewässern handelt, daß alle Flüsse eine Neigung haben, ihre Verzweigungen zu vermindern und ihre Becken zu isoliren. Die majestätischsten Ströme erscheinen, wenn man die steilen Hänge der alten weitab liegenden Ufer betrachtet, nur als Wasserfäden, die sich durch Thäler winden, die sie selbst sich nicht haben graben können. Der heutige Zustand ihres Bettes weist deutlich darauf hin, daß die strömenden Gewässer allmählig abgenommen haben. Ueberall treffen wir die Spuren alter ausgetrockneter Arme und Gabelungen, für die kaum ein historisches Zeugniß vorliegt. Die verschiedenen, mehr oder weniger parallelen Rinnen, aus denen die Betten der amerikanischen Flüsse bestehen, und die sie weit wasserreicher erscheinen lassen, als sie wirklich sind, verändern allgemach ihre Richtung; sie werden breiter und verschmelzen dadurch, daß die Längsgräten zwischen denselben abbröckeln. Was anfangs nur ein Arm war, wird bald der einzige Wasserbehälter, und bei Strömen, die langsam ziehen, verschwinden die Gabeltheilungen oder Verzweigungen zwischen zwei hydraulischen Systemen auf dreierlei Wegen: entweder der **Verbindungscanal** zieht den ganzen gegabelten Strom in sein Becken hinüber, oder der Canal verstopft sich durch Anschwemmungen an der Stelle, wo er vom Strome abgeht, oder endlich in der Mitte seines Laufs bildet sich ein Querkamm, eine Wasserscheide, wodurch das obere Stück einen Gegenhang erhält und das Wasser in umgekehrter Richtung zurückfließt. Sehr niedrige und großen periodischen Ueberschwemmungen ausgesetzte Länder, wie Guyana in Amerika und Dar-Saley oder Baghermi in Afrika,[20] geben uns ein Bild davon, wie viel häufiger dergleichen Verbindungen durch natürliche Canäle früher gewesen seyn mögen als jetzt.

Nachdem ich die Gabeltheilung des Orinoco aus dem Gesichtspunkt der **vergleichenden Hydrographie** betrachtet, habe ich noch kurz die Geschichte der Entdeckung dieses merkwürdigen Phänomens zu besprechen. Es ging mit der Verbindung zwischen zwei großen Flußsystemen wie mit dem Lauf des Nigers gegen Ost. Man mußte mehreremale entdecken, was auf den ersten Anblick der Analogie und angenommenen Hypothesen widersprach. Als bereits durch Reisende ausgemacht war, auf welche Weise Orinoco und Amazonenstrom zusammenhängen, wurde noch, und zwar zu wiederholtenmalen bezweifelt, ob die Sache überhaupt möglich sey. Eine Bergkette, die der Geograph Hondius zu Ende des sechzehnten Jahrhunderts als Grenzscheide beider Flüsse gefabelt hatte, wurde bald angenommen, bald geläugnet. Man dachte nicht daran, daß selbst wenn diese Berge vorhanden wären, deßhalb die beiden hydraulischen Systeme nicht nothwendig getrennt feyn müßten, da ja die Gewässer durch die Cordillere der Anden und die Himalayakette,[21] die höchste bekannte der Welt, sich Bahn gebrochen haben. Man behauptete, und nicht ohne Grund, Fahrten, die mit demselben Canoe sollten gemacht worden seyn, schließen die Möglichkeit nicht aus, daß die Wasserstraße durch Trageplätze unterbrochen gewesen. Ich habe diese so lange bestrittene Gabeltheilung nach ihrem ganzen Verhalten selbst beobachtet, bin aber deßhalb weit entfernt, Gelehrte zu tadeln, die, gerade weil es ihnen nur um die Wahrheit zu thun war, Bedenken trugen, als wirklich gelten zu lassen, was ihnen noch nicht genau genug untersucht zu seyn schien.

Da der Amazonenstrom von den Portugiesen und den Spaniern schon lange befahren wurde, ehe die beiden Nebenbuhler den obern Orinoco kennen lernten, so kam die erste unsichere Kunde von der Verzweigung zweier Ströme von der Mündung des Rio Negro nach Europa. Die Conquistadoren und mehrere Geschichtschreiber, wie Herera, Fray Pedro Simon und der Pater Garcia, verwechselten unter den Namen ***Rio Grande*** und ***Mar dulce*** den Orinoco und den Maragnon. Der Name des ersteren Flusses kommt noch nicht einmal auf Diego Riberos vielberufener Karte von Amerika aus dem Jahr 1529 vor. Durch die Expeditionen des Orellana (1540) und des Lope de Aguirre (1560) erfuhr man nichts über die Gabeltheilung des Orinoco; da aber Aguirre so auffallend schnell die Insel Margarita erreicht hatte, glaubte man lange, derselbe sey nicht durch eine der großen Mündungen des Amazonenstromes, sondern durch eine Flußverbindung im Innern auf die See gelangt. Der Jesuit Acuña hat solches als Behauptung aufgestellt; aber das Ergebniß meiner Nachforschungen in den Schriften der frühesten Geschichtschreiber der Eroberung spricht nicht dafür. »Wie kann man glauben,« sagt dieser Missionär, »daß Gott es zugelassen, daß ein Tyrann es hinausführe und die schöne Entdeckung der Mündung des Maragnon mache!« Acuña setzt voraus, Aguirre sey durch den Rio Felipe an die See gelangt, und dieser Fluß »sey nur wenige Meilen von Cabo del Norte entfernt.«

Ralegh brachte auf verschiedenen Fahrten, die er selbst gemacht oder die auf seine Kosten unternommen worden, nichts über eine hydraulische Verbindung zwischen Orinoco und Amazonenstrom in Erfahrung; aber sein Unterbefehlshaber Keymis, der aus Schmeichelei (besonders aber wegen des Vorgangs, daß der Maragnon nach Orellana benannt worden) dem Orinoco den Namen **Raleana** beigelegt, bekam zuerst eine unbestimmte Vorstellung von den Trageplätzen zwischen dem Essequebo, dem Carony und dem Rio Branco oder Parime. Aus diesen Trageplätzen machte er einen großen Salzsee, und in dieser Gestalt erschienen sie auf der Karte, die 1599 nach Raleghs Berichten entworfen wurde. Zwischen Orinoco und Amazonenstrom zeichnet man eine Cordillere ein, und statt der wirklichen Gabelung gibt Hondius eine andere, völlig eingebildete an: er läßt den

Amazonenstrom (mittelst des Rio Tocantines) mit dem Parana und dem San Francisco in Verbindung treten. Diese Verbindung blieb über ein Jahrhundert auf den Karten stehen, wie auch eine angebliche Gabeltheilung des Magdalenenstroms, von dem ein Arm zum Golf von Maracaybo laufen sollte.

Im Jahr 1639 machten die Jesuiten Christoval de Acuña und Andres de Artedia, im Gefolge des Capitäns Texeira, die Fahrt von Quito nach Gran-Para. Am Einfluß des Rio Negro in den Amazonenstrom erfuhren sie, »ersterer Fluß, von den Eingeborenen wegen der braunen Farbe seines sehr hellen Wassers **Curiguacura** oder **Uruna** genannt, gebe einen Arm an den **Rio Grande** ab, der sich in die nördliche See ergießt und an dessen Mündung sich holländische Niederlassungen befinden.« Acuña gibt den Rath, »nicht am Einfluß des Rio Negro in den Amazonenstrom, sondern am Punkt, wo der Verbindungsast abgeht,« eine Festung zu bauen. Er bespricht die Frage, was wohl dieser Rio Grande seyn möge, und kommt zum Schluß, der Orinoco sey es sicher nicht, vielleicht aber der **Rio Dulce** oder der **Rio de Felipe**, derselbe, durch den Aguirre zur See gekommen. Letztere dieser Annahmen scheint ihm die wahrscheinlichste. Man muß bei dergleichen Angaben unterscheiden zwischen dem, was die Reisenden an der Mündung des Rio Negro von den Indianern erfahren, und dem, was jene nach den Vorstellungen, die ihnen der Zustand der Geographie zu ihrer Zeit an die Hand gab, selbst hinzusetzten. Ein Flußarm, der vom Rio Negro abgeht, soll sich in einen sehr großen Fluß ergießen, der in das nördliche Meer läuft an einer Küste, auf der **Menschen mit rothen Haaren** wohnen; so bezeichneten die Indianer die Holländer, da sie gewöhnt waren, nur **Weiße mit schwarzen oder braunen Haaren**, Spanier oder Portugiesen, zu sehen. Wir kennen nun aber jetzt, vom Einfluß des Rio Negro in den Amazonenstrom bis zum Caño Pimichin, auf dem ich in den ersteren Fluß gekommen, alle Nebenflüsse von Nord und Ost her. Nur ein einziger darunter, der Cassiquiare, steht mit einem andern Fluß in Verbindung. Die Quellen des Rio Branco sind auf den neuen Karten des brasilianischen hydrographischen Depots sehr genau aufgenommen, und wir wissen, daß dieser Fluß keineswegs durch einen See mit dem Carony, dem Essequebo oder irgend einem andern Gewässer der Küste von Surinam und Cayenne in Verbindung steht. Eine hohe Bergkette, die von Pacaraymo, liegt zwischen den Quellen des Paraguamusi (eines Nebenflusses des Carony) und denen des Rio Branco, wie es von Don Antonio Santos auf seiner Reise von Angostura nach Gran-Para im Jahr 1775 ausgemacht worden. Südwärts von der Bergkette Pacaraymo und Quimiropaca besindet sich ein Trageplatz von drei Tagereisen zwischen dem Sarauri (einem Arm des Rio Branco) und dem Rupunuri (einem Arm des Essequebo). Ueber diesen Trageplatz kam im Jahr 1759 der Chirurg Nicolas Hortsmann, ein Hildesheimer, dessen Tagebuch ich in Händen gehabt; es ist dieß derselbe Weg, auf dem Don Francisco Jose

Rodrigues Barata, Obristlieutenant des ersten Linienregiments in Para, im Jahr 1793 im Auftrag seiner Regierung zweimal vom Amazonenstrom nach Surinam ging. In noch neuerer Zeit, im Februar 1811, kamen englische und holländische Colonisten zum Trageplatz am Rupunuri und ließen den Befehlshaber am Rio Negro um die Erlaubniß bitten, zum Rio Branco sich begeben zu dürfen; der Commandant willfahrte dem Gesuch und so kamen die Colonisten in ihren Canoes zum Fort San Joaquin am Rio Branco. Wir werden in der Folge noch einmal auf diese Landenge zurückkommen, einen theils bergigten, theils sumpfigten Landstrich, auf den Kaymis (der Verfasser des Berichts von Raleghs zweiter Reise) den Dorado und die große Stadt Manoa verlegt, der aber, wie wir jetzt bestimmt wissen, die Quellen des Carony, des Rupunuri und des Rio Branco trennt, die drei verschiedenen Flußsystemen angehören, dem Orinoco, dem Essequebo und dem Rio Negro oder Amazonenstrom.

Aus dem Bisherigen geht hervor, daß die Eingeborenen, die Texeira und Acuña von der Verbindung zweier großen Ströme sprachen, vielleicht selbst über die Richtung des Cassiquiare im Irrthum waren, oder daß Acuña ihre Aeußerungen mißverstanden hat. Letzteres ist um so wahrscheinlicher, da ich, wenn ich mich, gleich dem spanischen Reisenden, eines Dolmetschers bediente, oft selbst die Erfahrung gemacht habe, wie leicht man etwas falsch auffaßt, wenn davon die Rede ist, ob ein Fluß Arme abgibt oder aufnimmt, ob ein Nebenfluß mit der Sonne geht oder »gegen die Sonne« läuft. Ich bezweifle, daß die Indianer mit dem, was sie gegen Acuña geäußert, die Verbindung mit den holländischen Besitzungen über die Trageplätze zwischen dem Rio Branco und dem Rio Gssequebo gemeint haben. Die Caraiben kamen an den Rio Negro auf beiden Wegen, über die Landenge beim Rupunuri und auf dem Cassiquiare; aber eine ununterbrochene Wasserstraße mußte den Indianern als etwas erscheinen, das für die Fremden ungleich mehr Belang habe, und der Orinoco mündet allerdings nicht in den holländischen Besitzungen aus, liegt aber doch denselben sehr nahe. Acuñas Aufenthalt an der Mündung des Rio Negro verdankt Europa nicht nur die erste Kunde von der Verbindung zwischen Amazonenstrom und Orinoco, derselbe hatte auch aus dem Gesichtspunkte der Humanität gute Folgen. Texeiras Mannschaft wollte den Befehlshaber zwingen, in den Rio Negro einzulaufen, um Sklaven zu holen. Die beiden Geistlichen, Acuña und Artedia, legten schriftliche Verwahrung gegen ein solch ungerechtes und politisch unkluges Unternehmen ein. Sie behaupteten dabei (und der Satz ist sonderbar genug), »das Gewissen gestatte den Christen nicht, Eingeborene zu Sklaven zu machen, solche ausgenommen, die als Dolmetscher zu dienen hätten.« Was man auch von diesem Satze halten mag, auf die hochherzige, muthvolle Verwahrung der beiden Geistlichen unterblieb der beabsichtigte Raubzug.

Im Jahr 1680 entwarf der Geograph Sanson nach Acuñas Reisebericht eine Karte vom Orinoco und dem Amazonenstrom. Sie ist für den Amazonenstrom, was Gumillas Karte so lange für den untern Orinoco gewesen. Im ganzen Strich nördlich vom Aequator ist sie rein hypothetisch, und der Caqueta, wie schon oben bemerkt, gabelt sich darauf unter einem rechten Winkel. Der eine Arm des Caqueta ist der Orinoco, der andere der Rio Negro. In dieser Weise glaubte Sanson auf der erwähnten Karte, und auf einer andern von ganz Südamerika aus dem Jahr 1656, die unbestimmten Nachrichten, welche Acuña im Jahr 1639 über die Verzweigungen des Caqueta und über die Verbindungen zwischen Amazonenstrom und Orinoco erhalten, vereinigen zu können. Die irrige Vorstellung, der Rio Negro entspringe aus dem Orinoco oder aus dem Caqueta, von dem der Orinoco nur ein Zweig wäre, hat sich bis in die Mitte des achtzehnten Jahrhunderts erhalten, wo der Cassiquiare entdeckt wurde.

Pater Fritz war mit einem andern deutschen Jesuiten, dem Pater Richler, nach Quito gekommen; er entwarf im Jahr 1690 eine Karte des Amazonenstroms, die beste, die man vor La Condamines Reise besaß. Nach dieser Karte richtete sich der französische Akademiker auf seiner Flußfahrt, wie ich auf dem Orinoco nach den Karten von La Cruz und Caulin. Es ist auffallend, daß Pater Fritz bei seinem langen Aufenthalt am Amazonenstrom (der Commandant eines portugiesischen Forts hielt ihn zwei Jahre gefangen) keine Kunde vom Cassiquiare erhalten haben soll. Die geschichtlichen Notizen, die er auf dem Rand seiner handschriftlichen Karte beigesetzt und die ich in neuester Zeit sorgfältig untersucht habe, sind sehr mangelhaft; auch sind ihrer nicht viele. Er läßt eine Bergkette zwischen den beiden Flußsystemen streichen und rückt nur einen der Zweige, die den Rio Negro bilden, nahe an einen Nebenfluß des Orinoco, der, der Lage nach, der Rio Caura zu seyn scheint. In den hundert Jahren zwischen Acuñas Reise und der Entdeckung des Cassiquiare durch Pater Roman blieb Alles im Ungewissen.

Die Verzweigung des Orinoco und des Amazonenstroms durch den Rio Negro und eine Gabeltheilung des Caqueta, die Sanson aufgebracht und die Pater Fritz und Blaeuw verwarfen, erschienen auf de l'Isles ersten Karten wieder; aber gegen das Ende seines Lebens gab der berühmte Geograph sie wieder auf.[22] Da man sich hinsichtlich der Art und Weise der Verbindung geirrt, war man schnell bei der Hand und zog die Verbindung selbst in Abrede. Es ist wirklich sehr merkwürdig, daß zur Zeit, wo die Portugiesen am häufigsten den Amazonenstrom, den Rio Negro und den Cassiquiare hinauffuhren, und wo Pater Gumillas Briefe (durch die natürliche Flußverzweigung) vom untern Orinoco nach Gran-Para gelangten, dieser selbe Missionär sich alle Mühe gab, in Europa die Meinung zu verbreiten, daß die Becken des Orinoco und des Amazonenstroms völlig von einander geschieden seyen. Er versichert, »er sey öfters ersteren Fluß bis zum Raudal von Tabaje, unter 1°4' der Breite, hinaufgefahren und habe niemals einen Fluß, den man für den Rio Negro hätte halten können, abgehen oder hereinkommen sehen.« »Zudem,« fährt er fort, »läuft eine große Cordillere[23] von Ost und West und läßt die Gewässer nicht in einander münden, wie sie auch alle Erörterung über die angebliche Verbindung beider Ströme ganz überflüssig macht.« Pater Gumillas Irrthümer entspringen daher, daß er der festen Ueberzeugung war, auf dem Orinoco bis zum Parallel von 1°4' gekommen zu seyn. Er irrte sich um mehr als fünf Grad zehn Minuten in der Breite; denn in der Mission Atures, 13 Meilen südwärts von den Stromschnellen von Tabaje, fand ich die Breite 5°37'34". Da Pater Gumilla nicht weit über den Einfluß des Meta hinaufgekommen, so ist es nicht zu verwundern, daß er die Gabeltheilung des Orinoco nicht gekannt hat, die, den Krümmungen des Flusses nach, 120 Meilen vom Raudal von Tabaje liegt. Dieser Missionär, der drei Jahre am untern Orinoco gelebt hat (nicht dreißig, wie durch seine Uebersetzer in Umlauf gekommen), hätte sich darauf beschränken sollen, zu berichten, was er bei seinen Fahrten auf dem Apure, dem Meta und Orinoco von Guayana Vieja bis in die Nähe des ersten großen Kataraktes mit eigenen Augen gesehn. Sein Werk (das erste über diese Länder vor Caulins und Gilis Schriften) wurde Anfangs gewaltig erhoben, und später in den spanischen Colonien um so weiter und zu weit herabgesetzt. Allerdings begegnet man im **Orinoco illustrado** nicht der genauen Kenntniß der Oertlichkeiten, der naiven Einfalt, wodurch die Berichte der Missionäre einen gewissen Reiz erhalten; der Styl ist gekünstelt und die Sucht zu übertreiben gibt sich überall kund; trotz dieser Fehler finden sich in Pater Gumillas Buch sehr richtige Ansichten über die Sitten und die natürlichen Anlagen der verschiedenen Völkerschaften am untern Orinoco und in den Llanos am Casanare.

Auf seiner denkwürdigen Fahrt auf dem Amazonenstrom im Jahr 1743 hatte La Condamine zahlreiche Belege für die vom spanischen Jesuiten geläugnete Verbindung zwischen beiden Strömen gesammelt. Als den bündigsten derselben sah er damals die nicht verdächtige Aussage einer Cauriacani-Indianerin an, mit der er gesprochen und die vom Orinoco (von der Mission Pararuma[24]) im Canoe nach Gran-Para gelangt war. Ehe La Condamine in das Vaterland zurückkam, setzten die Fahrt des Pater Manuel Roman und der Umstand, daß Missionäre vom Orinoco und vom Amazonenstrom sich zufällig begegneten, die Thatsache, die zuerst Acuña kund geworden, außer allen Zweifel.

Auf den Streifzügen zur Sklavenjagd, welche seit der Mitte des siebzehnten Jahrhunderts unternommen wurden, waren die Portugiesen nach und nach aus dem Rio Negro über den Cassiquiare in das Bett eines großen Stromes gekommen, von dem sie nicht wußten, daß es der Orinoco sey. Ein fliegendes Lager der *Tropa de rescate*[25] leistete diesem unmenschlichen Handel Vorschub.

Man hetzte die Eingeborenen, sich zu bekriegen, und kaufte dann die Gefangenen los; und um dem Sklavenhandel einen Anstrich von Rechtmäßigkeit zu geben, gingen Geistliche mit der *Tropa de rescate*, die untersuchten, »ob diejenigen, welche Sklaven verkauften, auch dazu berechtigt seyen, weil sie dieselben in offenem Kampfe zu Gefangenen gemacht« Vom Jahr 1737 an wiederholten sich diese Züge der Portugiesen an den obern Orinoco sehr oft. Die Gier, Sklaven (*poitos*) gegen Beile, Fischangeln und Glaswaaren zu vertauschen, trieb die indianischen Völkerschaften zum blutigen Streit gegen einander. Die Quipunaves, unter ihrem tapfern und grausamen Häuptling Macapu, waren vom Inirida zum Zusammenfluß des Atabapo und des Orinoco herabgekommen. »Sie verkauften«, sagt der Missionär Gili, »die Gefangenen, die sie nicht verzehrten.« Ueber diesem Treiben wurden die Jesuiten am untern Orinoco unruhig, und der Superior der spanischen Missionen, Pater Roman, ein vertrauter Freund Gumillas, faßte muthig den Entschluß, ohne Begleitung von spanischen Soldaten über die großen Katarakten hinaufzugehen und die Quipunaves heimzusuchen. Er ging am 4. Februar 1744 von Carichana ab; angelangt am Zusammenfluß des Guaviare, des Atabapo und des Orinoco, an der Stelle, wo letzterer Fluß aus seiner Richtung von Ost nach West rasch in die von Süd nach Nord übergeht, sah er von weitem eine Pirogue, so groß wie die seinige, voll von europäisch gekleideten Leuten. Er ließ, gemäß der Sitte der Missionäre, wenn sie in unbekanntem -Land auf dem Wasser sind, als Friedenszeichen das Crucifix am Vordertheil seines Fahrzeugs aufpflanzen. Die Weißen (es waren portugiesische Sklavenhändler vom Rio Negro) erkannten mit Jubel das Ordenskleid des heiligen Ignatius. Sie verwunderten sich, als sie hörten, der Fluß, auf dem diese Begegnung stattgefunden, sey der Orinoco, und sie nahmen Pater Roman über den Cassiquiare in die Niederlassungen am Rio Negro mit sich. Der Superior der spanischen Missionen sah sich genöthigt, beim fliegenden Lager der *Tropa de rescate* zu verweilen, bis der portugiesische Jesuit Avogadri, der in Geschäften nach Gran-Para gegangen, zurück war. Auf demselben Wege, über den Cassiquiare und den obern Orinoco, fuhr Pater Roman mit seinen Salivas-Indianern nach Pararuma, etwas nördlich von Carichana, zurück, nachdem er sieben Monate ausgewesen. Er ist der erste Weiße, der vom Rio Negro, und somit aus dem Becken des Amazonenstroms (ohne seine Canoes über einen Trageplatz schaffen zu lassen) in das Becken des Orinoco gelangt ist.

Die Kunde dieser merkwürdigen Fahrt verbreitete sich so rasch, daß La Condamine in einer öffentlichen Sitzung der Akademie sieben Monate nach Pater Romans Rückkehr nach Pararuma Mittheilung davon machen konnte. Er sagt: »Die nunmehr beglaubigte Verbindung des Orinoco und des Amazonenstroms kann um so mehr für eine geographische Entdeckung gelten, als zwar diese Verbindung auf den alten Karten (nach Acuñas Berichten) angegeben ist, aber von den heutigen Geographen auf den neuen

Karten, wie auf Verabredung, weggelassen wird. Es ist dieß nicht das erstemal, daß etwas für fabelhaft gegolten hat, was doch vollkommen richtig war, daß man die Kritik zu weit trieb, und daß diese Verbindung von Leuten für chimärisch erklärt wurde, die am besten davon hätten wissen sollen.« Seit Pater Romans Fahrt im Jahr 1744 hat in spanisch Guyana und an den Küsten von Cumana und Caracas kein Mensch mehr die Existenz des Cassiquiare und die Gabeltheilung des Orinoco in Zweifel gezogen. Sogar Pater Gumilla, den Bouguer in Carthagena de Indias getroffen hatte, gestand, daß er sich geirrt, und kurz vor seinem Tode las er Pater Gili ein für eine neue Ausgabe seiner Geschichte des Orinoco bestimmtes Supplement vor, in dem er munter[26] erzählte, in welcher Weise er enttäuscht worden. Durch Ituriagas und Solanos Grenzexpedition wurden die geographischen Verhältnisse des obern Orinoco und die Verzweigung dieses Flusses mit dem Rio Negro vollends genau bekannt. Solano ließ sich im Jahr 1756 an der Mündung des Atabapo nieder, und von nun an fuhren spanische und portugiesische Commissäre mit ihren Piroguen oft über den Cassiquiare vom untern Orinoco an den Rio Negro, um sich in ihren Hauptquartieren Cabruta[27] und Mariva zu besuchen. Seit 1767 kamen regelmäßig jedes Jahr zwei bis drei Piroguen von der Schanze San Carlos über die Gabeltheilung des Orinoco nach Angostura, um Salz und den Sold für die Truppen zu holen. Diese Fahrten von einem Flußbecken in das andere durch den natürlichen Canal des Cassiquiare machen jetzt bei den Colonisten so wenig Aufsehen mehr, als wenn Schiffe die Loire herab auf dem Canal von Orleans in die Seine kommen.

Seit Pater Romans Fahrt im Jahr 1744 war man in den spanischen Besitzungen in Amerika von der Richtung des obern Orinoco von Ost nach West und von der Art seiner Verbindung mit dem Rio Negro genau unterrichtet, aber in Europa wurde letztere erst weit später bekannt. Noch im Jahr 1750 nahmen La Condamine und d'Anville an, der Orinoco sey ein Arm des Caqueta, der von Südost herkomme, und der Rio Negro entspringe unmittelbar daraus. Erst in einer zweiten Ausgabe seines Südamerika läßt d'Anville, ohne gleichwohl eine Verzweigung des Caqueta vermittelst des Iniricha (Inirida) mit dem Orinoco und dem Rio Negro aufzugeben, den Orinoco im Osten in der Nähe der Quellen des Rio Branco entspringen und gibt er den Rio Cassiquiare an, der vom obern Orinoco zum Rio Negro läuft. Wahrscheinlich hatte sich der unermüdliche Forscher durch seinen starken Verkehr mit den Missionären, die damals, wie noch jetzt, für das eigentliche Herz der Festländer die einzigen geographischen Autoritäten waren, Nachweisungen über die Art der Gabeltheilung verschafft. Hinsichtlich des Zusammenflusses des Cassiquiare mit dem Rio Negro irrte er sich um 3½ Breitegrade, aber die Lage des Atabapo und der bewaldeten Landenge, über die ich von Javita an den Rio Negro gekommen, gibt er schon ziemlich richtig an. Durch die in den Jahren 1775 und 1778 veröffentlichten Karten von la Cruz Olmedilla[28] und Surville sind, neben Pater Caulins Werke, die Arbeiten der Grenzexpedition am besten bekannt geworden; denn die zahlreichen Widersprüche darauf beziehen sich auf die Quellen des Orinoco und des Rio Branco, nicht auf den Lauf des Cassiquiare und des Rio Negro, die so richtig angegeben sind, als man es beim gänzlichen Mangel an astronomischen Beobachtungen verlangen kann.

So stand es mit den hydrographischen Entdeckungen im Innern von Guyana, als kurze Zeit vor meinem Abgang von Europa ein Gelehrter, dessen Arbeiten die Geographie so bedeutend gefördert haben, Acuñas Bericht, die Karte des Paters Samuel Fritz und la Cruz Olmedillas »Südamerika« noch einmal näher prüfen zu müssen glaubte. Die politischen Verhältnisse in Frankreich machten vielleicht, daß sich Buache nicht verschaffen oder nicht benützen konnte, was Caulin und Gili geschrieben, die zwei Missionäre, die am Orinoco lebten, als die Grenzexpedition zwischen der spanischen Schanze am Rio Negro und der Stadt Angostura, über den Cassiquiare und den obern Orinoco, den Verkehr eröffnete, der über ein halbes Jahrhundert regelmäßig im Gange war. Auf der im Jahr 1798 erschienenen *Carte général de la Guyane* ist der Cassiquiare und das Stück des obern Orinoco ostwärts von Esmeralda als ein Nebenfluß des Rio Negro, der mit dem Orinoco gar nicht zusammenhängt, dargestellt. Eine Bergkette streicht über die Ebene, welche die Landenge zwischen dem Tuamini und dem Pimichin bildet. Diese Kette läßt die Karte gegen Nordost fortlaufen und zwischen den Gewässern des Orinoco und denen des Rio Negro und Cassiquiare, zwanzig Meilen westlich von Esmeralda, eine Wasserscheide bilden. In einer Anmerkung auf der Karte heißt es: »die schon lange her angenommene Verbindung zwischen dem Orinoco und dem Amazonenstrom sey eine geographische Ungeheuerlichkeit, die Olmedillas Karte ohne allen Grund in der Welt verbreitet, und um die Vorstellungen über diesen Punkt zu berichtigen, habe man die Richtung der großen Bergkette, welche die Wasserscheide bilde, zu ermitteln.«

Ich war so glücklich, diese Bergkette an Ort und Stelle zu ermitteln. Ich übernachtete am 24. Mai mit meiner Pirogue am Stücke des Orinoco, wo nach Buaches Annahme eine Cordillere über das Flußbett laufen sollte. Befände sich an diesem Punkt eine Wasserscheide, so hätte ich die ersten zwanzig Meilen westwärts von Esmeralda einen Fluß hinauf, statt, wie ich gethan, mit rascher Strömung hinabfahren müssen. Derselbe Fluß, der ostwärts von dieser Mission entspringt und einen Arm (den Cassiquiare) an den Rio Negro abgibt, läuft ohne Unterbrechung Santa Barbara und San Fernando de Atabapo zu. Es ist dieß das Stück des Orinoco, das von Südost nach Nordwest gerichtet ist und bei den Indianern Rio Paragua heißt. Nachdem er seine Gewässer mit denen des Guaviare und des Atabapo vermischt, wendet sich derselbe Fluß gegen Norden und geht durch die großen Katarakten. Alle diese Punkte sind auf der großen Karte von la Cruz im Ganzen gut angegeben; ohne Zweifel hat aber Buache vorausgesetzt, bei den verschiedenen Fahrten, die zwischen Amazonenstrom und Orinoco ausgeführt worden seyn sollten, seyen die Canoes von einem Nebenfluß zum andern über irgend einen Trageplatz (*arastradero*) geschleppt worden. Dem geachteten Geographen lag die Annahme, die Flüsse laufen in Wirklichkeit nicht so, wie die neueren spanischen Karten angeben, desto näher, als auf denselben Karten um den See Parime herum (das angebliche, 600 Quadratmeilen große **weiße Meer**) die seltsamsten, unwahrscheinlichsten Flußverzweigungen vorkommen. Man könnte auf den Orinoco anwenden, was Pater Acuña vom Amazonenstrom sagt, dessen Wunder er beschreibt: »Nacieron hermanadas en las cosas grandes la novedad y el descredito.«[29]

Hätten die Völker in den Niederungen von Südamerika Theil gehabt an der Cultur, welche in der kalten Alpregion verbreitet war, so hätte dieses ungeheure Mesopotamien zwischen Orinoco und Amazonenstrom die Entwicklung ihres Gewerbfleißes gefördert, ihren Handel belebt, den gesellschaftlichen Fortschritt beschleunigt. In der alten Welt sehen wir überall einen solchen Einfluß der Oertlichkeit auf die keimende Cultur der Völker. Die Insel Meroe zwischen dem Astaboras und dem Nil, das Pendjab des Indus, das Duab des Ganges, das Mesopotamien des Euphrat sind glänzende Belege dafür in den Annalen des Menschengeschlechts. Aber die schwachen Völkerstämme, die auf den Grasfluren und in den Wäldern von Südamerika herumziehen, haben aus den Vorzügen ihres Bodens und den Verzweigungen ihrer Flüsse gar wenig Nutzen gezogen. Die Einfälle der Caraiben, die weither den Orinoco, den Cassiquiare und Rio Negro heraufkamen, um Sklaven zu rauben, rüttelten ein paar versunkene Völkerschaften aus ihrer Trägheit auf und zwangen sie Vereine zur gemeinsamen Vertheidigung zu bilden; aber das wenige Gute, das diese Kriege mit den Caraiben (den Beduinen der Ströme Guyanas) mit sich gebracht, war ein schlechter Ersatz für die Uebel, die sie zur Folge hatten, Verwilderung der Sitten und Verminderung der Bevölkerung. Unzweifelhaft hat die Terrainbildung Griechenlands, die mannigfaltige Gestaltung des Landes, seine Zertheilung durch kleine Bergketten und Busen des Mittelmeers, in den Anfängen der Cultur die geistige Entwicklung der Hellenen bedeutend gefördert. Aber dieser Einfluß des Klimas und der Bodenbildung äußert sich nur da in seiner ganzen Stärke, wo Menschenstämme mit glücklicher Begabung nach Geist und Gemüth einen Anstoß von außen erhalten. Gewinnt man einen Ueberblick über die Geschichte unseres Geschlechts, so sieht man diese Mittelpunkte antiker Cultur da und dort gleich Lichtpunkten über den Erdball verstreut, und gewahrt mit Ueberraschung, wie ungleich die Gesittung unter Völkern ist, die fast unter demselben Himmelsstriche wohnen und über deren Wohnsitze scheinbar die Natur dieselben Segnungen verbreitet hat.

Seit ich den Orinoco und den Amazonenstrom verlassen habe, bereitet sich für die gesellschaftlichen Verhältnisse der Völker des Occidents eine neue Aera vor. Auf den Jammer der bürgerlichen Zwiste werden die Segnungen des Friedens und eine freiere Entwicklung aller Gewerbthätigkeit folgen. Da wird denn die europäische Handelswelt jene Gabeltheilung des Orinoco, jene Landenge am Puamini, durch die so leicht ein künstlicher Kanal zu ziehen ist, ins Auge fassen. Da wird der Cassiquiare, ein Strom, so breit wie der Rhein und 180 Seemeilen lang, nicht mehr umsonst eine schiffbare Linie zwischen zwei Strombecken bilden, die 190,000 Quadratmeilen Oberfläche haben. Das Getreide aus Neu-Grenada wird an die Ufer des Rio Negro kommen, von den Quellen des Napo und des Ucayale, von den Anden von Quito und Ober-Peru wird man zur Mündung des Orinoco herabfahren, und dieß ist so weit, wie von Tombuctu nach Marseille. Ein Land, neun bis zehnmal größer als Spanien und reich an den mannigfaltigsten Produkten, kann mittelst des Naturcanals des Cassiquiare und der Gabeltheilung der Flüsse nach allen Richtungen hin befahren werden. Eine Erscheinung, die eines Tags von bedeutendem Einfluß auf die politischen Verhältnisse der Völker seyn muß, verdiente es gewiß, daß man sie genau ins Auge faßte.

Fünfundzwanzigstes Kapitel.

Der obere Orinoco von Esmeralda bis zum Einfluß des Guaviare. — Zweite Fahrt durch die Katarakten von Atures und Maypures. — Der untere Orinoco zwischen der Mündung des Apure und Angostura, der Hauptstadt von spanisch Guyana.

Noch habe ich von der einsamsten, abgelegensten christlichen Niederlassung am obern Orinoco zu sprechen. Gegenüber dem Punkte, wo die Gabeltheilung erfolgt, auf dem rechten Ufer des Flusses erhebt sich amphitheatralisch der Granitbergstock des Duida. Dieser Berg, den die Missionäre einen Vulkan nennen, ist gegen 8000 Fuß hoch. Er nimmt sich, da er nach Süd und West steil abfällt, äußerst großartig aus. Sein Gipfel ist kahl und steinigt; aber überall, wo auf den weniger steilen Abhängen Dammerde haftet, hängen an den Seiten des Duida gewaltige Wälder wie in der Luft. An seinem Fuße liegt die Mission Esmeralda, ein Dörschen mit 80 Einwohnern, auf einer herrlichen, von Bächen mit schwarzem, aber klarem Wasser durchzogenen Ebene, einem wahren Wiesengrund, auf dem in Gruppen die Mauritiapalme, der amerikanische Sagobaum, steht. Dem Berge zu, der nach meiner Messung 7300 Toisen vom Missionskreuz liegt, wird die sumpfigte Wiese zur Savane, die um die untere Region der Cordillere herläuft. Hier trifft man ungemein große Ananas von köstlichem Geruch: Diese Bromeliaart wächst immer einzeln zwischen den Gräsern, wie bei uns *Colchicum autumnale*, während der Karatas, eine andere Art derselben Gattung, ein geselliges Gewächs ist gleich unsern Heiden und Heidelbeeren. Die Ananas von Esmeralda sind in ganz Guyana berühmt. In Amerika wie in Europa gibt es für die verschiedenen Früchte gewisse Landstriche, wo sie zur größten Vollkommenheit gedeihen. Man muß auf der Insel Margarita oder in Cumana Sapotillen (Achras), in Loxa in Peru Chilimoyas (sehr verschieden vom Corossol oder der Anona der Antillen), in Caracas Granadillas oder Parchas, in Esmeralda und auf Cuba Ananas gegessen haben, um die Lobsprüche, womit die ältesten Reisenden die Köstlichkeit der Produkte der heißen Zone preisen, nicht übertrieben zu finden. Die Ananas sind die Zierde der Felder bei der Havana, wo sie in Reihen neben einander gezogen werden; an den Abhängen des Duida schmücken sie den Rasen der Savanen, wenn ihre gelben, mit einem Büschel silberglänzender Blätter gekrönten Früchte über den Setarien, den Paspalum und ein paar Cyperaceen emporragen. Dieses Gewächs, das die Indianer ***Ana-curua*** nennen, verbreitete sich schon im sechzehnten Jahrhundert im innern China, und noch in neuester Zeit fanden es englische Reisende mit andern, unzweifelhaft amerikanischen Gewächsen (Mais, Manioc, Melonenbaum, Tabak, Piment) an den Ufern des Rio Congo in Afrika. In Esmeralda ist kein Missionär. Der Geistliche, der hier Messe lesen soll, sitzt in Santa Barbara, über 50 Meilen weit. Er braucht den Fluß herauf vier Tage, er kommt daher auch nur fünf oder sechsmal im Jahr. Wir wurden von einem alten Soldaten sehr freundlich aufgenommen; der Mann hielt uns für catalonische Krämer, die in den Missionen ihren Kleinhandel treiben wollten. Als er unsere Papierballen zum Pflanzentrocknen sah, lächelte er über unsere naive Unwissenheit »Ihr kommt in ein Land,« sagte er, »wo dergleichen Waare keinen Absatz findet. Geschrieben wird hier nicht viel, und trockene Mais-, Platano- (Bananen) und Vijaho- (Heliconia) Blätter brauchen wir hier, wie in Europa das Papier, um Nadeln, Fischangeln und andere kleine Sachen, die man sorgfältig aufbewahren will, einzuwickeln.« Der alte Soldat vereinigte in seiner Person die bürgerliche und die geistliche Behörde. Er lehrte die Kinder, ich sage nicht den Catechismus, aber doch den Rosenkranz beten, er läutete die Glocken zum Zeitvertreib, und im geistlichen Amtseifer bediente er sich zuweilen seines Küsterstocks in einer Weise, die den Eingeborenen schlecht behagte.

So klein die Mission ist, werden in Esmeralda doch drei indianische Sprachen gesprochen: Idapaminarisch, Catarapeñisch und Maquiritanisch. Letztere Sprache ist am obern Orinoco vom Einfluß des Ventuari bis zu dem des Padamo die herrschende, wie am untern Orinoco das Caraibische, am Einfluß des Apure das Otomakische, bei den großen Kataraktendas Tamanakische und Maypurische und am Rio Negro das Maravitanische. Es sind dieß die fünf oder sechs verbreitetsten Sprachen. Wir wunderten uns, in Esmeralda viele Zambos, Mulatten und andere Farbige anzutreffen, die sich aus Eitelkeit **Spanier** nennen und sich für weiß halten, weil sie nicht roth sind wie die Indianer. Diese Menschen führen ein jämmerliches Leben. Sie sind meist als Verwiesene (*desterrados*) hier. Um im innern Lande, das man gegen die Portugiesen absperren wollte, in der Eile Colonien zu gründen, hatte Solano in den Llanos und bis zur Insel Margarita hin Landstreicher und Uebelthäter, denen die Justiz bis dahin vergeblich nachgespürt, zusammengerafft und sie den Orinoco hinaufgeführt, wo sie mit den unglücklichen, aus den Wäldern weggeschleppten Indianern zusammengethan wurden. Durch ein mineralogisches Mißverständniß wurde Esmeralda berühmt. Der Granit des Duida und des Maraguaca enthält in offenen Gängen schöne Bergkrystalle, die zum Theil sehr durchsichtig, zum Theil mit Chlorit (Talkglimmer) gefärbt und mit Actinot (Strahlstein) gemengt sind; man hatte sie für Diamanten und Smaragden (*Esmeralda*) gehalten. So nahe den Quellen des Orinoco träumte man in diesen Bergen von nichts als vom Dorado, der nicht weit seyn konnte, vom See Parime und von den Trümmern der großen Stadt Manoa. Ein Mann, der wegen seiner Leichtgläubigkeit und seiner Sucht zur Uebertreibung noch jetzt im Lande wohlbekannt ist, Don Apollinario Diez de la Fuente, nahm den vollklingenden Titel eines *Capitan poblador* und *Cabo militar* des Forts am Cassiquiare an. Dieses Fort bestand in ein paar mit Brettern verbundenen

Baumstämmen, und um die Täuschung vollständig zu machen, sprach man in Madrid für die Mission Esmeralda, ein Dörschen von zwölf bis fünfzehn Hütten, die Gerechtsame einer **Villa** an. Es ist zu besorgen, daß Don Apollinario, der in der Folge Statthalter der Provinz los Quixos im Königreich Quito wurde, bei Entwerfung der Karten von la Cruz und Surville die Hand im Spiel gehabt hat. Da er die Windstriche des Compasses kannte, nahm er keinen Anstand, in den zahlreichen Denkschriften, die er dem Hof übermachte, sich Cosmograph der Grenzexpedition zu nennen.

Während die Befehlshaber dieser Expedition Von der Existenz der Nueva Villa de Esmeralda überzeugt waren, so wie vom Reichthum des Cerro Duida an kostbaren Mineralien, da doch nichts darin zu finden ist, als Glimmer, Bergkrystall, Actinot und Rutil, ging eine aus den ungleichartigsten Elementen bestehende Colonie allgemach wieder zu Grunde. Die Landstreicher aus den Llanos hatten so wenig Lust zur Arbeit als die Indianer, die gezwungen »unter der Glocke« lebten. Ersteren diente ihr Hochmuth zu weiterer Rechtfertigung ihrer Faulheit. In den Missionen nennt sich jeder Farbige, der nicht geradezu schwarz ist wie ein Afrikaner oder kupferfarbig wie ein Indianer, einen **Spanier**; er gehört zur ***gente de razon***, zur vernunftbegabten Race, und diese, wie nicht zu läugnen, hie und da übermüthige und arbeitsscheue Vernunft redet den Weißen und denen, die es zu seyn glauben, ein, der Landbau sey ein Geschäft für Sklaven, für Poitos, und für neubekehrte Indianer. Die Colonie Esmeralda war nach dem Muster der neuholländischen gegründet, wurde aber keineswegs eben so weise regiert. Da die amerikanischen Colonisten von ihrem Heimathland nicht durch Meere, sondern durch Wälder und Savanen geschieden waren, so verliefen sie sich, die einen nach Nord, dem Caura und Carony zu, die andern nach Süd in die portugiesischen Besitzungen. So hatte es mit der Herrlichkeit der Villa und den Smaragdgruben am Duida nach wenigen Jahren ein Ende, und Esmeralda galt wegen der furchtbaren Insektenmasse, welche das ganze Jahr die Luft verfinstert, bei den Ordensleuten für einen fluchwürdigen Verbannungsort.

Ich erwähnte oben, daß der Vorsteher der Missionen den Laienbrüdern, um sie in der Zucht zu halten, zuweilen droht, sie nach Esmeralda zu schicken; man wird damit, wie die Mönche sagen, »zu den Moskitos verurtheilt, verurtheilt, von den summenden Mücken (*zancudos gritones*) gefressen zu werden, die Gott den Menschen zur Strafe erschaffen hat.« Einer so seltsamen Strafe unterlagen aber nicht immer nur Laienbrüder. Im Jahr 1788 brach in der Ordenswelt eine der Revolutionen aus, die einem in Europa nach den Vorstellungen, die man von den friedlichen Zuständen der christlichen Niederlassungen in der neuen Welt hat, fast unbegreiflich sind. Schon längst hätten die Franciskaner, die in Guyana saßen, gerne eine Republik für sich gebildet und sich vom Collegium von Piritu in Nueva Barcelona unabhängig gemacht. Mißvergnügt, daß zum wichtigen Amte eines Präsidenten der Missionen Fray Gutierez de Aquilera von einem Generalcapitel gewählt und vom Könige bestätigt worden, traten fünf oder sechs Mönche vom obern Orinoco, Cassiquiare und Rio Negro in San Fernando de Atabapo zusammen, wählten in aller Eile, und aus ihrer eigenen Mitte, einen neuen Superior und ließen den alten, der zu seinem Unglück zur Visitation ins Land kam, festnehmen. Man legte ihm Fußschellen an, warf ihn in ein Canoe und führte ihn nach Esmeralda als Verbannungsort. Da es von der Küste zum Schauplatz dieser Empörung so weit war, so hofften die Mönche, ihre Frevelthat werde jenseits der großen Katarakten lange nicht bekannt werden. Man wollte Zeit gewinnen, um zu intriguiren, zu negociiren, um Anklageakten aufzusetzen und all die kleinen Ränke spielen zu lassen, durch die man überall in der Welt die Ungültigkeit einer ersten Wahl darthut. Der alte Superior seufzte in seinem Kerker zu Esmeralda; ja er wurde von der furchtbaren Hitze und dem beständigen Hautreiz durch die Moskitos ernstlich krank. Zum Glück für die gestürzte Autorität blieben die meuterischen Mönche nicht einig. Einem Missionär vom Cassiquiare wurde bange, wie dieser Handel enden sollte; er fürchtete verhaftet und nach Cadix geschickt zu werden, oder, wie man in den Colonien sagt, *baxo partido de registro*; aus Angst wurde er seiner Partei untreu und machte sich unversehens davon. Man stellte an der Mündung des Atabapo, bei den großen Katarakten, überall wo der Flüchtling auf dem Weg zum untern Orinoco vorüberkommen mußte, Indianer als Wachen auf. Trotz dieser Maaßregeln kam er nach Angostura und von da in das Missionscollegium von Piritu; er gab seine Collegen an und erhielt zum Lohn für seine Aussage den Auftrag, die zu verhaften, mit denen er sich gegen den Präsidenten der Missionen verschworen hatte. In Esmeralda, wo man von den politischen Stürmen, die seit dreißig Jahren das alte Europa erschüttern, noch gar nicht hat sprechen hören, ist der sogenannte *alboroto de los frailes* (die Meuterei der Mönche) noch immer eine wichtige Begebenheit. Hier zu Land, wie im Orient, weiß man nur von Revolutionen, die von den Gewalthabern selbst ausgehen, und wir haben gesehen, daß sie in ihren Folgen eben nicht sehr bedenklich sind.

Wenn die **Villa** Esmeralda mit ihrer Bevölkerung von 12—15 Familien gegenwärtig für einen schrecklichen Aufenthaltsort gilt, so kommt dieß nur vom Mangel an Anbau, von der Entlegenheit von allen bewohnten Landstrichen und von der furchtbaren Menge der Moskitos. Die Lage der Mission ist ungemein malerisch, das Land umher äußerst freundlich und sehr fruchtbar. Nie habe ich so gewaltig große Bananenbüschel gesehen; Indigo, Zucker, Cacao kämen vortrefflich fort, aber man mag sich nicht die Mühe geben, sie zu bauen. Um den Cerro Duida herum gibt es schöne Weiden, und wenn die Observanten aus dem Collegium von Piritu nur etwas von der Betriebsamkeit der catalonischen Kapuziner am Carony hätten, so liefen zwischen dem Cunucunumo und dem Padamo zahlreiche Heerden. Wie die

Sachen jetzt stehen, ist keine Kuh, kein Pferd vorhanden und die Einwohner haben oft, zur Buße ihrer Faulheit, nichts zu essen als Schinken von Brüllaffen und das Mehl von Fischknochen, von dem in der Folge die Rede seyn wird. Man baut nur etwas Manioc und Bananen; und wenn der Fischfang nicht reichlich ausfällt, so ist die Bevölkerung eines von der Natur so hoch begünstigten Landes dem grausamsten Mangel preisgegeben.

Da die wenigen Canoes, die vom Rio Negro über den Cassiquiare nach Angostura gehen, nicht gerne nach Esmeralda hinausfahren, so läge die Mission weit besser an der Stelle, wo der Orinoco sich gabelt. Sicher wird dieses große Land nicht immer so verwahrlost bleiben wie bisher, da die Unvernunft des Mönchsregiments und der Geist des Monopols, der nun einmal allen Körperschaften eigen ist, es niederhielten; ja es läßt sich voraussagen, an welchen Punkten längs des Orinoco Gewerbfleiß und Handel sich am kräftigsten entwickeln werden. Unter allen Himmelsstrichen drängt sich die Bevölkerung vorzüglich an den Mündungen der Nebenflüsse zusammen. Durch den Rio Apure, auf dem die Erzeugnisse der Provinzen Barinas und Metida ausgeführt werden, muß die kleine Stadt Cabruta eine große Bedeutung erhalten; sie wird mit San Fernando de Apure concurriren, wo bis jetzt der ganze Handel concentrirt war. Weiter oben wird sich eine neue Niederlassung am Einfluß des Meta bilden, der über die Llanos am Casanare mit Neu-Grenada in Verbindung steht. Die zwei Missionen bei den Katarakten werden sich vergrößern, weil diese Punkte durch den Transport der Piroguen sehr lebhaft werden müssen; denn das ungesunde, nasse Klima und die furchtbare Menge der Moskitos werden dem Fortschritt der Cultur am Orinoco so wenig Einhalt thun als am Magdalenenstrom, sobald einmal ernstliches kaufmännisches Interesse neue Ansiedler herzieht. Gewohnte Uebel werden leichter ertragen, und wer in Amerika geboren ist, hat keine so großen Schmerzen zu leiden wie der frisch angekommene Europäer. Auch wird wohl die allmählige Ausrodung der Wälder in der Nähe der bewohnten Orte die schreckliche Plage der Mücken etwas vermindern. In San Fernando de Atabapo, Javita, San Carlos, Esmeralda werden wohl (wegen ihrer Lage an der Mündung des Guaviare, am Trageplatz zwischen Tuamini und Rio Negro, am Ausfluß des Cassiquiare und am Gabelungspunkt des obern Orinoco) Bevölkerung und Wohlstand bedeutend zunehmen. Mit diesen fruchtbaren, aber brach liegenden Ländern, durch welche der Guallaga, der Amazonenstrom und der Orinoco ziehen, wird es gehen wie mit der Landenge von Panama, dem Nicaraguasee und dem Rio Huasacualco, durch welche zwei Meere mit einander in Verbindung stehen. Mangelhafte Staatsformen konnten seit Jahrhunderten Orte, in denen der Welthandel seine Mittelpunkte haben sollte, in Wüsten verwandeln; aber die Zeit ist nicht mehr fern, wo diese Fesseln fallen werden; eine widersinnige Verwaltung kann sich nicht ewig dem Gesammtinteresse der Menschheit entgegenstemmen, und unwiderstehlich muß die Cultur in Ländern einziehen, welche die Natur selbst durch die physische Gestaltung des Bodens, durch die erstaunliche Verzweigung der Flüsse und durch die Nähe zweier Meere, welche die Küsten Europas und Indiens bespülen, zu großen Geschicken ausersehen hat.

Esmeralda ist berühmt als der Ort, wo am besten am Orinoco das starke Gift bereitet wird, das im Krieg, zur Jagd, und, was seltsam klingt, als Mittel gegen gastrische Beschwerden dient. Das Gift der Ticunas am Amazonenstrom, das Upas-Tieute auf Java und das **Curare** in Guyana sind die tödtlichsten Substanzen, die man kennt. Bereits am Ende des sechzehnten Jahrhunderts hatte Ralegh das Wort **Urari** gehört, wie man einen Pflanzenstoff nannte, mit dem man die Pfeile vergiftete. Indessen war nichts Zuverlässiges über dieses Gift in Europa bekannt geworden. Die Missionäre Gumilla und Gili hatten nicht bis in die Länder kommen können, wo das Curare bereitet wird. Gumilla behauptete, »diese Bereitung werde sehr geheim gehalten; der Hauptbestandtheil komme von einem unterirdischen Gewächs, von einer knolligten Wurzel, die niemals Blätter treibe und *rais de si misma* (die Wurzel an sich) sey; durch die giftigen Dünste aus den Kesseln gehen die alten Weiber (die **unnützesten**), die man zur Arbeit verwende, zu Grunde; endlich, die Pflanzensäfte erscheinen erst dann concentrirt genug, wenn ein paar Tropfen des Safts **auf eine gewisse Entfernung** eine Repulsivkraft auf das Blut ausüben. Ein Indianer ritzt sich die Haut; man taucht einen Pfeil in das flüssige Curare und bringt ihn der Stichwunde nahe. Das Gift gilt für gehörig concentrirt, wenn es das Blut in die Gefäße zurücktreibt, ohne damit in Berührung gekommen zu seyn.« — Ich halte mich nicht dabei auf, diese von Pater Gumilla zusammengebrachten Volksmähren zu widerlegen. Warum hätte der Missionär nicht glauben sollen, daß das Curare aus der Ferne wirke, da er unbedenklich an die Eigenschaften einer Pflanze glaubte, deren Blätter erbrechen machen oder purgiren, je nachdem man sie von oben herab oder von unten herauf vom Stiele reißt?

Als wir nach Esmeralda kamen, kehrten die meisten Indianer von einem Ausflug ostwärts über den Rio Padamo zurück, wobei sie **Juvias** oder die Früchte der Bertholletia und eine Schlingpflanze, welche das Curare gibt, gesammelt hatten. Diese Heimkehr wurde durch eine Festlichkeit begangen, die in der Mission *la fiesta de las Juvias* heißt und unsern Ernte- und Weinlesefesten entspricht. Die Weiber hatten viel gegohrenes Getränke bereitet, und zwei Tage lang sah man nur betrunkene Indianer. Bei Völkern, für welche die Früchte der Palmen und einiger andern Bäume, welche Nahrungsstoff geben, von großer Wichtigkeit sind, wird die Ernte der Früchte durch öffentliche Lustbarkeiten gefeiert, und man theilt das Jahr nach diesen Festen ein, die immer auf dieselben Zeitpunkte fallen.

Das Glück wollte, daß wir einen alten Indianer trafen, der weniger betrunken als die andern und eben beschäftigt war, das Curaregift aus den frischen

Pflanzen zu bereiten. Der Mann war der Chemiker des Orts. Wir fanden bei ihm große thönerne Pfannen zum Kochen der Pflanzensäfte, flachere Gefäße, die durch ihre große Oberfläche die Verdunstung befördern, dütenförmig aufgerollte Bananenblätter zum Durchseihen. der mehr oder weniger faserigte Substanzen enthaltenden Flüssigkeiten. Die größte Ordnung und Reinlichkeit herrschten in dieser zum chemischen Laboratorium eingerichteten Hütte. Der Indianer, der uns Auskunft ertheilen sollte, heißt in der Mission der **Giftmeister** (*amo del Curare*); er hatte das steife Wesen und den pedantischen Ton, den man früher in Europa den Apothekern zum Vorwurf machte. »Ich weiß,« sagte er, »die Weißen verstehen die Kunst, Seife zu machen und das schwarze Pulver, bei dem das Ueble ist, daß es Lärm macht und die Thiere verscheucht, wenn man sie fehlt. Das Curare, dessen Bereitung bei uns vom Vater auf den Sohn übergeht, ist besser als Alles, was ihr dort drüben (über dem Meere) zu machen wißt. Es ist der Saft einer Pflanze, der **ganz leise** tödtet (ohne daß man weiß, woher der Schuß kommt).«

Diese chemische Operation, auf die der **Meister des Curare** so großes Gewicht legte, schien uns sehr einfach. Das Schlinggewächs (*bejuco*), aus dem man in Esmeralda das Gift bereitet, heißt hier wie in den Wäldern bei Javita. Es ist der *Bejuco de Mavacure*, und er kommt östlich von der Mission am linken Ufer des Orinoco, jenseits des Rio Amaguaca im granitischen Bergland von Guanaya und Yumariquin in Menge vor. Obgleich die Bejucobündel, die wir im Hause des Indianers fanden, gar keine Blätter mehr hatten, blieb uns doch kein Zweifel, daß es dasselbe Gewächs aus der Familie der Strychneen war (Aublets Rouhamon sehr nahe stehend), das wir im Wald beim Pimichin untersucht. Der **Mavacure** wird ohne Unterschied frisch oder seit mehreren Wochen getrocknet verarbeitet. Der frische Saft der Liane gilt nicht für giftig; vielleicht zeigt er sich nur wirksam, wenn er stark concentrirt ist. Das furchtbare Gift ist in der Rinde und einem Theil des Splints enthalten. Man schabt mit einem Messer 4—5 Linien dicke Mavacurezweige ab und zerstößt die abgeschabte Rinde auf einem Stein, wie er zum Reiben des Maniocmehls dient, in ganz dünne Fasern. Da der giftige Saft gelb ist, so nimmt die ganze faserigte Masse die nämliche Farbe an. Man bringt dieselbe in einen 9 Zoll hohen, 4 Zoll weiten Trichter. Diesen Trichter strich der Giftmeister unter allen Geräthschaften des indianischen Laboratoriums am meisten heraus. Er fragte uns mehreremale, ob wir *por alla* (dort drüben, das heißt in Europa) jemals etwas gesehen hätten, das seinem *Embado* gleiche? Es war ein dütenförmig aufgerolltes Bananenblatt, das in einer andern stärkeren Düte aus Palmblättern steckte; die ganze Vorrichtung ruhte auf einem leichten Gestell von Plattstielen und Fruchtspindeln einer Palme. Man macht zuerst einen kalten Aufguß, indem man Wasser an den faserigten Stoff, die gestoßene Rinde des Mavacure, gießt. Mehrere Stunden lang tropft ein gelblichtes Wasser vom Embudo, dem Blatttrichter, ab. Dieses durchsickernde Wasser ist die giftige Flüssigkeit; sie erhält aber die gehörige Kraft erst dadurch, daß man sie wie die Melasse in einem großen thönernen Gefäß abdampft. Der Indianer forderte uns von Zeit zu Zeit auf, die Flüssigkeit zu kosten; nach dem mehr oder minder bittern Geschmack beurtheilt man, ob der Saft eingedickt genug ist. Dabei ist keine Gefahr, da das Curare nur dann tödtlich wirkt, wenn es unmittelbar mit dem Blut in Berührung kommt. Deßhalb sind auch, was auch die Missionäre am Orinoco in dieser Beziehung gesagt haben mögen, die Dämpfe vom Kessel nicht schädlich. Fontana hat durch seine schönen Versuche mit dem Ticunasgift vom Amazonenstrom längst dargethan, daß die Dämpfe, die das Gift entwickelt, wenn man es auf glühende Kohlen wirft, ohne Schaden eingeathmet werden, und daß es unrichtig ist, wenn La Condamine behauptet, zum Tode verurtheilte indianische Weiber seyen durch die Dämpfe des Ticunasgifts getödtet worden.

Der noch so stark eingedickte Saft des Mavacure ist nicht dick genug, um an den Pfeilen zu haften. Also bloß um dem Gift **Körper zu geben**, setzt man dem eingedickten Ausguß einen andern sehr klebrigten Pflanzensaft bei, der von einem Baum mit großen Blättern, genannt **Kiracaguero**, kommt. Da dieser Baum sehr weit von Esmeralda wächst, und er damals so wenig als der Bejuco de Mavacure Blüthen und Früchte hatte, so können wir ihn botanisch nicht bestimmen. Ich habe schon mehrmals davon gesprochen, wie oft ein eigenes Mißgeschick die interessantesten Gewächse der Untersuchung der Reisenden entzieht, während tausend andere, bei denen man nichts von chemischen Eigenschaften weiß, voll Blüthen und Früchten hängen. Reist man schnell, so bekommt man selbst unter den Tropen, wo die Blüthezeit der holzigten Gewächse so lange dauert, kaum an einem Achttheil der Gewächse die Fructificationsorgane zu sehen. Die Wahrscheinlichkeit, daß man, ich sage nicht die Familie, aber Gattung und Art bestimmen kann, ist demnach gleich 1 zu 8, und dieses nachtheilige Verhältniß empfindet man begreiflich noch schwerer, wenn man dadurch um die nähere Kenntniß von Gegenständen kommt, die noch in anderer Hinsicht als nur für die beschreibende Botanik von Bedeutung sind.

Sobald der klebrigte Saft des Kiracaguero-Baums dem eingedickten, kochenden Giftsaft zugegossen wird, schwärzt sich dieser und gerinnt zu einer Masse von der Consistenz des Theers oder eines dicken Syrups. Diese Masse ist nun das Curare, wie es in den Handel kommt. Hört man die Indianer sagen, zur Bereitung des Giftes sey der Kiracaguero so nothwendig als der Bejuco de Mavacure, so kann man auf die falsche Vermuthung kommen, auch ersterer enthalte einen schädlichen Stoff, während er nur dazu dient, dem eingedickten Curaresaft mehr Körper zu geben (was auch der **Algarobbo** und jede gummiartige Substanz thäten). Der Farbenwechsel der Mischung rührt von der Zersetzung einer Verbindung von Kohlenstoff und

Wasserstoff her. Der Wasserstoff verbrennt und der Kohlenstoff wird frei. Das Curare wird in den Früchten der Crescentia verkauft; da aber die Bereitung desselben in den Händen weniger Familien ist und an jedem Pfeile nur unendlich wenig Gift haftet, so ist das Curare bester Qualität, das von Esmeralda und Mandavaca, sehr theuer. Ich sah für zwei Unzen 5—6 Franken bezahlen. Getrocknet gleicht der Stoff dem Opium; er zieht aber die Feuchtigkeit stark an, wenn er der Luft ausgesetzt wird. Er schmeckt sehr angenehm bitter und Bonpland und ich haben oft kleine Mengen verschluckt. Gefahr ist keine dabei, wenn man nur sicher ist, daß man an den Lippen oder am Zahnfleisch nicht blutet. Bei Mangilis neuen Versuchen mit dem Viperngift verschluckte einer der Anwesenden alles Gift, das von vier großen italienischen Vipern gesammelt werden konnte, ohne etwas darauf zu spüren. Bei den Indianern gilt das Curare, innerlich genommen, als ein treffliches Magenmittel. Die Piravas- und Salivas-Indianer bereiten dasselbe Gift; es hat auch ziemlichen Ruf, ist aber doch nicht so gesucht wie das von Esmeralda. Die Bereitungsart scheint überall ungefähr dieselbe; es liegt aber kein Beweis vor, daß die verschiedenen Gifte, welche unter demselben Namen am Orinoco und am Amazonenstrom verkauft werden, identisch sind und von derselben Pflanze herrühren. Orfila hat daher sehr wohl gethan, wenn er in seiner *Toxicologie générale* das Woorara aus holländisch Guyana, das Curare vom Orinoco, das Ticuna vom Amazonenstrom und all die Substanzen, welche man unter dem unbestimmten Namen »amerikanische Gifte« zusammenwirft, für sich betrachtet. Vielleicht findet man einmal in Giftpflanzen aus verschiedenen Gattungen eine gemeinschaftliche alkalische Basis, ähnlich dem Morphium im Opium und der Vauqueline in den Strychnosarten.

Man unterscheidet am Orinoco zwischen *Curare de raiz* (aus Wurzeln) und *Curare de bejuco* (aus Lianen oder der Rinde der Zweige). Wir haben nur letzteres bereiten sehen; erstens ist schwächer und weit weniger gesucht. Am Amazonenstrom lernten wir die Gifte verschiedener Indianerstämme kennen, der Ticunas, Yaguas, Pevas und Xibaros, die von derselben Pflanze kommen und vielleicht nur mehr oder weniger sorgfältig zubereitet sind. Das *Toxique des Ticunas*, das durch La Condamine in Europa so berühmt geworden ist und das man jetzt, etwas uneigentlich, »Ticuna« zu nennen anfängt, kommt von einer Liane, die auf der Insel Mormorote im obern Maragnon wächst. Dieses Gift wird zum Theil von den Ticunas-Indianern bezogen, die auf spanischem Gebiet bei den Quellen des Yacarique unabhängig geblieben sind, zum Theil von den Indianern desselben Stammes, die in der portugiesischen Mission Loreto leben. Da Gifte in diesem Klima für Jägervölker ein unentbehrliches Bedürfniß sind, so widersetzen sich die Missionäre am Orinoco und Amazonenstrom der Bereitung derselben nicht leicht. Die hier genannten Gifte sind völlig verschieden vom Gift von la Peca[30] und vom Gift von Lamas und Moyobamba. Ich führe diese

Einzelnheiten an, weil die Pflanzenreste, die wir untersuchen konnten, uns (gegen die allgemeine Annahme) den Beweis geliefert haben, daß die drei Gifte, das der Ticunas, das von la Pera und das von Moyobamba, nicht von derselben Art kommen, wahrscheinlich nicht einmal von verwandten Gewächsen. So einfach das Curare ist, so langwierig und verwickelt ist die Bereitungsweise des Giftes von Moyobamba. Mit dem Saft des **Bejuco de Ambihuasca**, dem Hauptingrediens, mischt man Piment (*Capsicum*), Tabak, Barbasco (*Jacquinia armillaris*), Sanango (*Tabernaemontana*) und die Milch einiger andern Apocyneen. Der frische Saft der **Ambihuasca** wirkt tödtlich, wenn er mit dem Blut in Berührung kommt; der Saft des **Mavacure** wird erst durch Einkochen ein tödtliches Gift, und der Saft der Wurzel der *Jatropha Manihot* verliert durch Kochen ganz seine schädliche Eigenschaft. Als ich bei sehr großer Hitze die Liane, von der das schreckliche Gift von la Pera kommt, lange zwischen den Fingern rieb, wurden mir die Hände pelzigt; eine Person, die mit mir arbeitete, spürte gleich mir diese Folgen einer raschen Aufsaugung durch die unverletzten Hautdecken.

Ich lasse mich hier auf keine Erörterung der physiologischen Wirkungen dieser Gifte der neuen Welt ein, die so rasch tödten, wie die Strychnosarten Asiens (die Brechnuß, das Upas-Tieute und die Ignatiusbohne), aber ohne, wenn sie in den Magen kommen, Erbrechen zu erregen und ohne die gewaltige Reizung des Rückenmarks, welche den bevorstehenden Tod verkündet. Wir haben während unseres Aufenthalts in Amerika Curare vom Orinoco und Bambusrohrstücke mit Gift der Ticunas und von Moyobamba den Chemikern Fourcroy und Vauquelin übermacht; wir haben ferner nach unserer Rückkehr Magendie und Delille, die mit den Giften der neuen Welt so schöne Versuche angestellt, Curare mitgetheilt, das auf dem Transport durch feuchte Länder schwächer geworden war. Am Orinoco wird selten ein Huhn gespeist, das nicht durch einen Stich mit einem vergifteten Pfeil getödtet worden wäre; ja die Missionäre behaupten, das Fleisch der Thiere sey nur dann gut, wenn man dieses Mittel anwende. Unser Reisebegleiter, der am dreitägigen Fieber leidende Pater Zea, ließ sich jeden Morgen einen Pfeil und das Huhn, das wir speisen sollten, lebend in seine Hängematte bringen. Er hätte eine Operation, auf die er trotz seines Schwächezustandes ein sehr großes Gewicht legte, keinem Andern überlassen mögen. Große Vögel, z. B. ein Guan (*Pava de monte*) oder ein Hocco (*Alector*) sterben, wenn man sie in den Schenkel sticht, in 2—3 Minuten; bei einem Schwein oder Pecari dauert es oft 10—12. Bonpland fand, daß dasselbe Gift in verschiedenen Dörfern, wo man es kaufte, sehr verschieden war. Wir bekamen am Amazonenstrom ächtes Gift der Ticunas-Indianer, das schwächer war als alle Sorten des Curare vom Orinoco. Es wäre unnütz, den Reisenden die Angst ausreden zu wollen, die sie häufig äußern, wenn sie bei der Ankunft in den Missionen hören, daß die Hühner, die Affen, die Leguans, die großen Flußfische, die sie essen, mit vergifteten Pfeilen getödtet sind. Gewöhnung und Nachdenken machen dieser Angst bald ein Ende. Magendie hat sogar durch sinnreiche Versuche mit der Transfusion dargethan, daß das Blut von Thieren, die mit den ostindischen bittern Strychnosarten getödtet worden sind, auf andere Thiere keine schädliche Wirkung äußert. Einem Hund wurde eine bedeutende Menge vergifteten Bluts in die Venen gespritzt; es zeigte sich aber keine Spur von Reizung des Rückenmarks.

Ich brachte das stärkste Curare mit den Schenkelnerven eines Frosches in Berührung, ohne, wenn ich den Grad der Irritabilität der Organe mittelst eines aus heterogenen Metallen bestehenden Bogens maß, eine merkliche Veränderung wahrzunehmen. Aber bei Vögeln, wenige Minuten nachdem ich sie mit einem vergifteten Pfeile getödtet, wollten die galvanischen Versuche so gut wie nicht gelingen. Diese Beobachtungen sind von Interesse, da ermittelt ist, daß auch eine Auflösung von Upas Tieute, wenn man sie auf den Hüftnerven gießt oder in das Nervengewebe selbst bringt, wenn sie also mit der Marksubstanz selbst in Berührung kommt, gleichfalls auf die Irritabilität der Organe keinen merkbaren Einfluß äußert. Das Curare, wie die meisten andern Strychneen (denn wir glauben immer noch, daß der Mavacure einer nahe verwandten Familie angehört) werden nur dann gefährlich, wenn das Gift auf das Gefäßsystem wirkt. In Maypures rüstete ein Farbiger (ein Zambo, ein Mischling von Indianer und Neger) für Bonpland giftige Pfeile, wie man sie in die Blaserohre steckt, wenn man kleine Affen und Vögel jagt. Es war ein Zimmermann von ungemeiner Muskelkraft. Er hatte die Unvorsichtigkeit, das Curare zwischen den Fingern zu reiben, nachdem er sich unbedeutend verletzt, und stürzte zu Boden, von einem Schwindel ergriffen, der eine halbe Stunde anhielt. Zum Glück war es nur schwaches (*destemplado*) Curare, dessen man sich bedient, um sehr kleine Thiere zu schießen, das heißt solche, welche man wieder zum Leben bringen will, indem man salzsaures Natron in die Wunde reibt. Auf unserer Rückfahrt von Esmeralda nach Atures entging ich selbst einer ziemlich nahen Gefahr. Das Curare hatte Feuchtigkeit angezogen, war flüssig geworden und aus dem schlecht verschlossenen Gefäß über unsere Wäsche gelaufen. Beim Waschen vergaß man einen Strumpf innen zu untersuchen, der voll Curare war, und erst als ich den klebrigten Stoff mit der Hand berührte, merkte ich, daß ich einen vergifteten Strumpf angezogen hätte. Die Gefahr war desto größer, da ich gerade an den Zehen blutete, weil mir Sandflöhe (*pulex penetrans*) schlecht ausgegraben worden waren. Aus diesem Fall mögen Reisende abnehmen, wie vorsichtig man seyn muß, wenn man Gift mit sich führt.

In Europa wird die Untersuchung der Eigenschaften der Gifte der neuen Welt eine schöne Aufgabe für Chemie und Physiologie seyn, wenn man sich einmal bei stärkerem Verkehr aus den Ländern, wo sie bereitet werden, und so, daß sie nicht zu verwechseln sind, all die Gifte verschaffen kann, das *Curare de Bejuco*, das *Curare de Raiz*, und die verschiedenen Sorten vom

Amazonenstrom, vom Guallaga und aus Brasilien. Da die Chemie die reine Blausäure und so viele neue sehr giftige Stoffe entdeckt hat, wird man in Europa hinsichtlich der Einführung dieser von wilden Völkern bereiteten Gifte nicht mehr so ängstlich seyn; indessen kann man doch allen, die in sehr volkreichen Städten (den Mittelpunkten der Cultur, des Elends und der Sittenverderbniß) so heftig wirkende Stoffe in Händen haben, nicht genug Vorsicht empfehlen. Was unsere botanische Kenntniß der Gewächse betrifft, aus denen Gift bereitet wird, so werden sie sich nur äußerst langsam berichtigen. Die meisten Indianer, die sich mit der Verfertigung vergifteter Pfeile abgeben, sind mit dem Wesen der giftigen Substanzen, die sie aus den Händen anderer Völker erhalten, völlig unbekannt. Ueber der Geschichte der Gifte und Gegengifte liegt überall der Schleier des Geheimnisses. Ihre Bereitung ist bei den Wilden Monopol der **Piaches**, die zugleich Priester, Gaukler und Aerzte sind, und nur von den in die Missionen versetzten Eingeborenen kann man über diese räthselhaften Stoffe etwas Sicheres erfahren. Jahrhunderte vergingen, ehe Mutis' Beobachtungsgeist die Europäer mit dem *Bejuco del Guaco* (*Mikania Guako*) bekannt machte, welch das kräftigste Gegengift gegen den Schlangenbiß ist und das wir zuerst botanisch beschreiben konnten.

In den Missionen herrscht allgemein die Meinung, Rettung sey unmöglich, wenn das Curare frisch und stark eingedickt und so lange in der Wunde geblieben ist, daß viel davon in den Blutlauf übergegangen. Unter allen Gegenmitteln, die man am Orinoco und (nach Leschenault) im indischen Archipel braucht, ist das salzsaure Natron das verbreitetste.[31] Man reibt die Wunde mit dem Salz und nimmt es innerlich. Ich selbst kenne keinen gehörig beglaubigten Fall, der die Wirksamkeit des Mittels bewiese, und Magendies und Delilles Versuche sprechen vielmehr dagegen. Am Amazonenstrom gilt der Zucker für das beste Gegengift, und da das salzsaure Natron den Indianern in den Wäldern fast ganz unbekannt ist, so ist wahrscheinlich der Bienenhonig und der mehligte Zucker, den die an der Sonne getrockneten Bananen ausschwitzen, früher in ganz Guyana zu diesem Zweck gebraucht worden. Ammoniak und Lucienwasser sind ohne Erfolg gegen das Curare versucht worden; man weiß jetzt, wie unzuverlässig diese angeblichen specifischen Mittel auch gegen Schlangenbiß sind. Sir Everard Home hat dargethan, daß man die Heilung meist einem Mittel zuschreibt, während sie nur erfolgt ist, weil die Verwundung unbedeutend und die Wirkung des Giftes eine sehr beschränkte war. Man kann Thiere ohne Schaden mit vergifteten Pfeilen verwunden, wenn die Wunde offen bleibt und man die vergiftete Spitze nach der Verwundung sogleich zurückzieht. Wendet man in solchen Fällen Salz oder Zucker an, so wird man verführt, sie für vortreffliche specifische Mittel zu halten. Nach der Schilderung von Indianern, die im Krieg mit Waffen, die in Curare getaucht gewesen, verwundet worden, sind die Symptome ganz ähnlich wie beim Schlangenbiß. Der Verwundete fühlt

Congestionen gegen den Kopf, und der Schwindel nöthigt ihn, sich niederzusetzen; sodann Uebelseyn, wiederholtes Erbrechen, brennender Durst und das Gefühl von Pelzigtseyn am verwundeten Körpertheil.

Dem alten Indianer, dem **Giftmeister**, schien es zu schmeicheln, daß wir ihm bei seinem Laboriren mit so großem Interesse zusahen. Er fand uns so gescheit, daß er nicht zweifelte, wir könnten Seife machen; diese Kunst erschien ihm, nach der Bereitung des Curare, als eine der schönsten Erfindungen des menschlichen Geistes. Als das flüssige Gift in die zu seiner Aufnahme bestimmten Gefässe gegossen war, begleiteten wir den Indianer zum **Juvias-Feste**. Man feierte durch Tänze die Ernte der Juvias, der Früchte der *Bertholletia excelsa*, und überließ sich der rohesten Völlerei. In der Hütte, wo die Indianer seit mehreren Tagen zusammenkamen, sah es ganz seltsam aus. Es waren weder Tische noch Bänke darin, aber große gebratene, vom Rauch geschwärzte Affen sah man symmetrisch an die Wand gelehnt. Es waren **Marimondas** (*Ateles Belzebuth*) und die bärtigen sogenannten Kapuzineraffen, die man nicht mit dem Machi oder Saï (Buffons *Simia capucina*) verwechseln darf. Die Art, wie diese menschenähnlichen Thiere gebraten werden, trägt viel dazu bei, wenn ihr Anblick dem civilisirten Menschen so widerwärtig ist. Ein kleiner Rost oder Gitter aus sehr hartem Holz wird einen Fuß über dem Boden befestigt. Der abgezogene Affe wird zusammengebogen, als säße er; meist legt man ihn so, daß er sich auf seine langen, mageren Arme stützt, zuweilen kreuzt man ihm die Hände auf dem Rücken. Ist er auf dem Gitter befestigt, so zündet man ein helles Feuer darunter an. Flammen und Rauch umspielen den Affen und er wird zugleich gebraten und berußt.[32] Sieht man nun die Eingeborenen Arm oder Bein eines gebratenen Affen verzehren, so kann man sich kaum des Gedankens erwehren, die Gewohnheit, Thiere zu essen, die im Körperbau dem Menschen so nahe stehen, möge in gewissem Grade dazu beitragen, daß die Wilden so wenig Abscheu vor dem Essen von Menschenfieisch haben. Die gebratenen Affen, besonders solche mit sehr rundem Kopf, gleichen auf schauerliche Weise Kindern, daher auch Europäer, wenn sie sich von Vierhändern nähren müssen, lieber Kopf und Hände abschneiden und nur den Rumpf auftragen lassen. Das Affenfleisch ist so mager und trocken, daß Bonpland in seinen Sammlungen in Paris einen Arm und eine Hand aufbewahrt hat, die in Esmeralda am Feuer geröstet worden; nach vielen Jahren rochen diese Theile nicht im Geringsten.

Wir sahen die Indianer tanzen. Der Tanz ist um so einförmiger, da die Weiber nicht daran Theil nehmen dürfen. Die Männer, alt und jung, fassen sich bei den Händen, bilden einen Kreis und drehen sich so, bald rechts, bald links, stundenlang, in schweigsamem Ernst. Meist machen die Tänzer selbst die Musik dazu. Schwache Töne, auf einer Reihe von Rohrstücken von verschiedener Länge geblasen, bilden eine langsame, melancholische

Begleitung. Um den Takt anzugeben, beugt der Vortänzer im Rhythmus beide Kniee. Zuweilen bleiben alle stehen und machen kleine schwingende Bewegungen, indem sie den Körper seitlich hin und her werfen. Jene in eine Reihe geordneten und zusammengebundenen Rohrstücke gleichen der Pansflöte, wie wir sie bei bacchischen Aufzügen auf großgriechischen Vasen abgebildet sehen. Es ist ein höchst einfacher Gedanke, der allen Völkern kommen mußte, Rohre von verschiedener Länge zu vereinigen und sie nach einander, während man sie an den Lippen vorbeiführt, anzublasen. Nicht ohne Verwunderung sahen wir, wie rasch junge Indianer, wenn sie am Fluß Rohr (*carices*) fanden, dergleichen Pfeifen schnitten und stimmten. In allen Himmelsstrichen leisten diese Gräser mit hohem Halme den Menschen im Naturzustand mancherlei Dienste. Die Griechen sagten mit Recht, das Rohr sey ein Mittel gewesen zur Unterjochung der Völker, weil es Pfeile liefere, zur Milderung der Sitten durch den Reiz der Musik, zur Geistesentwicklung, weil es das erste Werkzeug geboten, mit dem man Buchstaben geschrieben. Diese verschiedenen Verwendungsarten des Rohrs bezeichnen gleichsam drei Abschnitte im Leben der Völker. Die Horden am Orinoco stehen unläugbar auf der untersten Stufe einer beginnenden Culturentwicklung. Das Rohr dient ihnen nur zu Krieg und Jagd und Pans Flöte sind auf jenen fernen Ufern noch keine Töne entlockt worden, die sanfte, menschliche Empfindungen wecken können.

In der Festhütte fanden wir verschiedene vegetabilische Produkte, welche die Indianer aus den Bergen von Guanaya mitgebracht und die unsere ganze Aufmerksamkeit in Anspruch nahmen. Ich verweile hier nur bei der Frucht des **Juvia**, bei den Rohren von ganz ungewöhnlicher Länge und bei den Hemden aus der Rinde des **Marimabaums**. Der **Almendron** oder **Juvia**, einer der großartigsten Bäume in den Wäldern der neuen Welt, war vor unserer Reise an den Rio Negro so gut wie unbekannt. Vier Tagreisen östlich von Esmeralda, zwischen dem Padamo und dem Ocamo am Fuß des Cerro Mapaya, am rechten Ufer des Orinoco, tritt er nach und nach auf; noch häufiger ist er auf dem linken Ufer beim Cerro Guanaya zwischen dem Rio Amaguaca und dem Gehette. Die Einwohner von Esmeralda versicherten uns, oberhalb des Gehette und des Chiguire werde der Juvia und der Cacaobaum so gemein, daß die wilden Indianer (die Guaicas und Guaharibos **blancos**) die Indianer aus den Missionen ungestört die Früchte sammeln lassen. Sie mißgönnen ihnen nicht, was ihnen die Natur auf ihrem eigenen Grund und Boden so reichlich schenkt. Kaum noch hat man es am obern Orinoco versucht, den Almendron fortzupflanzen. Die Trägheit der Einwohner läßt es noch weniger dazu kommen als der Umstand, daß das Oel in den mandelförmigen Samen so schnell ranzigt wird. Wir fanden in der Mission San Carlos nur drei Bäume und in Esmeralda zwei. Die majestätischen Stämme waren acht bis zehn Jahre alt und hatten noch nicht geblüht. Wie oben erwähnt, fand Bonpland Almendrons unter den Bäumen am Ufer des Cassiquiare in der Nähe der Stromschnellen von Cananivacari.

Schon im sechzehnten Jahrhundert sah man in Europa, nicht die große Steinfrucht in der Form einer Cocosnuß, welche die Mandeln enthält, wohl aber die Samen mit holzigter dreieckigter Hülle. Ich erkenne diese auf einer ziemlich mangelhaften Zeichnung des Clusius. Dieser Botaniker nennt sie **Almendras del Peru**, vielleicht weil sie als eine sehr seltene Frucht an den obern Amazonenstrom und von dort über die Cordilleren nach Quito und Peru gekommen waren. Jean de Laet's *Novus Orbis*, in dem ich die erste Nachricht vom Kuhbaum fand, enthält auch eine Beschreibung und ganz richtige Abbildung des Samens der *Bertholletia.* Laet nennt den Baum **Totocke** und erwähnt der Steinfrucht von der Größe eines Menschenkopfs, welche die Samen enthält. Diese Früchte, erzählt er, seyen so ungemein schwer, daß die Wilden es nicht leicht wagen, die Wälder zu betreten, ohne Kopf und Schultern mit einem Schild aus sehr hartem Holz zu bedenken. Von solchen Schilden wissen die Eingeborenen in Esmeralda nichts, wohl aber sprachen sie uns auch davon, daß es gefährlich sey, wenn die Früchte reifen und 50 bis 60 Fuß hoch herabfallen. In Portugal und England verkauft man die dreieckigten Samen des Juvia unter dem unbestimmten Namen Kastanien (Castañas) oder Nüsse aus Brasilien und vom Amazonenstrom, und man meinte lange, sie wachsen, wie die Frucht der Pekea, einzeln auf Fruchtstielen. Die Einwohner von Gran-Para treiben seit einem Jahrhundert einen ziemlich starken Handel damit. Sie schicken sie entweder direkt nach Europa oder nach Cayenne, wo sie **Touka** heißen. Der bekannte Botaniker Correa de Serra sagte uns, der Baum sey in den Wäldern bei Macapa an der Mündung des Amazonenstroms sehr häufig und die Einwohner sammeln die Mandeln, wie die der Lecythis, um Oel daraus zu schlagen. Eine Ladung Juviamandeln, die im Jahr 1807 in Havre einlief und von einem Caper aufgebracht war, wurde gleichfalls so benützt.

Der Baum, von dem die die »brasilianischen Kastanien« kommen, ist meist nur 2 bis 3 Fuß dick, wird aber 100 bis 120 Fuß hoch. Er hat nicht den Habitus der Mammea, des Sternapfelbaums und verschiedener anderer tropischer Bäume, bei denen die Zweige (wie bei den Lorbeeren der gemäßigten Zone) fast gerade gen Himmel stehen. Bei der Bertholletia stehen die Aeste weit auseinander, sind sehr lang, dem Stamm zu fast blätterlos und an der Spitze mit dichten Laubbüscheln besetzt. Durch diese Stellung der halb lederartigen, unterhalb leicht silberfarbigen, über zwei Fuß langen Blätter beugen sich die Aeste abwärts, wie die Wedel der Palmen. Wir haben den majestätischen Baum nicht blühen sehen. Er setzt vor dem fünfzehnten Jahr keine Blüthen an, und dieselben brechen zu Ende März oder Anfangs April auf. Die Früchte reifen gegen Ende Mai, und an manchen Stämmen bleiben sie bis in den August hängen. Da dieselben so groß sind wie ein

Kindskopf und oft 12 bis 13 Zoll Durchmesser haben, so fallen sie mit gewaltigem Geräusch vom Baumgipfel. Ich weiß nichts, woran einem die wunderbare Kraft des organischen Lebens im heißen Erdstrich augenfälliger entgegenträte, als der Anblick der mächtigen holzigten Fruchthüllen, z. B. des Cocosbaums (*Lodoicea*) unter den Monocotyledonen, und der Bertholletia und der Lecythis unter den Dicotyledonen. In unsern Klimaten bringen allein die Kürbisarten innerhalb weniger Monate Früchte von auffallender Größe hervor; aber diese Früchte sind fleischigt und saftreich. Unter den Tropen bildet die Bertholletia innerhalb 50 bis 60 Tagen eine Fruchthülle, deren holzigter Theil einen halben Zoll dick und mit den schärfsten Werkzeugen kaum zu durchsägen ist. Ein bedeutender Naturforscher (Richard) hat bereits die Bemerkung gemacht, daß das **Holz der Früchte** meist so hart wird, wie das Holz der Baumstämme nur selten. Die Fruchthülle der Bertholletia zeigt die Rudimente von vier Fächern; zuweilen habe ich ihrer auch fünf gefunden. Die Samen haben zwei scharf gesonderte Hüllen, und damit ist der Bau der Frucht complicirter als bei den Lecythis-, Pekea- und Saouvari-Arten. Die erste Hülle ist beinartig oder holzigt, dreieckigt, außen höckerigt und zimmtfarbig. Vier bis fünf, zuweilen acht solcher dreieckigten Nüsse sind an einer Scheidewand befestigt. Da sie sich mit der Zeit ablösen, liegen sie frei in der großen kugligten Fruchthülle. Die Kapuzineraffen (*Simia chiropotes*) lieben ungemein die »brasilianischen Kastanien,« und schon das Rasseln der Samen, wenn man die Frucht, wie sie vom Baum fällt, schüttelt, macht die Eßlust dieser Thiere in hohem Grade rege. Meist habe ich nur 15 bis 22 Nüsse in einer Frucht gefunden. Der zweite Ueberzug der Mandeln ist häutig und braungelb. Der Geschmack derselben ist sehr angenehm, so lange sie frisch sind; aber das sehr reichliche Oel, durch das sie ökonomisch so nützlich werden, wird leicht ranzigt. Wir haben am obern Orinoco häufig, weil sonst nichts zu haben war, diese Mandeln in bedeutender Menge gegessen und nie einen Nachtheil davon empfunden. Die kugligte Fruchthülle der Bertholletia ist oben durchbohrt, springt aber nicht auf; das obere bauchigte Ende des Säulchens bildet allerdings (nach Kunth) eine Art innern Deckel, wie bei der Frucht der Lecythis, aber er öffnet sich nicht wohl von selbst. Viele Samen verlieren durch die Zersetzung des Oels in den Samenlappen die Keimkraft, bevor in der Regenzeit die Holzkapsel der Fruchthülle in Folge der Fäulniß aufgeht. Nach einem am untem Orinoco weit verbreiteten Mährchen setzen sich die Kapuziner- und Cacajao-Affen (*Simia chiropotes* und *Simia melanocephala*) im Kreis umher, klopfen mit einem Stein auf die Frucht und zerschlagen sie wirklich, so daß sie zu den dreieckigten Mandeln kommen können. Dieß wäre wegen der ausnehmenden Härte und Dicke der Fruchthülle geradezu unmöglich. Man mag gesehen haben, wie Affen die Früchte der Bertholletia am Boden rollten, und dieselben haben zwar ein kleines Loch, an welches das obere Ende des Säulchens befestigt ist, aber die Natur hat es den Affen nicht so leicht gemacht, die holzigte Fruchthülle der Juvia zu öffnen, wie bei der Lechthis, wo sie den Deckel abnehmen, der in den Missionen *la tapa* (Deckel) *del coca de monos* heißt. Nach der Aussage mehrerer sehr glaubwürdiger Indianer gelingt es nur den kleinen Nagern, namentlich den Agutis (*Cavia Aguti*, *Cavia Paca*), vermöge des Baues ihrer Zähne und der unglaublichen Ausdauer, mit der sie ihrem Zerstörungswerk obliegen, die Frucht der Bertholletia zu durchbohren. Sobald die dreieckigten Nüsse auf den Boden ausgestreut sind, kommen alle Thiere des Waldes herbeigeeilt; Affen, Manaviris, Eichhörner, Agutis, Papagaien und Aras streiten sich um die Beute. Sie sind alle stark genug, um den holzigten Ueberzug des Samens zu zerbrechen; sie nehmen die Mandel heraus und klettern damit auf die Bäume. »So haben sie auch ihr Fest,« sagten die Indianer, die von der Ernte kamen, und hört man sie sich über die Thiere beschweren, so merkt man wohl, daß sie sich für die alleinigen rechtmäßigen Herren des Waldes halten.

Das häufige Vorkommen des Juvia ostwärts von Esmeralda scheint darauf hinzudeuten, daß die Flora des Amazonenstroms an dem Stück des obern Orinoco beginnt, das im Süden der Gebirge hinläuft. Es ist dieß gewissermaßen ein weiterer Beweis dafür, daß hier zwei Flußbecken vereinigt sind. Bonpland hat sehr gut auseinandergesetzt, wie man zu verfahren hätte, um die *Bertholletia excelsa* am Ufer des Orinoco, des Apure, des Meta, überhaupt in der Provinz Venezuela anzupflanzen. Man müßte da, wo der Baum wild wächst, die bereits keimenden Samen zu Tausenden sammeln und sie in Kasten mit derselben Erde legen, in der sie zu vegetiren angefangen. Die jungen Pflanzen, durch Blätter von Musaceen oder Palmblätter gegen die Sonnenstrahlen geschützt, würden auf Piroguen oder Flöße gebracht. Man weiß, wie schwer in Europa (trotz der Anwendung von Chlor, wovon ich anderswo gesprochen) Samen mit hornartiger Fruchthülle, Palmen, Kaffeearten, Chinaarten und große holzigte Nüsse mit leicht ranzigt werdendem Oel, zum Keimen zu bringen sind. Alle diese Schwierigkeiten wären beseitigt, wenn man nur Samen sammelte, die unter dem Baum selbst gekeimt haben. Auf diese Weise ist es uns gelungen, zahlreiche Exemplare sehr seltener Pflanzen, z. B. die *Coumarouna odora* oder Tongabohne, von den Katarakten des Orinoco nach Angostura zu bringen und in den benachbarten Pflanzungen zu verbreiten.

Eine der vier Piroguen, mit denen die Indianer auf der Juviasernte gewesen waren, war großentheils mit der Rohrart (*Carice*) gefüllt, aus der Blaserohre gemacht werden. Die Rohre waren 15 bis 17 Fuß lang, und doch war keine Spur von Knoten zum Ansatz von Blättern oder Zweigen zu bemerken. Sie waren vollkommen gerade, außen glatt und völlig cylindrisch. Diese **Carices** kommen vom Fuß der Berge von Yumariquin und Guanaja. Sie sind selbst jenseits des Orinoco unter dem Namen »Rohr von Esmeralda« sehr gesucht. Ein Jäger führt sein ganzes Leben dasselbe Blaserohr; er rühmt die

Leichtigkeit, Genauigkeit und Politur desselben, wie wir an unsern Feuergewehren dieselben Eigenschaften rühmen. Was mag dieß für ein monocotyledonisches Gewächs[33] seyn, von dem diese herrlichen Rohre kommen? Haben wir wirklich die Internodia einer Grasart aus der Sippe der Nostoiden vor uns gehabt? oder sollte dieser Carice eine Cyperacea[34] ohne Knoten seyn? Ich vermag diese Fragen« nicht zu beantworten, so wenig ich weiß, welcher Gattung ein anderes Gewächs angehört, von dem die **Marimahemden** kommen. Wir sahen am Abhang des Cerro Duida über 50 Fuß hohe Stämme des **Hemdbaums**. Die Indianer schneiden cylindrische Stücke von zwei Fuß Durchmesser davon ab und nehmen die rothe, faserigte Rinde weg, wobei sie sich in Acht nehmen, keinen Längsschnitt zu machen. Diese Rinde gibt ihnen eine Art Kleidungsstück, das Säcken ohne Nath von sehr grobem Stoffe gleicht. Durch die obere Oeffnung steckt man den Kopf, und um die Arme durchzustecken, schneidet man zur Seite zwei Löcher ein. Der Eingeborene trägt diese Marimahemden bei sehr starkem Regen; sie haben die Form der baumwollenen **Ponchos** und **Ruanas**, die in Neu-Grenada, Quito und Peru allgemein getragen werden. Da die überschwengliche Freigebigkeit der Natur in diesen Himmelsstrichen für die Hauptursache gilt, warum die Menschen so träge sind, so vergessen die Missionäre, wenn sie Marimahemden vorweisen, nie die Bemerkung zu machen, »in den Wäldern am Orinoco wachsen die Kleider fertig auf den Bäumen«. Zu dieser Geschichte von den Hemden gehören auch die spitzen Mützen, welche die Blumenscheiden gewisser Palmen liefern und die einem weitmaschigen Gewebe gleichen.

Beim Feste, dem wir beiwohnten, waren die Weiber vom Tanz und jeder öffentlichen Lustbarkeit ausgeschlossen; ihr trauriges Geschäft bestand darin, den Männern Affenbraten, gegohrenes Getränk und Palmkohl aufzutragen. Des letzteren Produkts, das wie unser Blumenkohl schmeckt, erwähne ich nur, weil wir in keinem Lande so ausnehmend große Stücke gesehen haben. Die noch nicht entwickelten Blätter sind mit dem·jungen Stengel verschmolzen, und wir haben Cylinder gemessen, die sechs Fuß lang und fünf Zoll dick waren. Eine andere, weit nahrhaftere Substanz kommt aus dem Thierreich, das **Fischmehl** (*manioc de pescado*). Ueberall am obern Orinoco braten die Indianer die Fische, dörren sie an der Sonne und stoßen sie zu Pulver, ohne die Gräten davon zu trennen. Ich sah Quantitäten von 50 bis 60 Pfund dieses Mehls, das aussieht wie Maniocmehl. Zum Essen rührt man es mit Wasser zu einem Teige an. Unter allen Klimaten, wo es viele Fische gibt, ist man auf dieselben Mittel zur Aufbewahrung derselben gekommen. So beschreiben Plinius und Diodor von Sicilien das **Fischbrod** der Ichthyophagen[35] am persischen Meerbusen und am rothen Meer.

In Esmeralda, wie überall in den Missionen, leben die Indianer, die sich nicht taufen lassen wollten und sich nur frei der Gemeinde angeschlossen haben, in Polygamie. Die Zahl der Weiber ist bei den verschiedenen Stämmen sehr verschieden, am größten bei den Caraiben und bei all den Völkerschaften, bei denen sich die Sitte, junge Mädchen von benachbarten Stämmen zu entführen, lange erhalten hat. Wie kann bei einer so ungleichen Verbindung von häuslichem Glück die Rede seyn! Die Weiber leben in einer Art Sklaverei, wie bei den meisten sehr versunkenen Völkern. Da die Männer im Besitz der unumschränkten Gewalt sind, so wird in ihrer Gegenwart keine Klage laut. Im Hause herrscht scheinbar Ruhe und die Weiber beeifern sich alle, den Wünschen eines anspruchsvollen, übellaunigen Gebieters zuvorzukommen. Sie pflegen ohne Unterschied ihre eigenen Kinder und die der andern Weiber. Die Missionäre versichern (und was sie sagen, ist sehr glaublich), dieser innere Frieden, die Frucht gemeinsamer Furcht, werde gewaltig gestört, sobald der Mann länger von Hause abwesend sey. Dann behandelt diejenige, mit der sich der Mann zuerst verbunden, die andern als Beischläferinnen und Mägde. Der Zank nimmt kein Ende, bis der Gebieter wieder kommt, der durch einen Laut, durch eine bloße Geberde, und wenn er es zweckdienlich erachtet, durch etwas schärfere Mittel die Leidenschaften niederzuschlagen weiß. Bei den Tamanacas ist eine gewisse Ungleichheit unter den Weibern hinsichtlich ihrer Rechte durch den Sprachgebrauch bezeichnet. Der Mann nennt die zweite und dritte Frau **Gefährtinnen** der ersten; die erste behandelt die **Gefährtinnen** als Nebenbuhlerinnen und **Feinde** (*ipucjatoje*), was allerdings nicht so höflich ist, aber wahrer und ausdrucksvoller. Da alle Last der Arbeit auf den unglücklichen Weibern liegt, so ist es nicht zu verwundern, daß bei manchen Nationen ihre Anzahl auffallend gering ist. In solchem Falle bildet sich eine Art Vielmännerei, wie wir sie, nur entwickelter, in Tibet und im Gebirge am Ende der ostindischen Halbinsel finden. Bei den Avanos und Maypures haben oft mehrere Brüder nur Eine Frau. Wird ein Indianer, der mehrere Weiber hat, Christ, so zwingen ihn die Missionäre, eine zu wählen, die er behalten will, und die andern zu verstoßen. Der Moment der Trennung ist nun der kritische; der Neubekehrte findet, daß seine Weiber doch höchst schätzbare Eigenschaften haben: die eine versteht sich gut auf die Gärtnerei, die andere weiß **Chiza** zu bereiten, das berauschende Getränk aus der Maniocwurzel; eine erscheint ihm so unentbehrlich wie die andere. Zuweilen siegt beim Indianer das Verlangen, seine Weiber zu behalten, über die Neigung zum Christenthum; meist aber läßt der Mann den Missionär wählen, und nimmt dieß hin wie einen Spruch des Schicksals.

Die Indianer, die vom Mai bis August Fahrten ostwärts von Esmeralda unternehmen, um in den Bergen von Yumariquin Pflanzenprodukte zu sammeln, konnten uns genaue Auskunft über den Lauf des Orinoco, im Osten der Mission geben. Dieser Theil meiner Reisekarte weicht von den früheren völlig ab. Ich beginne die Beschreibung dieser Länder mit dem Granitstock des Duida, an dessen Fuße wir weilten. Derselbe wird im Westen vom Rio Tamatama, im Osten vom Rio Guapo begrenzt. Zwischen diesen beiden Nebenflüssen des Orinoco, durch die **Morichales** oder die Gebüsche von Mauritiapalmen, die Esmeralda umgeben, kommt der Rio Sodomoni herab, vielberufen wegen der vortrefflichen Ananas, die an seinen Ufern wachsen. Am 22. Mai maß ich auf einer Grasflur am Fuß des Duida eine Standlinie von 475 Metern; der Winkel, unter dem die Spitze des Berges in 13,327 Meter Entfernung erscheint, beträgt noch 9 Grad. Nach meiner genauen trigonometrischen Messung ist der Duida (das heißt der höchste Gipfel südwestlich vom Cerro Maraguaca) 2179 Meter oder 1118 Toisen über der Ebene von Esmeralda hoch, also wahrscheinlich gegen 1300 über dem Meeresspiegel; ich sage wahrscheinlich, denn leider war mein Barometer zerbrochen, ehe wir nach Esmeralda kamen. Der Regen war so stark, daß wir in den Nachtlagern das Instrument nicht vor Feuchtigkeit schützen konnten, und bei der ungleichen Ausdehnung des Holzes zerbrach die Röhre. Der Unfall war mir desto verdrießlicher, weil wohl nie ein Barometer größere Reisen mitgemacht hat. Ich hatte dasselbe schon seit drei Jahren in Europa in den Gebirgen von Steiermark, Frankreich und Spanien, in Amerika auf dem Wege von Cumana an den obern Orinoco geführt. Das Land zwischen Javita, Vasiva und Esmeralda ist eine weite Ebene, und da ich an den beiden ersteren Orten den Barometer beobachtet habe, so kann ich mich hinsichtlich der absoluten Höhe der Savanen am Sodomoni höchstens um 15—20 Toisen irren. Der Cerro Duida steht an Höhe dem St. Gotthard und der Silla bei Caracas am Küstenland von Venezuela nur wenig (kaum 80—100 Toisen) nach. Er gilt auch hier zu Lande für einen colossalen Berg, woraus wir ziemlich sicher auf die mittlere Höhe der Sierra Parime und aller Berge im östlichen Amerika schließen können. Oestlich von der Sierra Nevada de Merida, sowie südöstlich vom Paramo de las Rosas erreicht keine der Bergketten, die in der Richtung eines Parallels streichen, die Höhe des Centralkamms der Pyrenäen. Der Granitgipfel des Duida fällt so steil ab, daß die Indianer vergeblich versucht haben hinaufzukommen. Bekanntlich sind gar nicht hohe Berge oft am unzugänglichsten. Zu Anfang und zu Ende der Regenzeit sieht man auf der Spitze des Duida kleine Flammen, und zwar, wie es scheint, nicht immer am selben Ort. Wegen dieser Erscheinung, die bei den übereinstimmenden Aussagen nicht wohl in Zweifel zu ziehen ist, hat man den Berg mit Unrecht einen Vulkan genannt. Da er ziemlich isolirt liegt, könnte man denken, der Blitz zünde zuweilen das Strauchwerk an; dieß erscheint aber unwahrscheinlich, wenn man bedenkt, wie schwer in diesem nassen Klima die Gewächse brennen. Noch mehr: man versichert, es zeigen sich oft kleine Flammen an Stellen, wo das Gestein kaum mit Rasen bedeckt scheint; auch beobachte man ganz ähnliche Feuererscheinungen, und zwar an Tagen ohne alles Gewitter, am Gipfel des Guaraco oder Murcielago, eines Hügels gegenüber der Mündung des Rio Tamatama auf dem südlichen Ufer des Orinoco. Dieser Hügel erhebt sich kaum 100 Toisen über die umliegende Ebene. Sind die Aussagen der Eingeborenen begründet, so rühren beim

Duida und dem Guaraco die Flammen wahrscheinlich von einer unterirdischen Ursach her; denn man sieht dergleichen niemals auf den hohen Bergen am Rio Jao und am Berg Maraguaca, um den so oft die Gewitter toben. Der Granit des Cerro Duida ist von theils offenen, theils mit Quarzkrystallen und Kiesen gefüllten Gängen durchzogen Durch dieselben mögen gasförmige, brennbare Emanationen (Wasserstoff oder Naphta) aufsteigen. In den Gebirgen von Caramanien, im Hindu-Khu und im Himalaya sind dergleichen Erscheinungen häufig. In vielen Landstrichen des östlichen Amerika, die den Erdbeben ausgesetzt sind, sieht man sogar (wie am Cuchivano bei Cumanacoa)[36] aus secundären Gebirgsbildungen Flammen aus dem Boden brechen. Dieselben zeigen sich, wenn der erste Regen auf den von der Sonne stark erhitzten Boden fällt, oder wenn dieser nach starken Niederschlägen wieder zu trocknen anfängt. Die Grundursach dieser Feuererscheinungen ist in ungeheurer Tiefe, weit unter den secundären Formationen, in den Urgebirgsarten zu suchen; der Regen und die Zersetzung des atmosphärischen Wassers spielen dabei nur eine untergeordnete Rolle. Die heißesten Quellen in der Welt kommen unmittelbar aus dem Granit; das Steinöl quillt aus dem Glimmerschiefer; in Encaramada zwischen den Flüssen Arauca und Cuchivero, mitten auf dem Granitboden der Sierra Parime am Orinoco, hört man furchtbares Getöse. Hier, wie überall auf dem Erdball, liegt der Herd der Vulkane in den ältesten Bildungen, und zwischen den großen Phänomenen, wobei die Rinde unseres Planeten emporgehoben und geschmolzen wird, und den Feuermeteoren, die sich zuweilen an der Oberfläche zeigen und die man, ihrer Unbedeutendheit wegen, nur atmosphärischen Einflüssen zuschreiben möchte, scheint ein Causalzusammenhang zu bestehen.

Der Duida hat zwar nicht die Höhe, welche der Volksglaube ihm zuschreibt, er ist aber im ganzen Bergstock zwischen Orinoco und Amazonenstrom der beherrschende Punkt. Diese Berge fallen gegen Nordwest, gegen den Puruname, noch rascher ab als gegen Ost, gegen den Padamo und den Rio Ocamo. In der ersteren Richtung sind die höchsten Gipfel nach dem Duida der **Cuneva**, an den Quellen des Rio Paru (eines Nebenflusses des Ventuari), der **Sipapo**, der **Calitamini**, der mit dem **Cunavami** und dem **Pic Uniana** zu Einer Gruppe gehört. Ostwärts vom Duida zeichnen sich durch ihre Höhe aus, am rechten Ufer des Orinoco der **Maravaca** oder die Sierra Maraguaca zwischen dem Rio Caurimoni und dem Padamo, auf dem linken Ufer die Berge von **Guanaja** und **Yumariquin** zwischen den Flüssen Amaguaca und Gehette. Ich brauche kaum noch einmal zu bemerken, daß die Linie, welche über diese hohen Gipfel läuft (wie in den Pyrenäen, den Karpathen und so vielen Bergketten der alten Welt), keineswegs mit der Wasserscheide zusammenfällt. Die Wasserscheide zwischen den Zuflüssen des untern und des obern Orinoco schneidet den Meridian von 64° unter dem vierten Grad der Breite. Sie läuft zuerst zwischen den Quellen des Rio Branco und des

Carony durch und dann nach Nordwest, so daß die Gewässer des Padamo, Jao und Ventuari nach Süd, die Gewässer des Arui, Caura und Cuchivero nach Nord fließen.

Man kann von Esmeralda den Orinoco gefahrlos hinausfahren bis zu den Katarakten, an denen die Guaicas-Indianer sitzen, welche die Spanier nicht weiter hinauf kommen lassen; es ist dieß eine Fahrt von sechs und einem halben Tag. In den zwei ersten kommt man an den Einfluß des Rio Padamo, nachdem man gegen Nord die kleinen Flüsse Tamatama, Sodomoni, Guapo, Caurimoni und Simirimoni, gegen Süd dem Einfluß des Cuca zwischen dem Hügel Guaraco, der Flammen auswerfen soll, und dem Cerro Canelilla, hinter sich gelassen. Auf diesem Strich bleibt der Orinoco 300—400 Toisen breit. Auf dem rechten Ufer kommen mehr Flüsse herein, weil sich an dieser Seite die hohen Berge Duida und Maraguaca hinziehen, auf welchen sich die Wolken lagern, während das linke Ufer niedrig ist und an die Ebene stößt, die im Großen gegen Südwest abfällt. Prachtvolle Wälder mit Bauholz bedecken die nördlichen Cordilleren. In diesem heißen, beständig feuchten Landstrich ist das Wachsthum so stark, daß es Stämme von Bombax Ceiba von 16 Fuß Durchmesser gibt. Der Rio Padamo oder Patamo, über den früher die Missionäre am obern Orinoco mit denen am Rio Caura verkehrten, ist für die Geographen zu einer Quelle von Irrthümern geworden. Pater Caulin nennt ihn Macoma und setzt einen andern Rio Patamo zwischen den Punkt der Gabeltheilung des Orinoco und einen Berg Ruida, womit ohne Zweifel der Cerro Duida gemeint ist. Surville läßt den Padamo sich mit dem Rio Ocamo (Ucamu) verbinden, der ganz unabhängig von ihm ist; auf der großen Karte von La Cruz endlich ist ein kleiner Nebenfluß des Orinoco, westlich von der Gabeltheilung, als Rio Padamo bezeichnet und der eigentliche Fluß dieses Namens heißt Rio Maquiritari. Von der Mündung dieses Flusses, der ziemlich breit ist, kommen die Indianer in einem und einem halben Tag an den Rio Mavaca, der in den hohen Gebirgen von Unturan entspringt, von denen oben die Rede war.[37] Der Trageplatz zwischen den Quellen dieses Nebenflusses und denen des Jdapa oder Siapa hat zu der Fabel vom Zusammenhang des Jdapa mit dem obern Orinoco Anlaß gegeben. Der Rio Mavaca steht mit einem See in Verbindung, an dessen Ufer die Portugiesen, ohne Vorwissen der Spanier in Esmeralda, vom Rio Negro her kommen, um die aromatischen Samen des *Laurus Pucheri* zu sammeln, die im Handel als **Pichurimbohne** und **Toda Specie** bekannt sind. Zwischen den Mündungen des Padamo und des Mavaca nimmt der Orinoco von Nord her den Ocamo aus, in den sich der Rio Matacona ergießt. An den Quellen des letzteren Flusses wohnen die Guainares, die lange nicht so stark kupferfarbig oder braun sind als die übrigen Bewohner dieser Länder. Dieser Stamm gehört zu denen, welche bei den Missionären *Indios blancas* heißen, und über die ich bald mehr sagen werde. An der Mündung des Ocamo zeigt man den Reisenden einen Fels, der im Lande für ein Wunder gilt. Es ist ein Granit, der in Gneiß übergeht, ausgezeichnet durch die eigenthümliche Vertheilung des schwarzen Glimmers, der kleine verzweigte Adern bildet. Die Spanier nennen den Fels *piedra mapaya* (Landkartenstein).

Ueber dem Einfluß des Mavaca nimmt der Orinoco an Breite und Tiefe auf einmal ab. Sein Lauf wird sehr gekrümmt, wie bei einem Alpstrom. An beiden Ufern stehen Gebirge; von Süden her kommen jetzt bedeutend mehr Gewässer herein, indessen bleibt die Cordillere im Norden am höchsten. Von der Mündung des Mavaca bis zum Rio Gehette sind es zwei Tagereisen, weil die Fahrt sehr beschwerlich ist und man oft, wegen zu seichten Wassers, die Pirogue am Ufer schleppen muß. Auf dieser Strecke kommen von Süd der Daracapo und der Amaguaca herein; sie laufen nach West und Ost um die Berge von Guanaya und Yumariquin herum, wo man die Früchte der Bertholletia sammelt. Von den Bergen gegen Nord, deren Höhe vom Cerro Maraguaca an allmählich abnimmt, kommt der Rio Manaviche herab. Je weiter man auf dem Orinoco hinaufkommt, desto häufiger werden die Krümmungen und die kleinen Stromschnellen (*chorros y remolinos*). Man läßt links den Caño Chiguire, an dem die Guaicas, gleichfalls ein Stamm weißer Indianer, wohnen, und zwei Meilen weiter kommt man zur Mündung des Gehette, wo sich ein großer Katarakt befindet. Ein Damm von Granitfelsen läuft über den Orinoco; dieß sind die Säulen des Hercules, über die noch kein Weißer hinausgekommen ist. Dieser Punkt, der sogenannte *Raudal de Guaharibos*, scheint ¾ Grad ostwärts von Esmeralda, also unter 67°38' der Länge zu liegen. Durch eine militärische Expedition, die der Commandant von San Carlos, Don Francisco Bovadilla, unternommen, um die Quellen des Orinoco aufzusuchen, hat man die genauesten Nachrichten über die Katarakten der Guaharibos. Er hatte erfahren, daß Neger, welche in holländisch Guyana entsprungen, nach West (über die Landenge zwischen den Quellen des Rio Carony und des Rio Branco hinaus) gelaufen seyen und sich zu unabhängigen Indianern gesellt haben. Er unternahm eine *Entrada* (Einfall) ohne Erlaubniß des Statthalters; der Wunsch, afrikanische Sklaven zu bekommen, die zur Arbeit besser taugen als die kupferfarbigen Menschen, war dabei ungleich stärker im Spiel, als der Eifer für die Förderung der Erdkunde. Ich hatte in Esmeralda und am Rio Negro Gelegenheit, mehrere sehr verständige Militärs zu befragen, die den Zug mitgemacht. Bovadilla kam ohne Schwierigkeit bis zum kleinen Raudal dem Gehette gegenüber; aber am Fuß des Felsdamms, welcher den großen Katarakt bildet, wurde er unversehens, während des Frühstücks, von den Guaharibos und den Guaicas überfallen, zwei kriegerischen und wegen der Stärke des Curare, mit dem sie ihre Pfeile vergiften, vielberufenen Stämmen. Die Indianer besetzten die Felsen mitten im Fluß. Sie sahen keine Bogen in den Händen der Spanier, von Feuergewehr wußten sie nichts, und so gingen sie Leuten zu Leibe, die sie für wehrlos hielten. Mehrere Weiße wurden gefährlich verwundet, und Bovadilla mußte die Waffen brauchen. Es erfolgte ein furchtbares Gemetzel unter den Eingeborenen, aber von den holländischen Negern, die sich hieher geflüchtet haben sollten, wurde keiner gefunden. Trotz des Sieges, der ihnen nicht schwer geworden, wagten es die Spanier nicht, in gebirgigtem Land auf einem tief eingeschnittenen Flusse weiter gegen Ost hinaufzugehen.

Die Guaharibos blancos haben über den Katarakt aus Lianen eine Brücke geschlagen, die an den Felsen befestigt ist, welche sich, wie meistens in den **Pongos** im obern Maragnon, mitten aus dem Flußbett erheben. Diese Brücke, die sämmtliche Einwohner in Esmeralda wohl kennen, scheint zu beweisen, daß der Orinoco an dieser Stelle bereits ziemlich schmal ist. Die Indianer geben seine Breite meist nur zu 200—300 Fuß an; sie behaupten, oberhalb des Raudals der Guaharibos sey der Orinoco kein Fluß mehr, sondern ein *Riachuelo* (ein Bergwasser), wogegen ein sehr unterrichteter Geistlicher, Fray Juan Gonzales, der das Land besucht hat, mich versicherte, da, wo man den weiteren Lauf des Orinoco nicht mehr kenne, sey er immer noch zu zwei Drittheilen so breit als der Rio Negro bei San Carlos. Letztere Angabe scheint mir unwahrscheinlicher; ich gebe aber nur wieder, was ich in Erfahrung bringen konnte, und spreche über nichts ab. Nach den vielen Messungen, die ich vorgenommen, weiß ich gut, wie leicht man sich hinsichtlich der Größe der Flußbetten irren kann. Ueberall erscheinen die Flüsse breiter oder schmaler, je nachdem sie von Bergen oder von Ebenen umgeben, frei oder voll Rissen, von Regengüssen geschwellt oder nach langer Trockenheit wasserarm sind. Es verhält sich übrigens mit dem Orinoco wie mit dem Ganges, dessen Lauf nordwärts von Gangutra nicht bekannt ist; auch hier glaubt man wegen der geringen Breite des Flusses, der Punkt könne nicht weit von der Quelle liegen.

Im Felsdamm, der über den Orinoco läuft und den Raudal der Guaharibos bildet, wollen spanische Soldaten die schöne Art Saussurit (den Amazonenstein), von dem oben die Rede war, gefunden haben. Es ist dieß eine sehr zweifelhafte Geschichte, und die Indianer, die ich darüber befragt, versicherten mich, die grünen Steine, die man in Esmeralda *Piedras de Macagua* nennt, seyen von den Guaicas und Guaharibos gekauft, die mit viel weiter ostwärts lebenden Horden Handel treiben. Es geht mit diesen Steinen, wie mit so vielen andern kostbaren Produkten beider Indien. An den Küsten, einige hundert Meilen weit weg, nennt man das Land, wo sie vorkommen, mit voller Bestimmtheit; kommt man aber mit Mühe und Noth in dieses Land, so zeigt es sich, daß die Eingeborenen das Ding, das man sucht, nicht einmal dem Namen nach kennen. Man könnte glauben, die Amulette aus Saussurit, die man bei den Indianern am Rio Negro gefunden, kommen vom untern Amazonenstrom, und die, welche man über die Missionen am obern Orinoco und Rio Carony bezieht, aus einem Landstrich zwischen den Quellen des Essequebo und des Rio Branco. Indessen haben weder der Chirurg Hortsmann, ein gebotener Hildesheimer, noch Don Antonio Santos, dessen Reisetagebuch mir zu Gebot stand, den Amazonenstein auf der Lagerstätte gesehen, und es ist eine ganz grundlose, obgleich in Angostura stark verbreitete Meinung, dieser Stein komme in weichem, teigigtem Zustand aus dem kleinen See Amucu, aus dem man die **Laguna del Dorado** gemacht hat. So ist denn in diesem östlichen Strich von Amerika noch eine schöne geognostische Entdeckung zu machen, nämlich im Urgebirg ein Euphotidgestein (Gabbro) aufzufinden, das die *Piedra de Macagna* enthält.

Ich gebe hier einigen Aufschluß über die Indianerstämme von weißlichter Hautfarbe und sehr kleinem Wuchs, die alte Sagen seit Jahrhunderten an die Quellen des Orinoco setzen. Ich hatte Gelegenheit, in Esmeralda einige zu sehen, und kann versichern, daß man die Kleinheit der Guaicas und die Weiße der Guaharibos, die Pater Caulin *Guaribos blancos* nennt, in gleichem Maasse übertrieben hat. Die Guaicas, die ich gemessen, messen im Durchschnitt 4 Fuß 7 Zoll bis 4 Fuß 8 Zoll (nach altem französischem Maß). Man behauptet, der ganze Stamm sey so ausnehmend klein; man darf aber nicht vergessen, daß das, was man hier einen Stamm nennt, im Grunde nur eine einzige Familie ist. Wo alle Vermischung mit Fremden ausgeschlossen ist, pflanzen sich Spielarten und Abweichungen vom gemeinsamen Typus leichter fort. Nach den Guaicas sind die Guainares und die Poignaves die kleinsten unter den Indianern. Es ist sehr auffallend, daß alle diese Völkerschaften neben den Caraiben wohnen, die von ungemein hohem Wuchse sind. Beide leben im selben Klima und haben dieselben Nahrungsmittel. Es sind Racenspielarten, deren Bildung ohne Zweifel weit über die Zeit hinausreicht, wo diese Stämme (große und kleine, weißlichte und dunkelbraune) sich neben einander niedergelassen. Die vier weißesten Nationen am obern Orinoco schienen mir die Guaharibos am Rio Gehette, die Guainares am Ocomo, die Guaicas am Caño Chiguire und die Maquiritares an den Quellen des Padamo, des Jao und des Ventuari. Da Eingeborene mit weißlichter Haut unter einem glühenden Himmel und mitten unter sehr dunkelfarbigen Völkern eine auffallende Erscheinung sind, so haben die Spanier zur Erklärung derselben zwei sehr gewagte Hypothesen aufgebracht. Die einen meinen, Holländer aus Surinam und vom Rio Essequebo mögen sich mit Guaharibos und Guainares vermischt haben; andere behaupten aus Haß gegen die Kapuziner am Carony und die Observanten am Orinoco, diese weißlichten Indianer seyen, was man in Dalmatien *Muso di frate* nennt, Kinder, deren eheliche Geburt einigem Zweifel unterliegt. In beiden Fällen wären die Indios blancos Mestizen, Abkömmlinge einer Indianerin und eines Weißen. Ich habe aber Tausende von Mestizen gesehen und kann behaupten, daß die Vergleichung durchaus unrichtig ist. Die Individuen der weißlichten Stämme, die wir zu untersuchen Gelegenheit hatten, haben die Gesichtsbildung, den Wuchs, die schlichten, glatten, schwarzen Haare, wie sie allen andern Indianern zukommen. Unmöglich könnte man sie für Mischlinge halten, ähnlich den

Abkömmlingen von Eingeborenen und Europäern. Manche sind dabei sehr klein, andere haben den gewöhnlichen Wuchs der kupferrothen Indianer. Sie sind weder schwächlich, noch kränklich, noch Albinos; sie unterscheiden sich von den kupferfarbigen Stämmen allein durch weit weniger dunkle Hautfarbe. Nach diesen Bemerkungen braucht man den weiten Weg vom obern Orinoco zum Küstenland, auf dem die Holländer sich niedergelassen, gar nicht in Anschlag zu bringen. Ich läugne nicht, daß man Abkömmlinge entlaufener Neger (*negros alzados de palenque*) unter den Caraiben an den Quellen des Essequebo gefunden haben mag; aber niemals ist ein Weißer von den Ostküsten so tief in Guyana hinein, an den Rio Gehette und an den Ocamo gekommen. Noch mehr: so auffallend es erscheinen mag, daß Völkerschaften mit weißlichter Haut östlich von Esmeralda neben einander wohnen, so ist doch soviel gewiß, daß man auch in andern Ländern Amerikas Stämme gefunden hat, die sich von ihren Nachbarn durch weit weniger dunkle Hautfarbe unterscheiden. Dahin gehören die Arivirianos und Maquiritares am Rio Ventuario und am Padamo, die Paudacotos und Paravenas am Erevato, die Viras und Ariguas am Caura, die Mologagos in Brasilien und die Guayanas am Uruguay.[38]

Alle diese Erscheinungen verdienen desto mehr Aufmerksamkeit, als sie den großen Zweig der amerikanischen Völker betreffen, den man gemeiniglich dem am Pole lebenden Zweig, den Eskimo-Tschugasen, entgegenstellt, deren Kinder weiß sind und die mongolisch gelbe Farbe erst durch den Einfluß der Luft und der Feuchtigkeit annehmen. In Guyana sind die Horden, welche mitten in den dichtesten Wäldern leben, meist nicht so dunkel als solche, welche an den Ufern des Orinoco Fischfang treiben. Aber dieser unbedeutende Unterschied, der ja auch in Europa zwischen den städtischen Handwerkern und den Landbauern oder Küstenfischern vorkommt, erklärt keineswegs das Phänomen der Indios blancos, die Existenz von Indianerstämmen mit einer Haut wie die der Mestizen. Dieselben sind von andern Waldindianern (*Indios del monte*) umgeben, die, obgleich ganz den nämlichen physischen Einflüssen ausgesetzt, braunroth sind. Die Ursachen dieser Erscheinungen liegen in der Zeit sehr weit rückwärts, und wir sagen wieder mit Tacitus: »Est durans originis vis.«

Diese Stämme mit weißlichter Haut, welche wir in der Mission Esmeralda zu sehen Gelegenheit gehabt, bewohnen einen Strich des Berglandes zwischen den Quellen von sechs Nebenflüssen des Orinoco, des Padamo, Jao, Ventuari, Erevato, Aruy und Paragua. Bei den spanischen und portugiesischen Missionären heißt dieses Land gemeiniglich die **Parime**. Hier, wie in verschiedenen andern Ländern von spanisch Amerika, haben die Wilden wieder erobert, was die Civilisation oder vielmehr die Missionäre, die nur die Vorläufer der Civilisation sind, ihnen abgerungen. Solanos Grenzexpedition und der abenteuerliche Eifer, mit dem ein Statthalter von

Guyana[39] den Dorado suchte, hatten in der zweiten Hälfte des achtzehnten Jahrhunderts den Unternehmungsgeist wieder wach gerufen, der die Castilianer bei der Entdeckung von Amerika beseelte. Man hatte am Rio Padamo hinauf durch Wälder und Savanen einen Weg von zehen Tagereisen von Esmeralda zu den Quellen des Ventuari entdeckt; in zwei weiteren Tagen war man von diesen Quellen auf dem Erevato in die Missionen am Rio Caura gelangt. Zwei verständige, beherzte Männer, Don Antonio Santos und der Capitän Bareto, hatten mit Hülfe der Maquiritares auf dieser Linie von Esmeralda an den Rio Erevato eine militärische Postenkette angelegt; dieselbe bestand aus zweistockigten, mit Steinböllern besetzten Häusern (*casas fuertes*), wie ich sie oben beschrieben und die auf den Karten, die zu Madrid herauskamen, als neunzehn Dörfer figurirten. Die sich selbst überlassenen Soldaten bedrückten in jeder Weise die Indianer, die ihre Pflanzungen bei den *Casas fuertes* hatten, und da diese Plackereien nicht so methodisch waren, das heißt nicht so gut in einander griffen, wie die in den Missionen, an die sich die Indianer nach und nach gewöhnen, so verbündeten sich im Jahr 1776 mehrere Stämme gegen die Spanier. In Einer Nacht wurden alle Militärposten auf der ganzen 50 Meilen langen Linie angegriffen, die Häuser niedergebrannt, viele Soldaten niedergemacht; nur wenige verdankten ihr Leben dem Erbarmen der indianischen Weiber. Noch jetzt spricht mnn mit Entsetzen von diesem nächtlichen Ueberfall. Derselbe wurde in der tiefsten Heimlichkeit verabredet und mit der Uebereinstimmung ausgeführt, die bei den Eingeborenen von Süd- wie von Nordamerika, welche feindselige Gefühle so meisterhaft in sich zu verschließen wissen, niemals fehlt, wo es sich um gemeinsamen Vortheil handelt. Seit 1776 hat nun kein Mensch mehr daran gedacht, den Landweg vom obern an den untern Orinoco wiederherzustellen, und konnte kein Weißer von Esmeralda an den Erevato gehen. Und doch ist kein Zweifel darüber, daß es in diesem Gebirgslande zwischen den Quellen des Padamo und des Ventuari (bei den Orten, welche bei den Indianern Aurichapa, Ichuana und Irique heißen) mehrere Gegenden mit gemäßigtem Klima und mit Weiden gibt, die Vieh in Menge nähren könnten. Die Militärposten leisteten ihrer Zeit sehr gute Dienste gegen die Einfälle der Caraiben, die von Zeit zu Zeit zwischen dem Erevato und dem Padamo Sklaven fortschleppten, wenn auch nur wenige. Sie hätten wohl auch den Angriffen der Eingeborenen widerstanden, wenn man sie, statt sie ganz vereinzelt und nur in den Händen der Soldaten zu lassen, in Dörfer verwandelt und wie die Gemeinden der neubekehrten Indianer verwaltet hätte.

Wir verließen die Mission Esmeralda am 17. Mai. Wir waren eben nicht krank, aber wir fühlten uns alle matt und schwach in Folge der Insektenplage, der schlechten Nahrung und der langen Fahrt in engen, nassen Canoes. Wir gingen den Orinoco nicht über den Einfluß des Rio Guapo hinauf; wir hätten es gethan, wenn wir hätten versuchen können, zu den Quellen des Flusses zu gelangen. Unter den gegenwärtigen Verhältnissen müssen sich bloße Privatleute, welche Erlaubniß haben, die Missionen zu betreten, bei ihren Wanderungen auf die friedlichen Striche des Landes beschränken. Vom Guapo bis zum Raudal der Guaharibos sind noch 15 Meilen. Bei diesem Katarakt, über den man aus einer Brücke aus Lianen geht, stehen Indianer mit Bogen und Pfeilen, die keinen Weißen und keinen, der aus dem Gebiet der Weißen kommt, weiter nach Osten lassen. Wie konnten wir hoffen, aber einen Punkt hinaus zu kommen, wo der Befehlshaber am Rio Negro, Don Francisco Bovadilla, hatte Halt machen müssen, als er mit bewaffneter Macht jenseits des Gehette vordringen wollte? Durch das Blutbad, das man unter ihnen angerichtet, sind die Eingeborenen gegen die Bewohner der Missionen noch grimmiger und mißtrauischer geworden. Man erinnere sich, daß beim Orinoco bis jetzt den Geographen zwei besondere, aber gleich wichtige Probleme vorlagen: die Lage seiner Quellen und die Art seiner Verbindung mit dem Amazonenstrom. Das letztere war der Zweck der Reise, die ich im Bisherigen beschrieben; was die endliche Auffindung der Quellen betrifft, so ist dieß Sache der spanischen und der portugiesischen Regierung. Eine kleine Abtheilung Soldaten, die von Angostura oder vom Rio Negro ausbrüche, könnte den Guaharibos, Guaicas und Caraiben, deren Kraft und Anzahl man in gleichem Maaße übertreibt, die Spitze bieten. Diese Expedition könnte entweder von Esmeralda ostwärts oder auf dem Rio Carony und dem Paragua südwestwärts, oder endlich auf dem Rio Padaviri oder dem Rio Branco und dem Urariquera nach Nordwest gehen. Da der Orinoco in der Nähe seines Ursprungs wahrscheinlich weder unter diesem Namen noch unter dem Namen Paragua[40] bekannt ist, so wäre es sicherer auf ihm über den Gehette hinaufzugehen, nachdem man das Land zwischen Esmeralda und dem Raudal der Guaharibos, das ich oben genau beschrieben, hinter sich gelassen. Auf diese Weise verwechselte man nicht den Hauptstamm des Flusses mit einem oberen Nebenfluß, und wo das Bett mit Felsen verstopft wäre, ginge man bald am einen, bald am andern Ufer am Orinoco hinauf. Wollte man aber, statt sich nach Ost zu wenden, die Quellen westwärts auf dem Rio Carony, dem Essequebo oder dem Rio Branco suchen, so müßte man den Zweck der Expedition erst dann als erreicht ansehen, wenn man auf dem Fluß, den man für den Orinoco angesehen, bis zum Einfluß des Gehette und zur Mission Esmeralda herabgekommen wäre. Das portugiesische Fort San Joaquim, am linken Ufer des Rio Branco beim Einfluß des Tacutu, wäre ein weiterer günstig gelegener Ausgangspunkt; ich empfehle ihn, weil ich nicht weiß, ob die Mission Santa Rosa, die vom Statthalter Don Manuel Centurion, als dic **Ciudad** Guirior angelegt wurde, weiter nach West am Ufer des Urariapara gegründet worden, nicht bereits wieder eingegangen ist. Verfolgte man den Lauf des Paragua westwärts vom Destacamento oder Militärposten Guirior, der in den Missionen der catalonischen Capuziner liegt, oder ginge man vom portugiesischen Fort San Joaquim im Thale des

Rio Uruariquera gegen West, so käme man am sichersten zu den Quellen des Orinoco. Die Längenbeobachtungen, die ich in Esmeralda angestellt, können das Suchen erleichtern, wie ich in einer an das spanische Ministerium unter König Carl IV. gerichteten Denkschrift auseinandergesetzt habe.

Wenn das große, nützliche Werk der amerikanischen Missionen allmählich die Verbesserungen erhielte, auf die mehrere Bischöfe angetragen haben, wem man, statt die Missionäre fast auf Gerathewohl aus den spanischen Klöstern zu ergänzen, junge Geistliche in Amerika selbst in Seminarien oder Missionskollegien erzöge, so würden militärische Expeditionen, wie ich sie eben vorgeschlagen, überflüssig. Das Ordenskleid des heiligen Franciscus, ob es nun braun ist wie bei den Capuzinern am Carony, oder blau wie bei den Observanten am Orinoco, übt immer noch einen gewissen Zauber über die Indianer dieser Länder. Sie knüpfen daran gewisse Vorstellungen von Wohlstand und Behagen, die Aussicht, in den Besitz von Aexten, Messern und Fischereigeräthe zu gelangen. Selbst solche, die an Unabhängigkeit und Vereinzelung zäh festhalten und es verschmähen, sich »vom Glockenklang regieren zu lassen,« sind erfreut, wenn ein benachbarter Missionär sie besucht. Ohne die Bedrückungen der Soldaten und die feindlichen Einfälle der Mönche, ohne die *entradas* und *conquistas apostolicas*, hätten sich die Eingeborenen nicht von den Ufern des Stroms weggezogen. Gäbe man das unvernünftige System auf, die Klosterzucht in den Wäldern und Savanen Amerikas einführen zu wollen, ließe man die Indianer der Früchte ihrer Arbeit froh werden, regierte man sie nicht so viel, das heißt, legte man nicht ihrer natürlichen Freiheit bei jedem Schritt Fesseln an, so würden die Missionäre rasch den Kreis ihrer Thätigkeit sich erweitern sehen, deren Ziel ja kein anderes ist, als menschliche Gesittung.

Die Niederlassungen der Mönche haben in den Aequinoctialländern der neuen Welt wie im nördlichen Europa die ersten Keime des gesellschaftlichen Lebens ausgestreut. Noch jetzt bilden sie einen weiten Gürtel um die europäischen Besitzungen, und wie viele und große Mißbräuche sich auch in ein Regiment eingeschlichen haben mögen, wobei alle Gewalten in einer einzigen verschmolzen sind, so würde es doch schwer halten, dasselbe durch ein anderes zu ersetzen, das nicht noch weit größere Uebelstände mit sich führte, und dabei eben so wohlfeil und dem schweigsamen Phlegma der Eingeborenen eben so angemessen wäre. Ich komme später auf diese christlichen Anstalten zurück, deren politische Wichtigkeit in Europa nicht genug gewürdigt wird. Hier sey nur bemerkt, daß die von der Küste entlegensten gegenwärtig am meisten verwahrlost sind. Die Ordensleute leben dort im tiefsten Elend. Allein von der Sorge für den täglichen Unterhalt befangen, beständig darauf bedacht, auf eine Mission versetzt zu werden, die näher bei der civilisirten Welt liegt, das heißt bei **weißen und vernünftigen Leuten,**[41] kommen sie nicht leicht in

Versuchung, weiter ins Land zu dringen. Es wird rasch vorwärts gehen, sobald man (nach dem Vorgang der Jesuiten) den entlegensten Missionen außerordentliche Unterstützungen zu Theil werden läßt, und auf die äußersten Posten, Guirior, San Luis del Erevato und Esmeralda,[42] die muthigsten, verständigsten und in den Indianersprachen bewandertsten Missionäre stellt. Das kleine Stück, das vom Orinoco noch zu berichtigen ist (wahrscheinlich eine Strecke von 25—30 Meilen), wird bald entdeckt seyn; in Süd- wie in Nordamerika sind die Missionäre überall zuerst auf dem Platz, weil ihnen Vortheile zu statten kommen, die andern Reisenden abgehen. »Ihr thut groß damit, wie weit ihr über den Obersee hinaufgekommen,« sagte ein Indianer aus Canada zu Pelzhändlern aus den Vereinigten Staaten; »ihr denkt also nicht daran, daß die »Schwarzröcke« vorher dagewesen, und daß diese euch den Weg nach Westen gewiesen haben!« Unsere Pirogue war erst gegen drei Uhr Abends bereit uns aufzunehmen. Während der Fahrt auf dem Cassiquiare hatten sich unzählige Ameisen darin eingenistet und nur mit Mühe säuberte man davon den **Toldo**, das Dach aus Palmblättern, unter dem wir nun wieder zwei und zwanzig Tage lang ausgestreckt liegen sollten. Einen Theil des Vormittags verwendeten wir dazu, um die Bewohner von Esmeralda nochmals über einen See auszufragen, der gegen Ost liegen sollte. Wir zeigten den alten Soldaten, die in der Mission seit ihrer Gründung lagen, die Karten von Surville und la Cruz. Sie lachten über die angebliche Verbindung zwischen dem Orinoco und dem Rio Idapa und über das **weiße Meer**, durch das ersterer Fluß laufen soll. Was wir höflich Fictionen der Geographen nennen, hießen sie »Lügen von dort drüben« (*mentiras de por allá*). Die guten Leute konnten nicht begreifen, wie man von Ländern, in denen man nie gewesen, Karten machen kann, und aufs genaueste Dinge wissen will, wovon man an Ort und Stelle gar nichts weiß. Der See der Parime, die Sierra Mey, die Quellen, die vom Punkt an, wo sie aus dem Boden kommen, auseinander laufen — von all dem weiß man in Esmeralda nichts. Immer hieß es, kein Mensch sey je ostwärts über den Raudal der Guaharibos hinaufgekommen; oberhalb dieses Punktes komme wie manche Indianer glauben, der Orinoco als ein kleiner Bergstrom von einem Gebirgsstock herab, an dem die Corotos-Indianer wohnen. Diese Umstände verdienen wohl Beachtung; denn wäre bei der königlichen Grenzexpedition oder nach dieser denkwürdigen Zeit ein weißer Mensch wirklich zu den Quellen des Orinoco und zu dem angeblichen See der Parime gekommen, so müßte sich die Erinnerung daran in der nächstgelegenen Mission, über die man kommen mußte, um eine so wichtige Entdeckung zu machen, erhalten haben. Nun machen aber die drei Personen, die mit den Ergebnissen der Grenzexpedition bekannt wurden, Pater Caulin, la Cruz und Surville, Angaben, die sich geradezu widersprechen. Wären solche Widersprüche denkbar, wenn diese Gelehrten, statt ihre Karten nach Annahmen und Hypothesen zu entwerfen, die in Madrid ausgeheckt worden, einen wirklichen Reisebericht vor Augen gehabt hätten? Pater Gili, der achtzehn Jahre (von 1749 bis 1767) am Oriuoco gelebt hat, sagt ausdrücklich, »Don Apollinario Diez sey abgesandt worden, um die Quellen des Orinoco zu suchen; er habe ostwärts von Esmeralda den Strom voll Klippen gefunden; er habe aus Mangel an Lebensmitteln umgekehrt und von der Existenz eines Sees nichts, gar nichts vernommen.« Diese Angabe stimmt vollkommen mit dem, was ich fünf und dreißig Jahre später in Esmeralda gehört, wo Don Apollinarios Name noch im Munde aller Einwohner ist und von wo man fortwährend über den Einfluß des Gehette hinauffährt.

Die Wahrscheinlichkeit einer Thatsache vermindert sich bedeutend, wenn sich nachweisen läßt, daß man an dem Ort, wo man am besten damit bekannt seyn müßte, nichts davon weiß, und wenn diejenigen, die sie mittheilen, sich widersprechen, nicht etwa in minder wesentlichen Umständen, sondern gerade in allen wichtigen. Ich verfolge diese rein geographische Erörterung hier nicht weiter; ich werde in der Folge zeigen, wie die Verstöße auf den neuen Karten von der Sitte herrühren, sie den alten nachzuzeichnen, wie Trageplätze für Flußverzweigungen gehalten wurden, wie man Flüsse, die bei den Indianern **große Wasser** heißen, in Seen verwandelte, wie man zwei dieser Seen (den Cassipa und den Parime) seit dem sechzehnten Jahrhundert verwechselte und hin und her schob, wie man endlich in den Namen der Nebenflüsse des Rio Branco den Schlüssel zu den meisten dieser uralten Fictionen findet.

Als wir im Begriff waren uns einzuschiffen, drängten sich die Einwohner um uns, die weiß und von spanischer Abkunft seyn wollen. Die armen Leute beschworen uns, beim Statthalter von Angostura ein gutes Wort für sie einzulegen, daß sie in die Steppen (Llanos) zurückkehren dürften, oder, wenn man ihnen diese Gnade versage, daß man sie in die Missionen am Rio Negro versetze, wo es doch kühler sey und nicht so viele Insekten gebe. »Wie sehr wir uns auch verfehlt haben mögen,« sagten sie, »wir haben es abgebüßt durch zwanzig Jahre der Qual in diesem Moskitoschwarm«. Ich nahm mich in einem Bericht an die Regierung über die industriellen und commerciellen Verhältnisse dieser Länder der Verwiesenen an, aber die Schritte, die ich that, blieben erfolglos. Die Regierung war zur Zeit meiner Reise mild und zu gelinden Maßregeln geneigt; wer aber das verwickelte Räderwerk der alten spanischen Monarchie kennt, weiß auch, daß der Geist eines Ministeriums auf das Wohl der Bevölkerung am Orinoco, in Neu-Californien und auf den Philippinen von sehr geringem Einfluß war.

Halten sich die Reisenden nur an ihr eigenes Gefühl, so streiten sie sich über die Menge der Moskitos, wie über die allmähliche Zunahme und Abnahme der Temperatur. Die Stimmung unserer Organe, die Bewegung der Luft, das Maß der Feuchtigkeit oder Trockenheit, die elektrische Spannung, tausenderlei Umstände wirken zusammen, daß wir von der Hitze und den

Insekten bald mehr bald weniger leiden. Meine Reisegefährten waren einstimmig der Meinung, in Esmeralda peinigen die Moskitos ärger als am Cassiquiare und selbst in den beiden Missionen an den großen Katarakten; mir meinerseits, der ich für die hohe Lufttemperatur weniger empfindlich war als sie, schien der Hautreiz, den die Insekten verursachen, in Esmeralda nicht so stark als an der Grenze des obern Orinoco. Wir brauchten kühlende Waschwasser; Citronsaft und noch mehr der Saft der Ananas lindern das Jucken der alten Stiche bedeutend; die Geschwulst vergeht nicht davon, wird aber weniger schmerzhaft. Hört man von diesen leidigen Insekten der heißen Länder sprechen, so findet man es kaum glaublich, daß man unruhig werden kann, wenn sie nicht da sind, oder vielmehr wenn sie unerwartet verschwinden. In Esmeralda erzählte man uns, im Jahr 1795 sey eine Stunde vor Sonnenuntergang, wo sonst die Moskitos eine sehr dichte Wolke bilden, die Luft auf einmal 20 Minuten lang ganz frei gewesen. Kein einziges Insekt ließ sich blicken, und doch war der Himmel wolkenlos und kein Wind deutete auf Regen. Man muß in diesen Ländern selbst gelebt haben, um zu begreifen, in welchem Maße dieses plötzliche Verschwinden der Insekten überraschen mußte. Man wünschte einander Glück, man fragte sich, ob diese *Felicidad*, dieses *Alivio* (Erleichterung) wohl von Dauer seyn könne. Nicht lange aber, und statt des Augenblickes zu genießen, fürchtete man sich vor selbstgemachten Schreckbildern; man bildete sich ein, die Ordnung der Natur habe sich verkehrt. Alte Indianer, die Lokalgelehrten, behaupteten, das Verschwinden der Moskitos könne nichts anderes bedeuten als ein großes Erdbeben. Man stritt hitzig hin und her, man lauschte auf das leiseste Geräusch im Baumlaub, und als sich die Luft wieder mit Moskitos füllte, freute man sich ordentlich, daß sie wieder da waren. Welcher Vorgang in der Atmosphäre mag nun diese Erscheinung verursacht haben, die man nicht damit verwechseln darf, daß zu bestimmten Tageszeiten die eine Insektenart die andere ablöst? Wir konnten diese Frage nicht beantworten, aber die lebendige Schilderung der Einwohner war uns interessant. Mißtrauisch, ängstlich, was ihm bevorstehen möge, seine alten Schmerzen zurückwünschen, das ist so ächt menschlich.

Bei unserem Abgang von Esmeralda war das Wetter sehr stürmisch. Der Gipfel des Duida war in Wolken gehüllt, aber diese schwarzen, stark verdichteten Dunstmassen standen noch 900 Toisen über der Niederung. Schätzt man die mittlere Höhe der Wolken, d. h. ihre untere Schicht, in verschiedenen Zonen, so darf man nicht die zerstreuten einzelnen Gruppen mit den Wolkendecken verwechseln, die gleichförmig über den Niederungen gelagert sind und an eine Bergkette stoßen. Nur die letzteren können sichere Resultate geben; einzelne Wolkengruppen verfangen sich in Thälern, oft nur durch die niedergehenden Luftströme. Wir sahen welche bei der Stadt Caracas in 500 Toisen Meereshöhe; es ist aber schwer zu glauben, daß die Wolken, die man über den Küsten von Cumana und der Insel Margarita sieht, nicht höher stehen sollten. Das Gewitter, das sich am Gipfel des Duida entlud, zog nicht in das Thal des Orinoco herunter; überhaupt haben wir in diesem Thal nicht die starken elektrischen Entladungen beobachtet, wie sie in der Regenzeit den Reisenden, wenn er von Carthagena nach Honda den Magdalenenstrom hinauffährt, fast jede Nacht ängstigen. Es scheint, daß in einem flachen Lande die Gewitter regelmäßiger dem Bett eines großen Flusses nachziehen, als in einem ungleichförmig mit Bergen besetzten Lande, wo viele Seitenthäler durch einander laufen. Wir beobachteten zu wiederholten malen die Temperatur des Orinoco an der Wasserfläche bei 30° Lufttemperatur; wir fanden nur 26°, also 3° weniger als in den großen Katarakten, und 2° mehr als im Rio Negro. In der gemäßigten Zone in Europa steigt die Temperatur der Donau und der Elbe mitten im Sommer nicht über 17 bis 19°. Am Orinoco konnte ich niemals einen Unterschied zwischen der Wärme des Wassers bei Tag und bei Nacht bemerken, wenn ich nicht den Thermometer da in den Fluß brachte, wo das Wasser wenig Tiefe hat und sehr langsam über ein breites sandiges Gestade fließt, wie bei Uruana und bei den Mündungen des Apure. Obgleich in den Wäldern von Guyana unter einem meistens bedeckten Himmel die Strahlung des Bodens bedeutend verlangsamt ist, so sinkt doch die Lufttemperatur bei Nacht nicht unbedeutend. Die obere Wasserschicht ist dann wärmer als der umgebende Erdboden, und wenn die Mischung zweier mit Feuchtigkeit fast gesättigter Luftmassen über dem Wald und über dem Fluß keinen sichtbaren Nebel erzeugt, so kann man dieß nicht dem Umstand zuschreiben, daß die Nacht nicht kühl genug sey. Während meines Aufenthalts am Orinoco und Rio Negro war das Flußwasser oft um 2 bis 3° bei Nacht wärmer als die windstille Luft.

Nach vierstündiger Fahrt flußabwärts kamen wir an die Stelle der Gabeltheilung. Wir schlugen unser Nachtlager am Ufer des Cassiquiare am selben Fleck auf, wo wenige Tage zuvor die Jaguars höchst wahrscheinlich uns unsere große Dogge geraubt hatten. Alles Suchen der Indianer nach einer Spur des Thieres war vergebens. Der Himmel blieb umzogen und ich wartete vergeblich auf die Sterne; ich beobachtete aber hier wieder, wie schon in Esmeralda, die Inclination der Magnetnadel. Am Fuß des Cerro Duida hatte ich 28°25 gefunden, fast 3° mehr als in Mandavaca. An der Mündung des Cassiquiare erhielt ich 28°75; der Duida schien also keinen merklichen Einfluß geäußert zu haben. Die Jaguars ließen sich die ganze Nacht hören.[43] Sie sind in dieser Gegend zwischen dem Cerro Maraguaca, dem Unturan und den Ufern des Pamoni ungemein häufig. Hier kommt auch der **schwarze Tiger**[44] vor, von dem ich in Esmeralda schöne Felle gesehen. Dieses Thier ist wegen seiner Stärke und Wildheit vielberufen und es scheint noch größer zu seyn als der gemeine Jaguar. Die schwarzen Flecken sind auf dem schwarzbraunen Grund seines Felles kaum sichtbar. Nach der Angabe der Indianer sind die schwarzen Tiger sehr selten, vermischen sich nie mit den gemeinen Jaguars und »sind eine andere Race.« Ich glaube Prinz Maximilian von Neuwied, der die Zoologie von Amerika mit so vielen wichtigen Beobachtungen bereichert hat, ist weiter nach Süd, im heißen Landstrich von Brasilien ebenso berichtet worden. In Paraguay sind **Albinos** von Jaguars vorgekommen; denn diese Thiere, die man den schönen amerikanischen Panther nennen könnte, haben zuweilen so blasse Flecken, daß man sie auf dem ganz weißen Grunde kaum bemerkt. Beim schwarzen Jaguar werden im Gegentheil die Flecken unsichtbar, weil der Grund dunkel ist. Man müßte lange in dieser Gegend leben, und die Indianer in Esmeralda auf der gefährlichen Tigerjagd begleiten, um sich bestimmt darüber aussprechen zu können, was bei ihnen Art und was nur Spielart ist. Bei allen Säugethieren, besonders aber bei der großen Familie der Affen, hat man, glaube ich, weniger auf die Farbenübergänge bei einzelnen Exemplaren sein Augenmerk zu richten, als auf den Trieb der Thiere sich abzusondern und Rudel für sich zu bilden.

Am 24. Mai. Wir brachen von unserem Nachtlager vor Sonnenaufgang auf. In einer Felsbucht, wo die Durimundi-Indianer gehaust hatten, war der aromatische Duft der Gewächse so stark, daß es uns lästig fiel, obgleich wir unter freiem Himmel lagen und bei unserer Gewöhnung an ein Leben voll Beschwerden unser Nervensystem eben nicht sehr reizbar war. Wir konnten nicht ermitteln, was für Blüthen es waren, die diesen Geruch verbreiteten; der Wald war undurchdringlich. Bonpland glaubte, in den benachbarten Sümpfen werden große Büsche von Pancratium und einigen andern Liliengewächsen stecken. Wir kamen sofort den Orinoco abwärts zuerst am Einfluß des Cunucunumo, dann am Guanami und Puruname vorüber. Beide Ufer des Hauptstroms sind völlig unbewohnt; gegen Norden erheben sich hohe Gebirge, gegen Süden dehnt sich, soweit das Auge reicht, eine Ebene bis über die Quellen des Atacavi hinaus, der weiter unten Atabapo heißt. Der Anblick eines Flusses, auf dem man nicht einmal einem Fischerboot begegnet, hat etwas Trauriges, Niederschlagendes. Unabhängige Völkerschaften, die Abirianos und Maquiritares, leben hier im Gebirgsland, aber auf den Grasfluren zwischen Cassiquiare, Atabapo, Orinoco und Rio Negro findet man gegenwärtig fast keine Spur einer menschlichen Wohnung. Ich sage gegenwärtig; denn hier, wie anderswo in Guyana, findet man auf den härtesten Granitfelsen rohe Bilder[45] eingegraben, welche Sonne, Mond und verschiedene Thiere vorstellen und darauf hinweisen, daß hier früher ein ganz anderes Volk lebte, als das wir an den Ufern des Orinoco kennen gelernt. Nach den Aussagen der Indianer und der verständigsten Missionäre kommen diese symbolischen Bilder ganz mit denen überein, die wir hundert Meilen weiter nördlich bei Caycara, der Einmündung des Apure gegenüber, gesehen haben.

Diese Ueberreste einer alten Cultur fallen um so mehr auf, je größer der Flächenraum ist, auf dem sie vorkommen, und je schärfer sie von der Verwilderung abstechen, in die wir seit der Eroberung alle Horden in den heißen östlichen Landstrichen Amerikas versunken sehen. Hundert vierzig Meilen ostwärts von den Ebenen am Cassiquiare und Conorichite, zwischen den Quellen des Rio Branco und des Rio Essequebo, findet man gleichfalls Felsen mit symbolischen Bildern. Ich entnehme diesen Umstand, der mir sehr merkwürdig scheint, dem Tagebuch des Reisenden Hortsmann, das mir in einer Abschrift von der Hand des berühmten d'Anville vorliegt. Dieser Reisende, dessen ich in diesem Buche schon mehreremale gedacht, fuhr den Rupunuvini, einen Nebenfluß des Essequebo, herauf. Da wo der Fluß eine Menge kleiner Fälle bildet und sich zwischen den Bergen von Maracana durchschlängelt, fand er,[46] bevor er an den See Amucu kam, »Felsen, bedeckt mit Figuren oder (wie er sich portugiesisch ausdrückt) *varias letras*.« Dieses Wort **Buchstaben** haben wir nicht in seinem eigentlichen Sinn zu nehmen. Man hat auch uns am Felsen Culimacari am Ufer des Cassiquiare und im Hafen von Caycara am untern Orinoco Striche gezeigt, die man für aneinander gereihte Buchstaben hält. Es waren aber nur unförmliche Figuren, welche die Himmelskörper, Tiger, Krokodile, Boas und Werkzeuge zur Bereitung des Maniocmehls vorstellen sollen. An den gemalten Felsen (so nennen die Indianer diese mit Figuren bedeckten Steine) ist durchaus keine symmetrische Anordnung, keine regelmäßige Abtheilung in Schriftzeichen zu bemerken. Die Striche, die der Missionär Fray Ramon Bueno in den Bergen von Uruana entdeckt hat, nähern sich allerdings einer Buchstabenschrift mehr, indessen ist man über diese Züge, von denen ich anderswo gehandelt, noch sehr im Unklaren.

Was auch diese Figuren bedeuten sollen und zu welchem Zweck sie in den Granit gegraben worden, immer verdienen sie von Seiten des Geschichtsphilosophen die größte Beachtung. Reist man von der Küste von Caracas dem Aequator zu, so kommt man zuerst zur Ansicht, diese Denkmale seyen der Bergkette der Encaramada eigenthümlich; man findet sie beim Hafen von Sedeño bei Caycara, bei San Rafael del Capuchino, Cabruta gegenüber, fast überall, wo in der Savane zwischen dem Cerro Curiquima und dem Ufer des Caura das Granitgestein zu Tage kommt. Die Völker von tamanakischem Stamm, die alten Bewohner dieses Landes, haben eine lokale Mythologie, Sagen, die sich auf diese Felsen mit Bildern beziehen. **Amalivaca**, der Vater der Tamanaken, das heißt der Schöpfer des Menschengeschlechts (jedes Volk hält sich für den Urstamm der andern Völker), kam in einer Barke an, als sich bei der großen Ueberschwemmung, welche die »Wasserzeit«[47] heißt, die Wellen des Oceans mitten im Lande an den Bergen der Encaramada brachen. Alle Menschen, oder vielmehr alle Tamanaken, ertranken, mit Ausnahme eines Mannes und einer Frau, die sich auf einen Berg am Ufer des Asiveru, von den Spaniern Cuchivero genannt, flüchteten.[48] Dieser Berg ist der Ararat der arameischen oder semitischen Völker, der Tlaloc oder Colhuacan der Mexicaner. Amalivaca fuhr in seiner Barke herum und grub die Bilder von Sonne und Mond auf den **gemalten Fels** (Tepumereme) an der Encaramada. Granitblöcke, die sich gegen einander lehnen und eine Art Höhle bilden, heißen noch heute das Haus des großen Stammvaters der Tamanaken. Bei dieser Höhle auf den Ebenen von Maita zeigt man auch einen großen Stein, der, wie die Indianer sagen, ein musikalisches Instrument Amalivacas, seine **Trommel**, war. Wir erwähnen bei dieser Gelegenheit, daß dieser Heros einen Bruder, **Vochi**, hatte, der ihm zur Hand ging, als er der Erdoberfläche ihre jetzige Gestalt gab. Die beiden Brüder, so erzählen die Tamanaken, wollten bei ihren eigenen Vorstellungen von Perfektibilität den Orinoco zuerst so legen, daß man hinab und hinauf immer mit der Strömung fahren könnte. Sie gedachten damit den Menschen die Mühe des Ruderns zu ersparen, wenn sie den Quellen der Flüsse zuführen; aber so mächtig diese Erneuerer der Welt waren, es wollte ihnen nie gelingen, dem Orinoco einen doppelten Fall zu geben, und sie mußten es aufgeben, eines so wunderlichen hydraulischen Problems Meister zu werden. Amalivaca besaß Töchter, die große Neigung zum Umherziehen hatten; die Sage erzählt, ohne Zweifel im bildlichen Sinne, er habe ihnen die Beine zerschlagen, damit sie an Ort und Stelle bleiben und die Erde mit Tamanaken bevölkern müßten Nachdem er in Amerika, diesseits des **großen Wassers**, Alles in Ordnung gebracht, schiffte sich Amalivaca wieder ein und fuhr **ans andere Ufer** zurück an den Ort, von dem er gekommen. Seit die Eingeborenen Missionäre zu sich kommen sehen, denken sie, dieses »andere Ufer« sey Europa, und einer fragte Pater Gili naiv, ob er **dort drüben** den großen Amalivaca gesehen habe, den Vater der Tamanaken, der auf die Felsen symbolische Figuren gezeichnet.

Diese Vorstellungen von einer großen Fluth; das Paar, das sich auf einen Berggipfel flüchtet und Früchte der Mauritiapalme hinter sich wirft, um die Welt wieder zu bevölkern;[49] dieser Nationalgott Amalivaca, der zu Wasser aus fernem Lande kommt, der Natur Gesetze vorschreibt und die Völker zwingt, ihr Wanderleben aufzugeben — alle diese Züge eines uralten Glaubens verdienen alle Beachtung. Was die Tamanaken und die Stämme, die mit dem Tamanakischen verwandte Sprachen haben, uns jetzt erzählen, ist ihnen ohne Zweifel von andern Völkern überliefert, die vor ihnen dasselbe Land bewohnt haben. Der Name Amalivaca ist über einen Landstrich von mehr als 5000 Quadratmeilen verbreitet; er kommt mit der Bedeutung **Vater der Menschen** (unser **Urvater**) selbst bei den caraibischen Völkern vor, deren Sprache mit dem Tamanakischen nur verwandt ist wie das Deutsche mit dem Griechischen, dem Persischen und dem Sanskrit. Amalivaca ist ursprünglich nicht der **große Geist**, der **Alte im Himmel**, das unsichtbare Wesen, dessen Verehrung aus der Verehrung der Naturkräfte entspringt, wenn in den Völkern allmahlig das Bewußtsein: der Einheit dieser Kräfte erwacht; er ist vielmehr eine Person aus dem heroischen Zeitalter, ein Mann, der aus weiter Ferne gekommen, im Lande der Tamanaken und Caraiben gelebt, symbolische Zeichen in die Felsen gegraben hat und, wieder verschwunden ist, weil er sich zum Land über dem Weltmeer, wo er früher gewohnt, wieder zurückgewendet. Der Anthropomorphismus bei der Gestaltung der Gottheit hat zwei gerade entgegengesetzte Quellen,[50] und dieser Gegensatz scheint nicht sowohl auf dem verschiedenen Grade der Geistesbildung zu beruhen, als darauf, daß manche Völker von Natur mehr zur Mystik neigen, während andere unter der Herrschaft der Sinne, der äußeren Eindrücke stehen. Bald läßt der Mensch die Gottheiten zur Erde niedersteigen und es über sich nehmen, die Völker zu regieren und ihnen Gesetze zu geben, wie in den Mythen des Orients; bald, wie bei den Griechen und andern Völkern des Occidents, werden die ersten Herrscher, die Priesterkönige, dessen, was menschlich an ihnen ist, entkleidet und zu Nationalgottheiten erhoben. Amalivaca war ein Fremdling, wie Manco-Capac, Vochica und Quetzalcohuatl, diese außerordentlichen Menschen, die im alpinischen oder civilisirten Striche Amerikas, auf den Hochebenen von Peru, Neu-Grenada und Anahuac, die bürgerliche Gesellschaft geordnet, den Opferdienst eingerichtet und religiöse Brüderschaften gestiftet haben. Der mexikanische Quetzalcohuatl, dessen Nachkommen Montezuma in den Begleitern des Cortes zu erkennen glaubte, hat noch einen weiteren Zug mit Amalivaca, der mythischen Person des barbarischen Amerikas, der Ebenen der heißen Zone, gemein. In hohem Alter verließ der Hohepriester von Tula das Land Anahuac, das er mit seinen Wundern erfüllt, und ging zurück in ein unbekanntes Land, genannt Tlalpallan. Als der Mönch Bernhard von Sahagun nach Mexico kam, richtete man genau dieselben Fragen an ihn, wie zweihundert Jahre später in den Wäldern am Orinoco an den Missionär Gili: man wollte wissen, ob er vom **andern Ufer** komme, aus dem Lande, wohin Quetzalcohuatl gegangen.

Wir haben oben gesehen, daß die Region der Felsen mit Bildwerk oder der **gemalten Steine** weit über den untern Orinoco, über den Landstrich (7°5'—7°40' der Breite, 68°50'—69°45' der Länge) hinausreicht, dem die Sage angehört, die man als den **Localmythus** der Tamanaken bezeichnen kann. Man findet dergleichen Felsen mit Bildern zwischen dem Cassiquiare und Atabapo (2°5'—3°20' der Breite, 69°—70° der Länge), zwischen den Quellen des Essequebo und des Rio Branco (3°50' der Breite, 62°32' der Länge). Ich behaupte nicht, daß diese Bilder beweisen, daß ihre Verfertiger den Gebrauch des Eisens gekannt, auch nicht, daß sie auf eine bedeutende Culturstufe hinweisen; setzte man aber auch voraus, sie haben keine symbolische Bedeutung, sondern seyen rein Erzeugnisse mäßiger Jägervölker, so müßte man doch immer annehmen, daß vor den Völkern, die jetzt am Orinoco und Rupunuri leben, eine ganz andere Menschenart hier gelebt. Je weniger in einem Lande Erinnerungen an vergangene Geschlechter leben, desto wichtiger ist es, wo man ein Denkmal vor sich zu haben glaubt, auch die unbedeutendsten Spuren zu verfolgen. Auf den Ebenen im Osten Nordamerikas findet man nur jene merkwürdigen Ringwälle, die an die festen Lager (die angeblichen Städte von ungeheurem Umfang) der alten und der heutigen nomadischen Völker in Asien erinnern. Auf den östlichen Ebenen Südamerikas ist durch die Uebermacht des Pflanzenwuchses, des heißen Klimas und die allzu große Freigebigkeit der Natur der Fortschritt der menschlichen Cultur in noch engeren Schranken gehalten worden, Zwischen Orinoco und Amazonenstrom habe ich von keinem Erdwall, von keinem Ueberbleibsel eines Damms, von keinem Grabhügel sprechen hören; nur auf den Felsen, und zwar auf einer weiten Landstrecke, sieht man, in unbekannter Zeit von Menschenhand eingegraben, rohe Umrisse, die sich an religiöse Ueberlieferungen knüpfen. Wenn einmal die Bewohner des doppelten Amerika mit weniger Geringschätzung auf den Boden sehen, der sie ernährt, so werden sich die Spuren früherer Jahrhunderte unter unsern Augen von Tag zu Tag mehren. Ein schwacher Schimmer wird sich dann über die Geschichte dieser barbarischen Völker verbreiten, über die Felswände, die uns verkünden, daß diese jetzt so öden Länder einst von thätigeren, geisteskräftigeren Geschlechtern bewohnt waren.

Ich glaubte, bevor ich vom wildesten Strich des obern Orinoco scheide, Erscheinungen besprechen zu müssen, die nur dann von Bedeutung werden, wenn man sie aus Einem Gesichtspunkt betrachtet. Was ich von unserer Fahrt von Esmeralda bis zum Einfluß des Atabapo berichten könnte, wäre nur eine trockene Aufzählung von Flüssen und unbewohnten Orten. Vom 24. bis 27. Mai schliefen wir nur zweimal am Land, und zwar das erstemal am Einfluß des Rio Jao, und dann oberhalb der Mission Santa Barbara auf der Insel Minisi. Da der Orinoco hier frei von Klippen ist, führte uns der indianische Steuermann die Nacht durch fort, indem er die Pirogue der Strömung überließ. Dieses Stück meiner Karte zwischen dem Jao und dem Ventuari ist daher auch hinsichtlich der Krümmungen des Flusses nicht sehr genau. Rechnet man den Aufenthalt am Ufer, um den Reis und die Bananen zuzubereiten, ab, so brauchten wir von Esmeralda nach Santa Barbara nur 35 Stunden. Diese Mission liegt nach dem Chronometer unter dem 70°3' der Länge; wir hatten also gegen 4 Seemeilen in der Stunde zurückgelegt, eine Geschwindigkeit (1,05 Toise in der Secunde), die zugleich auf Rechnung der Strömung und der Bewegung der Ruder kommt. Die Indiana behaupten, die Krokodile gehen im Orinoco nicht über den Einfluß des Rio Jao hinaus, und die Seekühe kommen sogar oberhalb des Kataraktes von Maypures nicht mehr vor. Hinsichtlich der ersteren kann man sich leicht täuschen. Wenn der Reisende an ihren Anblick noch so sehr gewöhnt ist, kann er einen 12—15 Fuß langen Baumstamm für ein schwimmendes Krokodil halten, von dem man nur Kopf und Schwanz zum Theil über dem Wasser sieht.

Die Mission Santa Barbara liegt etwas westlich vom Einfluß des Rio Ventuari oder Venituari, den Pater Francisco Valor im Jahr 1800 untersucht hat. Wir fanden im kleinen Dorfe von 120 Einwohnern einige Spuren von Industrie. Der Ertrag derselben kommt aber sehr wenig den Indianern zu gut, sondern nur den Mönchen oder, wie man hier zu Lande sagt, der Kirche und dem Kloster. Man versicherte uns, eine große Lampe, massiv von Silber, die auf Kosten der Bekehrten angeschafft worden, werde aus Madrid erwartet. Wenn sie da ist, wird man hoffentlich auch daran denken, die Indianer zu kleiden, ihnen einiges Ackergeräthe anzuschaffen und für ihre Kinder eine Schule einzurichten. In den Savanen bei der Mission läuft wohl einiges Vieh, man braucht es aber selten, um die Mühle zum Auspressen des Zuckerrohrs (*trapiche*) zu treiben; das ist ein Geschäft der Indianer, die dabei ohne Lohn arbeiten, wie überall, wo die Arbeit auf Rechnung der Kirche geht. Am Fuß der Berge um Santa Barbara herum sind die Weiden nicht so fett wie bei Esmeralda, aber doch besser als bei San Fernando de Atabapo. Der Rasen ist kurz und dicht, und doch ist die oberste Bodenschicht nur trockener, dürrer Granitsand. Diese nicht sehr üppigen Grasfluren am Guaviare, Meta und obern Orinoco sind sowohl ohne Dammerde, die in den benachbarten Wäldern so massenhaft daliegt, als ohne die dicke Thonschicht, die in den Llanos von Venezuela den Sandstein bedeckt. Kleine krautartige Mimosen helfen in dieser Zone das Vieh satt machen, sie werden aber zwischen dem Rio Jao und-der Mündung des Guaviare sehr selten.

In den wenigen Stunden, die wir uns in der Mission Santa Barbara aufhielten, erhielten wir ziemlich genaue Angaben über den Rio Ventuari, der mir nach dem Guaviare der bedeutendste unter allen Nebenflüssen des obern Orinoco schien. Seine Ufer, an denen früher die Maypures gesessen, sind noch jetzt von einer Menge unabhängiger Völkerschaften bewohnt. Fährt man durch die Mündung des Ventuari, die ein mit Palmen bewachsenes Delta bildet, hinauf, so kommen nach drei Tagereisen von Ost der Cumaruita und der Paru herein, welche zwei Nebenflüsse am Fuß der hohen Berge von Cuneva, entspringen. Weiter oben, von West her, kommen der Mariata und der Manipiare, an denen die Macos- und Curacicanas-Indianer wohnen. Letztere Nation zeichnet sich durch ihren Eifer für den Baumwollenbau aus. Bei einem Streifzug (*entrada*) fand man ein großes Haus, in dem 30—40 sehr fein gewobene Hängematten, gesponnene Baumwolle, Seilwerk und Fischereigeräthe waren. Die Eingeborenen waren davongelaufen und Pater Valor erzählte uns, »die Indianer aus seiner Mission, die er bei sich hatte, haben das Haus in Brand gesteckt, ehe er diese Produkte des Gewerbfleißes der Curacicanas retten konnte.« Die neuen Christen in Santa Barbara, die sich über diesen sogenannten Wilden weit erhaben dünken, schienen mir lange nicht so gewerbthätig. Der Rio Manipiare, einer der Hauptäste des Ventuari, liegt, seiner Quelle zu, in der Nähe der hohen Berge, an deren Nordabhang der Cuchivero entspringt. Sie sind ein Ausläufer der Kette des Baraguan, und hieher setzt Pater Gili die »Hochebene des Siamacu,« deren gemäßigtes Klima er preist. Der obere Lauf des Ventuari, oberhalb des Einflusses des Asisi und der »großen Raudales« ist so gut wie unbekannt. Ich hörte nur, der obere Ventuari ziehe sich so stark gegen Ost, daß die alte Straße von Esmeralda an den Rio Caura über das Flußbett laufe. Dadurch, daß die Nebenflüsse des Carony, des Caura und des Ventuari einander so nahe liegen, kamen die Caraiben seit Jahrhunderten an den obern Orinoco. Banden dieses kriegerischen Handelsvolkes zogen vom Rio Carony über den Paragua an die Quellen des Paruspa. Ueber einen Trageplatz gelangten sie an den Chavarro, einen östlichen Nebenfluß des Caura; sie fuhren auf ihren Piroguen zuerst diesen Nebenfluß und dann den Caura selbst hinunter bis zur Mündung des Erevato. Nachdem sie diesen gegen Südwest hinaufgefahren, kamen sie drei Tagereisen weit über große Grasfluren und endlich über den Manipiare in den großen Rio Ventuari. Ich beschreibe diesen Weg so genau, nicht nur weil auf dieser Straße der Handel mit eingeborenen Sklaven betrieben wurde, sondern auch um die Männer, welche einst nach wiederhergestellter Ruhe Guyana regieren werden, auf die Wichtigkeit dieses Flußlabyrinths aufmerksam zu machen.

Auf vier Nebenflüssen des Orinoco, den größten unter denen, die von rechts her in diesen majestätischen Strom sich ergießen, auf dem Carony und dem Caura, dem Padamo und dem Ventuari, wird die europäische Cultur in das 10,600 Quadratmeilen große Wald- und Gebirgsland dringen, das der Orinoco gegen Nord, West und Süd umschlingt. Bereits haben Kapuziner aus Catalonien und Observanten aus Andalusien und Valencia Niederlassungen in den Thälern des Carony und des Caura gegründet; es war natürlich, daß an die Nebenflüsse des untern Orinoco, als die der Küste und dem angebauten Strich von Venezuela zunächst liegenden, Missionäre und mit ihnen einige Keime des gesellschaftlichen Lebens zuerst kamen. Bereits im Jahr 1797 zählten die Niederlassungen der Kapuziner am Carony 16,600 Indianer, die friedlich in Dörfern lebten. Am Rio Caura waren es zu jener Zeit unter der Obhut der Observanten, nach gleichfalls officiellen Zählungen, nur 640. Dieser Unterschied rührt daher, daß die sehr ausgedehnten Weiden am Carony, Upatu und Cuyuni von vorzüglicher Güte sind, und daß die Missionen der Kapuziner näher bei der Mündung des Orinoco und der Hauptstadt von Guyana liegen, aber auch vom innern Getriebe der Verwaltung, von der industriellen Rührigkeit und dem Handelsgeist der catalonischen Mönche. Dem Carony und Caura, die gegen Nord fließen, entsprechen zwei große Nebenflüsse des obern Orinoco, die gegen Süd herunter kommen, der Padamo und der Ventuari. Bis jetzt steht an ihren Ufern kein Dorf, und doch bieten sie für Ackerbau und Viehzucht günstige Verhältnisse, wie man sie im Thale des großen Stroms, in den sie sich ergießen, vergeblich suchen würde.

Wir brachen am 26. Mai Morgens vom kleinen Dorfe Santa Barbara auf, wo wir mehrere Indianer aus Esmeralda getroffen hatten, die der Missionär zu ihrem großen Verdruß hatte kommen lassen, weil er sich ein zweistockigtes Haus bauen wollte. Den ganzen Tag genossen wir der Aussicht auf die schönen Gebirge von Sipapo[51], die in 18 Meilen Entfernung gegen Nord-Nord-West sich hinbreiten. Die Vegetation an den Ufern des Orinoco ist hier ausnehmend mannigfaltig; Baumfarn kommen von den Bergen herunter und mischen sich unter die Palmen in der Niederung. Wir übernachteten auf der Insel Minisi und langten, nachdem wir an den Mündungen der kleinen Flüsse Quejanuma, Ubua und Masao vorübergekommen, am 27. Mai in San Fernando de Atabapo an. Vor einem Monat, auf dem Weg zum Rio Negro, hatten wir im selben Hause des Präsidenten der Missionen gewohnt. Wir waren damals gegen Süd, den Atabapo und Temi hinaufgefahren; jetzt kamen wir von West her nach einem weiten Umweg über den Cassiquiare und den obern Orinoco zurück. Während unserer langen Abwesenheit waren dem Präsidenten der Missionen über den eigentlichen Zweck unserer Reise, über mein Verhältniss zu den Mitgliedern des hohen Clerus in Spanien, über die Kenntniß des Zustandes der Missionen, die ich mir verschafft, bedeutende Bedenken aufgestiegen. Bei unserem Aufbruch nach Angostura, der Hauptstadt von Guyana, drang er in mich, ihm ein Schreiben zu hinterlassen, in dem ich bezeugte, daß ich die christlichen Niederlassungen am Orinoco in guter Ordnung angetroffen, und daß die Eingeborenen im Allgemeinen milde behandelt würden. Diesem Ansinnen des Superiors lag gewiß ein sehr löblicher Eifer für das Beste seines Ordens zu Grunde, nichts desto weniger setzte es mich in Verlegenheit. Ich erwiderte, das Zeugniß eines im Schooße der reformirten Kirche geborenen Reisenden könne in dem endlosen Streite, in dem fast überall in der neuen Welt weltliche und geistliche Macht mit einander liegen, doch wohl von keinem großen Gewichte seyn. Ich gab ihm zu verstehen, da ich zweihundert Meilen von der Küste, mitten in den Missionen und, wie die Cumaner boshaft sagen, *en el poder de los frayles* (in der Gewalt der Mönche) sey, möchte das Schreiben, das wir am Ufer des Atabapo mit einander abfaßten, wohl schwerlich als ein ganz freier Willensakt von meiner Seite angesehen werden. Der Gedanke, daß er einen Calvinisten gastfreundlich aufgenommen, erschreckte den Präsidenten nicht. Ich glaube allerdings, daß man vor meiner Ankunft schwerlich je einen in den Missionen des heiligen Franciscus gesehen hat; aber Unduldsamkeit kann man den Missionären in Amerika nicht zur Last legen. Die Ketzereien des alten Europa machen ihnen nicht zu schaffen, es müßte denn an den Grenzen von holländisch Guyana seyn, wo sich die Prädicanten auch mit dem Missionswesen abgeben. Der Präsident bestand nicht weiter auf der Schrift, die ich hätte unterzeichnen sollen, und wir benützten die wenigen Augenblicke, die wir noch beisammen waren, um den Zustand des Landes, und ob Aussicht sey, die Indianer an den Segnungen der Cultur theilnehmen zu lassen, freimüthig zu besprechen. Ich sprach mich stark darüber aus, wie viel Schaden die Entradas, die feindlichen Einfälle angerichtet, wie unbillig es sey, daß man die Eingeborenen der Früchte ihrer Arbeit so wenig genießen lasse, wie ungerechtfertigt, daß man sie zwinge, in Angelegenheiten, die sie nichts angehen, weite Reisen zu machen, endlich wie nothwendig es erscheine, den jungen Geistlichen, die berufen seyen, großen Gemeinden vorzustehen, in einem besondern Collegium einige Bildung zu geben. Der Präsident schien mich freundlich anzuhören; indessen glaube ich doch, er wünschte im Herzen (ohne Zweifel im Interesse der Naturwissenschaft), Leute, welche Pflanzen auflesen und das Gestein untersuchen, möchten sich nicht so vorlaut mit dem Wohl der kupferfarbigen Race und mit den Angelegenheiten der menschlichen Gesellschaft befassen. Dieser Wunsch ist in beiden Welten gar weit verbreitet; man begegnet ihm überall, wo der Gewalt bange ist, weil sie meint, sie stehe nicht auf festen Füßen.

Wir blieben nur einen Tag in San Fernando de Atabapo, obgleich dieses Dorf mit seinen schönen Pihiguao-Palmen[52] mit Pfirsichfrüchten uns ein köstlicher Aufenthalt schien. Zahme **Pauxis**[53] liefen um die Hütten der Indianer her. In einer derselben sahen wir einen sehr seltenen Affen, der am Guaviare lebt. Es ist dieß der **Caparro**, den ich in meinen *Observations de zoologie et d'anatomie comparée* bekannt gemacht, und der nach Geoffroy eine neue Gattung (*Lagothrix*) bildet, die zwischen den Atelen und den Alouatos in der Mitte steht. Der Pelz dieses Affen ist mardergrau und fühlt sich ungemein zart an. Der Caparro zeichnet sich ferner durch einen runden Kopf und einen sanften, angenehmen Gesichtsausdruck aus. Der Missionär Gili ist, glaube ich, der einzige Schriftsteller, der vor mir von diesem interessanten Thiere gesprochen hat, um das die Zoologen andere, und zwar brasilianische Affen zu gruppiren anfangen.

Am 27. Mai kamen wir von San Fernando mit der raschen Strömung des Orinoco in nicht ganz sieben Stunden zum Einfluß des Rio Mataveni. Wir brachten die Nacht unter freiem Himmel unterhalb des Granitfelsens *el castillito*[54] zu, der mitten aus dem Flusse aufsteigt und dessen Gestalt an den Mäusethurm im Rhein, Bingen gegenüber, erinnert. Hier wie an den Ufern des Atabapo fiel uns eine kleine Art Drosera auf, die ganz den Habitus der europäischen Drosera hat. Der Orinoco war in der Nacht beträchtlich gestiegen, und die bedeutend beschleunigte Strömung trug uns in zehn Stunden von der Mündung des Mataveni zum obern großen Katarakt, dem von Maypures oder Quittuna; der zurückgelegte Weg betrug 13 Meilen. Mit Interesse erinnerten wir uns der Orte, wo wir stromaufwärts übernachtet; wir trafen Indianer wieder, die uns beim Botanisiren begleitet, und wir besuchten nochmals die schöne Quelle, die hinter dem Hause des Missionärs aus einem geschichteten Granitfelsen kommt; ihre Temperatur hatte sich nicht um 0,3° verändert. Von der Mündung des Atabapo bis zu der des Apure war uns, als reisten wir in einem Land, in dem wir lange gewohnt. Wir lebten eben so schmal, wir wurden von denselben Mücken gestochen, aber die gewisse Aussicht, daß in wenigen Wochen unsere physischen Leiden ein Ende hätten, hielt uns aufrecht.

Der Transport der Pirogue über den großen Katarakt hielt uns in Maypures zwei Tage auf; Pater Bernardo Zea, der Missionär bei den Raudales, der uns an den Rio Negro begleitet hatte, wollte, obgleich leidend, uns mit seinen Indianern vollends nach Atures führen. Einer derselben, **Zerepe**, der Dolmetscher, den man auf dem Strande von Pararuma so unbarmherzig geprügelt,[55] fiel uns durch seine tiefe Niedergeschlagenheit auf. Wir hörten, er habe die Indianerin verloren, mit der er verlobt gewesen, und zwar in Folge einer falschen Nachricht, die über die Richtung unserer Reise in Umlauf gekommen. Zerepe war in Maypures geboren, aber bei seinen Eltern vom Stamme der Macos im Walde erzogen. Er hatte in die Mission ein zwölfjähriges Mädchen mitgebracht, das er nach unserer Rückkehr zu den Katarakten zum Weibe nehmen wollte. Das Leben in den Missionen behagte der jungen Indianerin schlecht, denn man hatte ihr gesagt, die Weißen gehen ins Land der Portugiesen (nach Brasilien) und nehmen Zerepe mit. Da es ihr nicht ging, wie sie gehofft, bemächtigte sie sich eines Canoe, fuhr mit einem andern Mädchen vom selben Alter durch den Raudal und lief *al monte* zu den Ihrigen. Dieser kecke Streich war die Tagesneuigkeit; Zerepes Niedergeschlagenheit hielt übrigens nicht lange an. Er war unter Christen geboren, er war bis zur Schanze am Rio Negro gekommen, er verstand Spanisch und die Sprache der Macos, und dünkte sich weit erhaben über die Leute seines Stammes; wie hätte er da nicht ein Mädchen vergessen sollen, das im Walde aufgewachsen?

Am 31. Mai fuhren wir über die Stromschnellen der Guahibos und bei Garcita. Die Inseln mitten im Strom glänzten im herrlichsten Grün. Der winterliche Regen hatte die Blumenscheiden der Vadgiai-Palmen entwickelt, deren Blätter gerade himmelan stehen.[56] Man wird nicht müde, Punkte zu betrachten, wo Baum und Fels der Landschaft den großartigen, ernsten Charakter geben, den man auf dem Hintergrund von Titians und Poussins Bildern bewundert. Kurz vor Sonnenuntergang stiegen wir am östlichen Ufer des Orinoco, beim **Puerto de la Expedicion**, ans Land, und zwar um die Höhle von Ataruipe zu besuchen, von der oben die Rede war,[57] und wo ein ganzer ausgestorbener Volksstamm seine Grabstätte zu haben scheint. Ich versuche diese bei den Eingeborenen vielberufene Höhle zu beschreiben.

Man ersteigt mühsam und nicht ganz gefahrlos einen steilen, völlig kahlen Granitfelsberg. Man könnte auf der glatten, stark geneigten Fläche fast unmöglich Fuß fassen, wenn nicht große Feldspathkrystalle, welche nicht so leicht verwittern, hervorständen und Anhaltspunkte böten. Auf dem Gipfel des Berges angelangt, erstaunten wir über den außerordentlichen Anblick des

Landes in der Runde. Ein Archipel mit Palmen bewachsener Inseln füllt das schäumende Strombett. Westwärts, am linken Ufer des Orinoco, breiten sich die Savanen am Meta und Casanare hin, wie eine grüne See, deren dunstiger Horizont von der untergehenden Sonne beleuchtet war. Das Gestirn, das wie ein Feuerball über der Ebene hing, der einzeln stehende Spitzberg Uniana, der um so höher erschien, da seine Umrisse im Dunst verschwammen, alles wirkte zusammen, die großartige Scenerie noch erhabener zu machen. Wir sahen zunächst in ein tiefes, ringsum geschlossenes Thal hinunter. Raubvögel und Ziegenmelker schwirrten einzeln durch den unzugänglichen Circus. Mit Vergnügen verfolgten wir ihre flüchtigen Schatten, wie sie langsam an den Felswänden hinglitten.

Ueber einen schmalen Grat gelangten wir auf einen benachbarten Berg, auf dessen abgerundetem Gipfel ungeheure Granitblöcke lagen. Diese Massen haben 40 bis 50 Fuß Durchmesser und sind so vollkommen kugelförmig, daß man, da sie nur mit wenigen Punkten den Boden zu berühren schienen, meint, beim geringsten Stoß eines Erdbebens müßten sie in die Tiefe rollen. Ich erinnere mich nicht, unter den Verwitterungserscheinungen des Granits irgendwo etwas Aehnliches gesehen zu haben. Lägen die Kugeln auf einer andern Gebirgsart, wie die Blöcke im Jura, so könnte man meinen, sie seyen im Wasser gerollt oder durch den Stoß eines elastischen Fluidums hergeschleudert; da sie aber auf einem Gipfel liegen, der gleichfalls aus Granit besteht, so ist wahrscheinlicher, daß sie von allmähliger Verwitterung des Gesteins herrühren.

Zu hinterst ist das Thal mit dichtem Wald bedeckt. An diesem schattigen, einsamen Ort, am steilen Abhang eines Berges, ist der Eingang der Höhle von Ataruipe. Es ist übrigens nicht sowohl eine Höhle, als ein vorspringender Fels, in dem die Gewässer, als sie bei den alten Umwälzungen unseres Planeten so weit herausreichten, ein weites Loch ausgewaschen haben. In dieser Grabstätte einer ganzen ausgestorbenen Völkerschaft zählten wir in kurzer Zeit gegen 600 wohlerhaltene und so regelmäßig vertheilte Skelette, daß man sich hinsichtlich ihrer Zahl nicht leicht hätte irren können. Jedes Skelett liegt in einer Art Korb aus Palmblattstielen. Diese Körbe, von den Eingeborenen **Mapires** genannt, bilden eine Art viereckigter Säcke. Ihre Größe entspricht dem Alter der Leichen; es gibt sogar welche für Kinder, die während der Geburt gestorben. Sie wechseln in der Länge von 10 Zoll bis 3 Fuß 4 Zoll. Die Skelette sind alle zusammengebogen und so vollständig, daß keine Rippe, kein Fingerglied fehlt. Die Knochen sind auf dreierlei Weisen zubereitet, entweder an Luft und Sonne gebleicht, oder mit **Onoto**, dem Farbstoff der Bixa Orellana, roth gefärbt, oder mumienartig zwischen wohlriechenden Harzen in Heliconia- und Bananenblätter eingeknetet. Die Indianer erzählten uns, man lege die frische Leiche in die feuchte Erde, damit sich das Fleisch allmählig verzehre. Nach einigen Monaten nehme man sie wieder heraus und schabe mit scharfen Steinen den Rest des Fleisches von den Knochen. Mehrere Horden in Guyana haben noch jetzt diesen Brauch. Neben den »Mapires« oder Körben sieht man Gefäße von halb gebranntem Thon, welche die Gebeine einer ganzen Familie zu enthalten schienen. Die größten dieser Graburnen sind 3 Fuß hoch und 4 Fuß 3 Zoll lang. Sie sind graugrün, oval, von ganz gefälligem Ansehen, mit Henkeln in Gestalt von Krokodilen und Schlangen, am Rand mit Mäandern, Labyrinthen und mannigfach combinirten geraden Linien geschmückt. Dergleichen Malereien kommen unter allen Himmelsstrichen vor, bei allen Völkern, mögen sie geographisch und dem Grade der Cultur nach noch so weit auseinanderliegen. Die Bewohner der kleinen Mission Maypures bringen sie noch jetzt auf ihrem gemeinsten Geschirr an; sie zieren die Schilder der Tahitier, das Fischergeräthe der Eskimos, die Wände des mexicanischen Palastes in Mitla und die Gefäße Großgriechenlands. Ueberall schmeichelt eine rhythmische Wiederholung derselben Formen dem Auge, wie eine taktmäßige Wiederkehr von Tönen dem Ohre. Aehnlichkeiten, welche im innersten Wesen unserer Empfindungen, in unserer natürlichen Geistesanlage ihren Grund haben, sind wenig geeignet, über die Verwandtschaft und die alten Verbindungen der Völker Licht zu verbreiten.

Hinsichtlich der Zeit, aus der sich die Mapires und die bemalten Gefäße in der Knochenhöhle von Ataruipe herschreiben, konnten wir uns keine bestimmte Vorstellung bilden. Die meisten schienen nicht über hundert Jahre alt, da sie aber vor jeder Feuchtigkeit geschützt und in sehr gleichförmiger Temperatur sind, so wären sie wohl gleich gut erhalten, wenn sie auch aus weit früherer Zeit herrührten. Nach einer Sage der Guahibos-Indianer flüchteten sich die kriegerischen Atures, von den Caraiben verfolgt, auf die Felsen mitten in den großen Katarakten, und hier erlosch nach und nach diese einst so zahlreiche Nation und mit ihr die Sprache. Noch im Jahre 1767, zur Zeit des Missionärs Gili, lebten die letzten Familien derselben; auf unserer Reise zeigte man in Maypures ein sonderbares Faktum: einen alten Papagai, von dem die Einwohner behaupten, »man verstehe ihn nicht, weil er aturisch spreche«.

Wir öffneten, zum großen Aergerniß unserer Führer, mehrere Mapires, um die Schädelbildung genau zu untersuchen. Alle zeigten den Topus der amerikanischen Race; nur zwei oder drei näherten sich dem kaukasischen. Wir haben oben erwähnt,[58] daß man mitten in den« Katarakten, an den unzugänglichsten Orten eisenbeschlagene Kisten mit europäischen Werkzeugen, mit Resten von Kleidungsstücken und Glaswaaren findet. Diese Sachen, die zu den abgeschmacktesten Gerüchten, als hätten die Jesuiten dort ihre Schätze versteckt, Anlaß gegeben, gehörten wahrscheinlich portugiesischen Handelsleuten, die sich in diese wilden Länder herausgewagt. Läßt sich nun wohl auch annehmen, daß die Schädel von europäischer

Bildung, die wir unter den Skeletten der Eingeborenen und eben so sorgfältig aufbewahrt gefunden, portugiesischen Reisenden angehörten, die hier einer Krankheit Unterlagen oder im Kampfe erschlagen worden? Der Widerwillen der Eingeborenen gegen Alles, was nicht ihres Stammes ist, macht dieß nicht wahrscheinlich; vielleicht hatten sich Mestizen, die aus den Missionen am Meta und Apure entlaufen, an den Katarakten niedergelassen und Weiber aus dem Stamme der Atures genommen. Dergleichen Verbindungen kommen in dieser Zone zuweilen vor, freilich nicht so häufig wie in Canada und in Nordamerika überhaupt, wo Jäger europäischer Abkunft unter die Wilden gehen, ihre Sitten annehmen und es oft zu großem Ansehen unter ihnen bringen.

Wir nahmen aus der Höhle von Ataruipe mehrere Schädel, das Skelett eines Kindes von sechs bis sieben Jahren und die Skelette zweier Erwachsenen von der Nation der Atures mit. Alle diese zum Theil roth bemalten, zum Theil mit Harz überzogenen Gebeine lagen in den oben beschriebenen Körben (*Mapires* oder *Canastos*). Sie machten fast eine ganze Maulthierladung aus, und da uns der abergläubische Widerwillen der Indianer gegen einmal beigesetzte Leichen wohl bekannt war, hatten wir die »Canastos« in frisch geflochtene Matten einwickeln lassen. Bei dem Spürsinn der Indianer und ihrem feinen Geruch half aber diese Vorsicht leider zu nichts. Ueberall, wo wir in den Missionen der Caraiben, auf den Llanos zwischen Angostura und Nueva Barcelona Halt machten, liefen die Eingeborenen um unsere Maulthiere zusammen, um die Affen zu bewundern, die wir am Orinoco gekauft. Kaum aber hatten die guten Leute unser Gepäcke angerührt, so prophezeiten sie, daß das Lastthier, »das den Todten trage,« zu Grund gehen werde. Umsonst versicherten wir, sie irren sich, in den Körben seyen Krokodil- und Seekuhknochen; sie blieben dabei, sie riechen das Harz, womit die Skelette überzogen seyen, und »das seyen ihre alten Verwandten.« Wir mußten die Autorität der Mönche in Anspruch nehmen, um des Widerwillens der Eingeborenen Herr zu werden und frische Maulthiere zu bekommen. Einer der Schädel, den wir aus der Höhle von Ataruipe mitgenommen, ist in meines alten Lehrers Blumenbach schönem Werke über die Varietäten des Menschengeschlechts gezeichnet; aber die Skelette der Indianer gingen mit einem bedeutenden Theil unserer Sammlungen an der Küste von Afrika bei einem Schiffbruch verloren, der unserem Freund und Reisegefährten, Fray Juan Gonzales,[59] einem jungen Franciskaner, das Leben kostete.

Schweigend gingen wir von der Höhle von Ataruipe nach Hause. Es war eine der stillen, heitern Nächte, welche im heißen Erdstrich so gewöhnlich sind. Die Sterne glänzten in mildem, planetarischem Licht. Ein Funkeln war kaum am Horizont bemerkbar,[60] den die großen Nebelflecken der südlichen Halbkugel zu beleuchten schienen. Ungeheure Insektenschwärme verbreiteten ein röthliches Licht in der Luft. Der dicht bewachsene Boden glühte von lebendigem Feuer, als hätte sich die gestirnte Himmelsdecke auf die Grasflur niedergesenkt. Vor der Höhle blieben wir noch öfters stehen und bewunderten den Reiz des merkwürdigen Orts. Duftende Vanille und Gewinde von Bignonien schmücken den Eingang, und darüber, auf der Spitze des Hügels, wiegten sich säuselnd die Schafte der Palmen.

Wir gingen an den Fluß hinab und schlugen den Weg zur Mission ein, wo wir ziemlich spät in der Nacht eintrafen. Was wir gesehen, hatte starken Eindruck auf unsere Einbildungskraft gemacht. In einem Lande, wo einem die menschliche Gesellschaft als eine Schöpfung der neuesten Zeit erscheint, hat Alles, was an eine Vergangenheit erinnert, doppelten Reiz. Sehr alt waren nun hier die Erinnerungen nicht; aber in Allem, was Denkmal heißt, ist das Alter nur ein relativer Begriff, und leicht verwechseln wir alt und räthselhaft. Den Egyptern erschienen die geschichtlichen Erinnerungen der Griechen gar jung; hätten die Chinesen, oder wie sie sich selbst lieber nennen, die Bewohner des »himmlischen Reichs,« mit den Priestern von Heliopolis verkehren können, so hätten sie wohl zu den Ansprüchen der alten Egypter gelacht. Ebenso auffallende Gegensätze finden sich im nördlichen Europa und Asien, in der neuen Welt, überall, wo die Menschheit sich auf ihr eigenes Leben nicht weit zurückbesinnt. Auf der Hochebene von Anahuac reicht die älteste geschichtliche Begebenheit, die Wanderung der Tolteken, nicht über das sechste Jahrhundert unserer Zeitrechnung hinauf. Die unentbehrlichen Grundlagen einer genauen Zeitrechnung, ein gutes Schaltsystem, überhaupt die Kalenderreform stammen aus dem Jahr 1091. Diese Zeitpunkte, die uns so nahe scheinen, fallen in fabelhafte Zeiten, wenn wir auf die Geschichte unseres Geschlechts zwischen Orinoco und Amazonenfluß blicken. Wir finden dort auf Felsen symbolische Bilder, aber keine Sage gibt über ihren Ursprung Aufschluß. Im heißen Striche von Guyana kommen wir nicht weiter zurück als zu der Zeit, wo castilianische und portugiesische Eroberer, und später friedliche Mönche unter den barbarischen Völkerschaften auftraten.

Nordwärts von den Katarakten, am Engpaß beim Baraguan, scheint es ähnliche, mit Knochen gefüllte Höhlen zu geben, wie die oben beschriebenen. Ich hörte dieß erst nach meiner Rückkehr, und die indianischen Steuerleute sagten uns nichts davon, als wir im Engpaß anlegten. Diese Gräber haben ohne Zweifel Anlaß zu einer Sage der Otomaken gegeben, nach der die einzeln stehenden Granitfelsen am Baraguan, die sehr seltsame Gestalten zeigen, die **Großväter**, die **alten Häuptlinge** des Stammes sind. Der Brauch, das Fleisch sorgfältig von den Knochen zu trennen, der im Alterthum bei den Massageten herrschte, hat sich bei mehreren Horden am Orinoco erhalten. Man behauptet sogar, und es ist ganz wahrscheinlich, die Guaraons legen die Leichen in Netzen ins Wasser, wo dann die kleinen Caraibenfische[61] die »Serra-Solmes,« die wir überall in ungeheurer Menge antrafen, in wenigen Tagen das Muskelfleisch verzehren und das Skelett »präpariren.« Begreiflich ist solches nur an Orten thunlich, wo es nicht viele Krokodile gibt. Manche Stämme, z. B. die Tamanaken, haben den Brauch, die Felder des Verstorbenen zu verwüsten und die Bäume, die er gepflanzt, umzuhauen. Sie sagen, »Dinge sehen zu müssen, die Eigenthum ihrer Angehörigen gewesen, mache sie traurig«. Sie vernichten das Andenken lieber, als daß sie es erhalten. Diese indianische Empfindsamkeit wirkt sehr nachtheilig auf den Landbau, und die Mönche widersetzen sich mit Macht den abergläubischen Gebräuchen, welche die zum Christenthum bekehrten Eingeborenen in den Missionen beibehalten.

Die indianischen Gräber am Orinoco sind bis jetzt nicht gehörig untersucht worden, weil sie keine Kostbarkeiten enthalten wie die in Peru, und weil man jetzt an Ort und Stelle an die früheren Mähren vom Reichthum der alten Einwohner des **Dorado** nicht mehr glaubt. Der Golddurst geht aller Orten dem Trieb zur Belehrung und dem Sinn für die Erforschung des Alterthums voraus. Im gebirgigen Theil von Südamerika, von Merida und Santa Maria bis zu den Hochebenen von Quito und Ober-Peru hat man bergmännisch nach Gräbern, oder wie es die Creolen mit einem verdorbenen Worte der Incasprache nennen, nach **Guacas** gesucht. Ich war an der Küste von Peru, in Manciche, in der **Guaca** von Toledo, aus der man Goldmassen erhoben hat, die im sechzehnten Jahrhundert fünf Millionen Livres Tournois werth waren.[62] Aber in den Höhlen, die seit den ältesten Zeiten den Eingeborenen in Guyana als Grabstätten dienen, hat man nie eine Spur von kostbaren Metallen entdeckt. Aus diesem Umstand geht hervor, daß auch zur Zeit, wo die Caraiben und andere Wandervölker gegen Südwest Streifzüge unternahmen, das Gold nur in ganz unbedeutender Menge von den Gebirgen von Peru den Niederungen im Osten zufloß.

Ueberall, wo sich im Granit nicht die großen Höhlungen finden, wie sie sich durch die Verwitterung des Gesteins oder durch die Aufeinanderthürmung der Blöcke bilden, bestatten die Indianer den Leichnam in die Erde. Die Hängematte (*chinchorro*), eine Art Netz, worin der Verstorbene im Leben geschlafen, dient ihm als Sarg. Man schnürt dieses Netz fest um den Körper zusammen, gräbt ein Loch in der Hütte selbst und legt den Todten darin nieder. Dieß ist nach dem Bericht des Missionärs Gili und nach dem, was ich aus Pater Zeas Munde weiß, das gewöhnliche Verfahren. Ich glaube nicht, daß es in ganz Guyana einen Grabhügel gibt, nicht einmal in den Ebenen am Cassiquiare und Essequebo. In den Savanen von Varinas[63] dagegen, wie in Canada westlich von den Aleghanis,[64] trifft man welche an. Es erscheint übrigens ziemlich auffallend, daß die Eingeborenen am Orinoco, trotz des Ueberflusses an Holz im Lande, so wenig als die alten Scythen ihre Todten verbrennen. Scheiterhaufen errichten sie nur nach einem Gefechte, wenn der Gebliebenen sehr viele sind. So verbrannten die Parecas im Jahr 1748 nicht allein die Leichen ihrer Feinde, der Tamanaken, sondern auch die der Ihrigen, die auf dem Schlachtfelde geblieben. Wie alle Völker im Naturstande haben auch die Indianer in Südamerika die größte Anhänglichkeit an die Orte, wo die Gebeine ihrer Völker ruhen. Dieses Gefühl, das ein großer Schriftsteller in einer Episode der **Atala** so rührend schildert, hat sich in seiner vollen ursprünglichen Stärke bei den Chinesen erhalten. Diese Menschen, bei denen Alles Kunstprodukt, um nicht zu sagen Ausfluß einer uralten Cultur ist, wechseln nie den Wohnort, ohne die Gebeine ihrer Ahnen mit sich zu führen. An den Ufern der großen Flüsse sieht man Särge stehen, die mit dem Hausrath der Familie zu Schiff in eine ferne Provinz wandern sollen. Dieses Mitsichführen der Gebeine, das früher unter den nordamerikanischen Wilden noch häufiger war, kommt bei den Stämmen in Guyana nicht vor. Diese sind aber auch keine Nomaden, wie Völker, die ausschließlich von der Jagd leben.

In der Mission Atures verweilten wir nur, bis unsere Pirogue durch den großen Katarakt geschafft war. Der Boden unseres kleinen Fahrzeugs war so dünn geworden, daß große Vorsicht nöthig war, damit er nicht sprang. Wir nahmen Abschied vom Missionär Bernardo Zea, der in Atures blieb, nachdem er zwei Monate lang unser Begleiter gewesen und alle unsere Beschwerden getheilt hatte. Der arme Mann hatte immer noch seine alten Anfälle von Tertianfieber, aber sie waren für ihn ein gewohntes Uebel geworden und er achtete wenig mehr darauf. Bei unserem zweiten Aufenthalt in Atures herrschten daselbst andere gefährlichen Fieber. Die Mehrzahl der Indianer war an die Hängematte gefesselt, und um etwas Cassavebrod (das unentbehrlichste Nahrungsmittel hier zu Lande) mußten wir zum unabhängigen, aber nahebei wohnenden Stamme der Piraoas schicken. Bis jetzt blieben wir von diesen bösartigen Fiebern verschont, die ich nicht immer für ansteckend halte.

Wir wagten es, in unserer Pirogue durch die letzte Hälfte des Raudals von Atures zu fahren. Wir stiegen mehreremale aus und kletterten auf die Felsen, die wie schmale Dämme die Inseln unter einander verbinden. Bald stürzen die Wasser über die Dämme weg, bald fallen sie mit dumpfem Getöse in das Innere derselben. Wir fanden ein betrachtliches Stück des Orinoco trocken gelegt, weil sich der Strom durch unterirdische Canäle einen Weg gebrochen hat. An diesen einsamen Orten nistet dass Felshuhn mit goldigem Gefieder (*Pipra rupicola*), einer der schönsten tropischen Vögel. Wir hielten uns im **Raudalito** von Canucari auf, der durch ungeheure, auf einander gethürmte Granitblöcke gebildet wird. Diese Blöcke, worunter Sphäroide von 5 bis 6 Fuß Durchmesser, sind so über einander geschoben, daß sie geräumige Höhlen bilden. Wir gingen in eine derselben, um Conserven zu pflücken, womit die Spalten und die nassen Felswände bekleidet waren. Dieser Ort bot eines der merkwürdigsten Naturschauspiele, die wir am Orinoco gesehen.

Ueber unsern Köpfen rauschte der Strom weg,[65] und es brauste, wie wenn das Meer sich an Klippen bricht; aber am Eingang der Höhle konnte man trocken hinter einer breiten Wassermasse stehen, die sich im Bogen über den Steindamm stürzte. In andern tieferen, aber nicht so großen Höhlen war das Gestein durch lang dauernde Einsickerung durchbohrt. Wir sahen 8 bis 9 Zoll dicke Wassersäulen von der Decke des Gewölbes herabkommen und durch Spalten entweichen, die auf weite Strecken zusammenzuhängen schienen.

Die Wasserfälle in Europa, die aus einem einzigen Sturz oder aus mehreren dicht hinter einander bestehen, können keine so mannigfaltigen Landschaftsbilder erzeugen. Diese Mannigfaltigkeit kommt nur »Stromschnellen« zu, wo auf mehrere Seemeilen weit viele kleine Fälle in einer Reihe hinter einander liegen, Flüssen, die sich über Felsdämme und durch aufgethürmte Blöcke Bahn brechen. Wir genossen des Anblicks dieses außerordentlichen Naturbildes länger, als uns lieb war. Unser Canoe sollte am östlichen Ufer einer schmalen Insel hinfahren und uns nach einem weiten Umweg wieder aufnehmen. Wir warteten anderthalb Stunden vergeblich. Die Nacht kam heran und mit ihr ein furchtbares Gewitter; der Regen goß in Strömen herab. Wir fürchteten nachgerade, unser schwaches Fahrzeug möchte an den Felsen zerschellt seyn, und die Indianer mit ihrer gewöhnlichen Gleichgültigkeit beim Ungemach Anderer sich auf den Weg zur Mission gemacht haben. Wir waren nur unser drei; stark durchnäßt und voll Sorge um unsere Pirogue bangten wir vor der Aussicht, eine lange Aequinoctialnacht schlaflos im Lärm der Raudales zuzubringen. Bonpland faßte den Entschluß, mich mit Don Nicolas Sotto[66] der Insel zu lassen und über die Flußarme zwischen den Granitdämmen zu schwimmen. Er hoffte den Wald erreichen und in der Mission bei Pater Zea Beistand holen zu können. Nur mit Mühe hielten wir ihn von diesem gewagten Beginnen ab. Er war unbekannt mit dem Labyrinth von Wasserrinnen, in die der Orinoco zerschlagen ist und in denen meist starke Wirbel sind. Und was jetzt, da wir eben über unsere Lage berathschlagten, unter unsern Augen vorging, bewies hinreichend, daß die Indianer fälschlich behauptet hatten, in den Katarakten gebe es keine Krokodile. Die kleinen Affen, die wir seit mehreren Monaten mit uns führten, hatten wir auf die Spitze unserer Insel gestellt; vom Gewitterregen durchnäßt und für die geringste Wärmeabnahme empfindlich, wie sie sind, erhoben die zärtlichen Thiere ein klägliches Geschrei und lockten damit zwei nach ihrer Größe und ihrer bleigrauen Farbe sehr alte Krokodile herbei. Bei dieser unerwarteten Erscheinung war uns der Gedanke, daß wir bei unserm ersten Aufenthalt in Atures mitten im Raudal gebadet, eben nicht behaglich. Nach langem Warten kamen die Indianer endlich, als schon der Tag sich neigte. Die Staffel, über die sie hatten herab wollen, um die Insel zu umfahren, war wegen zu seichten Wassers nicht fahrbar, und der Steuermann hatte im Gewirre von Felsen und kleinen Inseln lange nach einer besseren Durchfahrt suchen müssen. Zum Glück war unsere Pirogue nicht beschädigt, und in weniger als einer halben Stunde waren unsere Instrumente, unsere Mundvorräthe und unsere Thiere eingeschifft.

Wir fuhren einen Theil der Nacht durch, um unser Nachtlager wieder auf der Insel Panumana aufzuschlagen· Mit Vergnügen erkannten wir die Plätze wieder, wo wir bei der Fahrt den Orinoco hinauf botanisirt hatten. Wir untersuchten noch einmal am Ufer die kleine Sandsteinformation, die unmittelbar dem Granit aufgelagert ist. Das Vorkommen ist dasselbe wie beim Sandstein, den mein unglücklicher Landsmann Burckhardt an der Grenze von Nubien dem Granit von Syene aufgelagert gesehen hat. Wir fuhren, ohne sie zu betreten, an der neuen Mission San Borja vorüber und hörten einige Tage darauf mit Bedauern, die kleine Colonie von Guahibos-Indianern sey *al monte* gelaufen, da sie sich eingebildet, wir wollen sie fortschleppen und als Poitos, das heißt als Sklaven verkaufen.[67] Nachdem wir durch die Stromschnellen Tabaje und den Raudal Cariven am Einfluß des großen Rio Meta gegangen, langten wir wohlbehalten in Carichana an. Der Missionär, Fray Jose Antonio de Torre, nahm uns mit der herzlichen Gastfreundschaft auf, die er uns schon bei unserem ersten Aufenthalt hatte zu Theil werden lassen. Zu astronomischen Beobachtungen war der Himmel nicht günstig; in den großen Kataraktcn hatten wir wieder welche gemacht, aber von dort bis zum Einfluß des Apure mußte man darauf verzichten. In Carichana konnte Bonpland zu seiner Befriedigung eine neun Fuß lange Seekuh seciren. Es war ein Weibchen und ihr Fleisch glich dem Rindfleisch. Ich habe oben vom Fang dieses grasfressenden Wassersäugethiers gesprochen.[68] Die Piraoas, von denen einige Familien in der Mission Carichana leben, verabscheuen dieses Thier so sehr, daß sie sich versteckten um es nicht anrühren zu müssen, als es in unsere Hütte geschafft wurde. Sie behaupten, »die Leute ihres Stammes sterben unfehlbar, wenn sie davon essen«. Dieses Vorurtheil ist desto auffallender, da die Nachbarn der Pitaoas, die Guamos und Otomacos, nach dem Seekuhfleisch sehr lüstern sind. Wir werden bald sehen, daß in diesem Gewirre von Völkerschaften das Fleisch des Krokodils bald verabscheut, bald stark gesucht ist.

Ich erwähne hier eines wenig bekannten Umstandes, als Beitrag zur Geschichte der Seekuh. Südlich vom Meerbusen von Xagua auf Cuba, mehrere Seemeilen von der Küste, sind Quellen süßen Wassers mitten im Meer. Man erklärt sich dieselben aus einem hydrostatischen Druck von den hohen Gebirgen von Trinidad herab durch unterirdische Canäle. Kleine Fahrzeuge nehmen in diesem Strich zuweilen Wasser ein, und was sehr merkwürdig ist, große Seekühe halten sich dort auf. Ich habe die Forscher bereits darauf aufmerksam gemacht, daß die Krokodile aus den Flußmündungen weit in die See hinausgehen. Bei den alten Umwälzungen unseres Planeten mögen ähnliche Umstände das sonderbare Gemenge von

Knochen und von Versteinerungen, die der See, und solchen, die dem süßen Wasser angehören, wie es in manchen neuen Formationen vorkommt, verursacht haben.

Der Aufenthalt in Carichana kam uns sehr zu statten, um uns von unsern Strapazen zu erholen. Bonpland trug den Keim einer schweren Krankheit in sich; er hätte dringend der Ruhe bedurft, da aber das **Nebenfluß-Delta**[69] zwischen dem Horeda und dem Paruasi mit dem üppigsten Pflanzenwuchse bedeckt ist, konnte er der Lust nicht widerstehen, große botanische Excursionen zu machen, und wurde den Tag über mehrere male durchnäßt. Im Hause des Missionärs wurde für alle unsere Bedürfnisse zuvorkommend gesorgt; man verschaffte uns Maismehl, sogar Milch. Die Kühe geben in den Niederungen der heißen Zone reichlich Milch, und es fehlt nirgends daran, wo es gute Weiden gibt. Ich erwähne dieß ausdrücklich, weil in Folge örtlicher Verhältnisse im indischen Archipelagus das Vorurtheil verbreitet ist, als ob ein heißes Klima auf die Milchabsonderung ungünstig wirkte. Es begreift sich, daß die Eingeborenen des neuen Continents sich aus der Milch nicht viel machen, da das Land ursprünglich keine Thiere hatte, welche Milch geben; aber billig wundert man sich, daß die ungeheure chinesische Bevölkerung, die doch großentheils außerhalb der Tropen unter denselben Breiten wie die nomadischen Stämme in Centralasien lebt, eben so gleichgültig dagegen ist. Wenn die Chinesen einmal ein Hirtenvolk waren, wie geht es zu, daß sie Sitten und einem Geschmack, die ihrem früheren Zustande so ganz angemessen sind, ungetreu geworden? Diese Fragen scheinen mir von großer Bedeutung sowohl für die Geschichte der Völker von Ostasien als hinsichtlich der alten Verbindungen die, wie man glaubt, zwischen diesem Welttheil und dem nördlichen Mexico stattgefunden haben können.

Wir fuhren in zwei Tagen den Orinoco von Carichana zur Mission Uruana hinab, nachdem wir wieder durch den vielberufenen Engpaß beim Baraguan gegangen[70] Wir hielten öfters an, um die Geschwindigkeit des Stroms und seine Temperatur an der Oberfläche zu messen. Letztere betrug 27°4, die Geschwindigkeit 2 Fuß in der Secunde (62 Toisen in 3 Minuten 6 Secunden), an Stellen, wo das Bett des Orinoco über 12,000 Fuß breit und 10 bis 12 Faden tief war. Der Fall des Flusses ist allerdings von den Katarakten bis Angostura höchst unbedeutend,[71] und ohne barometrische Messung ließe sich der Höhenunterschied ungefähr schätzen, wenn man von Zeit zu Zeit die Geschwindigkeit und die Breite und Tiefe des Stromstücks mäße. In Uruana konnten wir einige Sternbeobachtungen machen. Ich fand die Breite der Mission gleich 7°8', da aber die verschiedenen Sterne abweichende Resultate gaben, blieb sie um mehr als eine Minute unsicher. Die Moskitoschicht am Boden war so dicht, daß ich mit dem Richten des künstlichen Horizonts nicht fertig werden konnte, und ich bedauerte, nicht mit einem Quecksilberhorizont versehen zu seyn. Am 7. Juni erhielt ich durch gute absolute Sonnenhöhen eine Länge von 69°40'. Seit Esmeralda waren wir um 1 Grad 17 Minuten gegen West vorgerückt, und diese chronometrische Bestimmung verdient volles Zutrauen, weil wir auf dem Hin- und dem Herweg, in den großen Katarakten und an den Mündungen des Atabapo und des Apure beobachtet hatten.

Die Mission Uruana ist ungemein malerisch gelegen; das kleine indianische Dorf lehnt sich an einen hohen Granitberg. Ueberall steigen Felsen wie Pfeiler über dem Walde auf und ragen über die höchsten Baumwipfel empor. Nirgends nimmt sich der Orinoco majestätischer aus als bei der Hütte des Missionärs Fray Ramon Bueno. Er ist hier über 2600 Toisen breit und läuft gerade gegen Ost, ohne Krümmung, wie ein ungeheurer Canal. Durch zwei lange, schmale Inseln (*Isla de Uruana* und *Isla vieja de la Manteca*) wird das Flußbett noch ausgedehnter; indessen laufen die Ufer parallel und man kann nicht sagen, der Orinoco theile sich in mehrere Arme.

Die Mission ist von Otomacos bewohnt, einem versunkenen Stamm, an dem man eine der merkwürdigsten physiologischen Erscheinungen beobachtet. Die Otomaken essen Erde, das heißt sie verschlingen sie mehrere Monate lang täglich in ziemlich bedeutender Menge, um den Hunger zu beschwichtigen, ohne daß ihre Gesundheit dabei leidet. Diese unzweifelhafte Thatsache hat seit meiner Rückkehr nach Europa lebhaften Widerspruch gefunden, weil man zwei ganz verschiedene Sätze: **Erde essen**, und **sich von Erde nähren**, zusammenwarf. Wir konnten uns zwar nur einen einzigen Tag in Uruana aufhalten, aber dieß reichte hin, um die Bereitung der **Poya** (der Erdkugeln) kennen zu lernen, die Vorräthe, welche die Eingeborenen davon angelegt, zu untersuchen und die Quantität Erde, die sie in 24 Stunden verschlingen, zu bestimmen. Uebrigens sind die Otomaken nicht das einzige Volk am Orinoco, bei dem Thon für ein Nahrungsmittel gilt. Auch bei den Guamos findet man Spuren von dieser Verirrung des Nahrungstriebs, und zwischen den Einflüssen des Meta und des Apure spricht Jedermann von der **Geophagie** als von etwas Altbekanntem. Ich theile hier nur mit, was wir mit eigenen Augen gesehen oder aus dem Munde des Missionärs vernommen, den ein schlimmes Geschick dazu verurtheilt hat, zwölf Jahre unter dem wilden, unruhigen Volke der Otomaken zu leben.

Die Einwohner von Uruana gehören zu den **Savanenvölkern** (*Indios andantes*), die schwerer zu civilisiren sind als die **Waldvölker** (*Indios del monte*), starke Abneigung gegen den Landbau haben und fast ausschließlich von Jagd und Fischfang leben. Es sind Menschen von sehr starkem Körperbau, aber häßlich, wild, rachsüchtig, den gegohrenen Getränken leidenschaftlich ergeben. Sie sind im höchsten Grad »omnivore Thiere«; die andern Indianer, die sie als Barbaren ansehen, sagen daher auch, »nichts sey so ekelhaft, das ein Otomake nicht esse.« So lange das Wasser im Orinoco und seinen Nebenflüssen tief steht, leben die Otomaken von Fischen und Schildkröten.

Sie schießen jene mit überraschender Fertigkeit mit Pfeilen, wenn sie sich an der Wasserfläche blicken lassen. Sobald die Anschwellungen der Flüsse erfolgen, die man in Südamerika wie in Aegypten und Nubien irrthümlich dem Schmelzen des Schnees zuschreibt, und die in der ganzen heißen Zone periodisch eintreten, ist es mit dem Fischfang fast ganz vorbei. Es ist dann so schwer, in den tiefen Flüssen Fische zu bekommen, als auf offener See. Die armen Missionäre am Orinoco haben gar oft keine, weder an Fasttagen, noch an Nichtfasttagen, obgleich alle jungen Indianer im Dorf verpflichtet sind, »für das Kloster zu fischen«. Zur Zeit der Ueberschwemmungen nun, die zwei bis drei Monate dauern, verschlingen die Otomaken Erde in unglaublicher Masse. Wir fanden in ihren Hütten pyramidalisch aufgesetzte, 3—4 Fuß hohe Kugelhaufen; die Kugeln hatten 3—4 Zoll im Dnrchmesser. Die Erde, welche die Otomaken essen, ist ein sehr feiner, sehr fetter Letten; er ist gelbgrau, und da er ein wenig am Feuer gebrannt wird, so sticht die harte Kruste etwas ins Rothe, was vom darin enthaltenen Eisenoxyd herrührt. Wir haben von dieser Erde, die wir vom Wintervorrath der Indianer genommen, mitgebracht. Daß sie specksteinartig sey und Magnesia enthalte, ist durchaus unrichtig. Vauquelin fand keine Spur davon darin, dagegen mehr Kieselerde als Alaunerde und 3—4 Procent Kalk.

Die Otomaken essen nicht jede Art Thon ohne Unterschied; sie suchen die Alluvialschichten auf, welche die fetteste, am feinsten anzufühlende Erde enthalten. Ich fragte den Missionär, ob man den befeuchteten Thon wirklich, wie Pater Gumilla behauptet, die Art von Zersetzung durchmachen lasse, wobei sich Kohlensäure und Schwefelwasserstoff entwickeln, und die in allen Sprachen **faulen** heißt; er versicherte uns aber, die Eingeborenen lassen den Thon niemals faulen, und vermischen ihn auch weder mit Maismehl, noch mit Schildkrötenöl oder Krokodilfett. Wir selbst haben schon am Orinoco und nach unserer Heimkehr in Paris die mitgebrachten Kugeln untersucht und keine Spur einer organischen, sey es mehligten oder öligten Substanz darin gefunden. Dem Wilden gilt Alles für nahrhaft, was den Hunger beschwichtigt; fragt man daher den Otomaken, von was er in den zwei Monaten, wo der Fluß am vollsten ist, lebe, so deutet er auf seine Lettenkugeln. Er nennt sie seine Hauptnahrung, denn in dieser Zeit bekommt er nur selten eine Eidechse, eine Farnwurzel, einen todten Fisch, der auf dem Wasser schwimmt. Ißt nun der Indianer zwei Monate lang Erde aus Noth (und zwar ¾ bis 5/4 Pfund in vierundzwanzig Stunden), so läßt er sie sich doch auch das übrige Jahr schmecken. In der trockenen Jahreszeit, beim ergiebigsten Fischfang, reibt er seine Poyaklöße und mengt etwas Thon unter seine Speisen. Das Auffallendste ist, daß die Otomaken nicht vom Fleische fallen, solange sie Erde in so bedeutender Menge verzehren. Sie sind im Gegentheil sehr kräftig und haben keineswegs einen gespannten, aufgetriebenen Bauch. Der Missionär Fray Ramon Bueno versichert, er habe nie bemerkt, daß die Gesundheit der Eingeborenen während der Ueberschwemmung des Orinoco eine Störung erlitten hätte.

Das Thatsächliche, das wir ermitteln konnten, ist ganz einfach Folgendes. Die Otomaken essen mehrere Monate lang täglich dreiviertel Pfund am Feuer etwas gehärteten Letten, ohne daß ihre Gesundheit dadurch merklich leidet. Sie netzen die Erde wieder an, bevor sie sie verschlucken. Es ließ sich bis jetzt nicht genau ermitteln, wie viel nährende vegetabi- lische oder thierische Substanz sie während dieser Zeit in der Woche zu sich nehmen; so viel ist aber sicher, sie selbst schreiben ihr Gefühl der Sättigung dem Letten zu und nicht den kümmerlichen Nahrungsmitteln, die sie von Zeit zu Zeit daneben genießen. Keine physiologische Erscheinung steht für sich allein da, und so wird es nicht ohne Interesse seyn, wenn ich mehrere ähnliche Erscheinungen, die ich zusammengebracht, hier bespreche.

In der heißen Zone habe ich aller Orten bei vielen Individuen, bei Kindern, Weibern, zuweilen aber auch bei erwachsenen Männern einen abnormen, fast unwiderstehlichen Trieb bemerkt, Erde zu essen, keineswegs alkalische oder kalkhaltige Erde, um (wie man gemeiniglich glaubt) saure Säfte zu neutralisiren, sondern einen fetten, schlüpfrigen, stark riechenden Thon. Oft muß man den Kindern die Hände binden oder sie einsperren, um sie vom Erdeessen abzuhalten, wenn der Regen aufhört. Im Dorfe Banco am Magdalenenstrom sah ich indianische Weiber, die Töpfergeschirr verfertigen, fortwährend große Stücke Thon verzehren. Dieselben waren nicht schwanger und versicherten, »die Erde sey eine Speise, die ihnen nicht schade.« Bei andern amerikanischen Völkerschaften werden die Menschen bald krank und zehren aus, wenn sie sich von der Sucht, Thon zu verschlucken, zu sehr hinreißen lassen. In der Mission San Borja sahen wir ein Kind von der Nation der Guahibos, das mager war wie ein Skelett. Die Mutter ließ uns durch den Dolmetscher sagen, diese Abzehrung komme von unordentlicher Eßlust her. Seit vier Monaten wollte das kleine Mädchen fast nichts Anderes zu sich nehmen als Letten. Und doch sind es nur 25 Meilen von San Borja nach Uruana, wo der Stamm der Otomaken wohnt, die, ohne Zweifel in Folge allmähliger Angewöhnung, die **Poya** ohne Nachtheil verschlucken. Pater Gumilla behauptet, trete bei den Otomaken Verstopfung ein, so führen sie mit Krokodilöl, oder vielmehr mit geschmolzenem Krokodilfett ab; aber der Missionär, den wir bei ihnen antrafen, wollte hievon nichts wissen. Man fragt sich, warum in kalten und gemäßigten Himmelsstrichen die Sucht Erde zu essen weit seltener ist als in der heißen Zone, warum sie in Europa nur bei schwangern Weibern und schwächlichen Kindern vorkommt? Dieser Unterschied zwischen der heißen und der gemäßigten Zone rührt vielleicht nur von der Trägheit der Function des Magens in Folge der starken Hautausdünstung her. Man meinte die Beobachtung zu machen, daß bei den afrikanischen Sklaven der abnorme

Trieb Erde zu essen zunimmt und schädlicher wird, wenn sie auf reine Pflanzenkost gesetzt werden und man ihnen die geistigen Getränke entzieht. Wird durch letztere das Lettenessen weniger schädlich, so hätte man den Otomaken beinahe Glück dazu zu wünschen, daß sie so große Trunkenbolde sind.

Auf der Küste von Guinea essen die Neger als Leckerbissen eine gelblichte Erde, die sie **Caouac** nennen. Die nach Amerika gebrachten Sklaven suchen sich denselben Genuß zu verschaffen, aber immer auf Kosten ihrer Gesundheit. Sie sagen, »die Erde auf den Antillen sey nicht so verdaulich, wie die in ihrem Landes.« Thibaut de Chanvalon äußert in seiner Reise nach Martinique über diese pathologische Erscheinung sehr richtig: »Eine andere Ursache des Magenwehs ist, daß manche Neger, die von der Küste von Guinea herüberkommen, Erde essen. Es ist dieß bei ihnen nicht verdorbener Geschmack oder Folge einer Krankheit, sondern Gewöhnung von Afrika her, wo sie, wie sie sagen, eine gewisse Erde essen, die ihnen wohlschmeckt, und zwar ohne davon belästigt zu werden. Auf unsern Inseln sehen sie sich nun nach der Erde um, die jener am nächsten kommt, und greifen zu einem rothgelben (vulkanischen) Tuff. Man verkauft denselben heimlich auf den Märkten, ein Mißbrauch, dem die Polizei steuern sollte. Die Neger, welche diese Unsitte haben, sind so lüstern nach Caouac, daß keine Strafe sie vom Genuß desselben abzuhalten vermag.«

Im indischen Archipel, auf Java, sah Labillardière zwischen Sourabaya und Samarang kleine viereckigte, röthlichte Kuchen verkaufen. Diese Kuchen, **Tanaampo** genannt, waren Waffeln aus leicht geröstetem Thon, den die Eingeborenen mit Appetit verzehren. Da seit meiner Rückkehr vom Orinoco die Physiologen auf diese Erscheinungen von **Geophagie** aufmerksam geworden waren, so machte Leschenault (einer der Naturforscher bei der Entdeckungsreise nach Australien unter Capitän Baudin) interessante Angaben über den **Tanaampo** oder **Ampo** der Javaner. »Man legt,« sagt er, »den röthlichten, etwas eisenschüssigen Thon, den die Einwohner von Java zuweilen als Leckerei genießen, in kleinen Rollen, in der Form wie die Zimmtrinde, auf eine Blechplatte und röstet ihn; in dieser Form heißt er **Ampo** und ist auf dem Markte feil. Die Substanz hat einen eigenthümlichen Geschmack, der vom Rösten herrührt; sie ist stark absorbirend, klebt an der Zunge und macht sie trocken. Der Ampo wird fast nur von den javanesischen Weibern gegessen, entweder in der Schwangerschaft, oder weil sie mager werden wollen, denn Mangel an Körperfülle gilt dort zu Lande für schön. Der Erdegenuß ist der Gesundheit nachtheilig; die Weiber verlieren allmählich die Eßlust und nehmen nur mit Widerwillen sehr wenig Speise zu sich. Aber der Wunsch, mager und schlank zu bleiben, läßt sie aller Gefahr trotzen und erhält den Ampo bei Credit.«« — Auch die barbarischen Bewohner von Neu-Caledonien essen zur Zeit der Noth, um den Hunger zu beschwichtigen, mächtige Stücke eines weißen, zerreiblichen Topfsteins. Vauquelin fand darin bei der Analyse, neben Magnesia und Kieselerde zu gleichen Theilen, eine kleine Menge Kupferoxyd. Eine Erde, welche Golberry die Neger in Afrika auf den Inseln Bunck und los Idolos essen sah und von der er ohne Beschwerde selbst gegessen, ist gleichfalls ein weißer, zerreiblicher Speckstein. Alle diese Fälle gehören der heißen Zone an; überblickt man sie, so muß es auffallen, daß ein Trieb, von dem man glauben sollte, die Natur werde ihn nur den Bewohnern der unfruchtbarsten Landstriche eingepflanzt haben, bei verwilderten, trägen Völkern vorkommt, die gerade die herrlichsten, fruchtbarsten Länder der Erde bewohnen. In Popayan und mehreren Gebirgsstrichen von Peru sahen wir auf offenem Markte an die Eingeborenen unter andern Waaren auch sehr fein gepulverten Kalk verkaufen. Man mengt dieses Pulver mit **Coca**, das heißt mit den Blättern des *Erythroxylon peruvianum.* Bekanntlich nehmen die indianischen Botenläufer mehrere Tage lang keine andere Nahrung zu sich als Kalk und Coca; beide befördern die Absonderung des Speichels und des Magensaftes; sie benehmen die Eßlust, ohne dem Körper Nahrungsstoff zuzuführen. Anderswo in Südamerika, am Rio de la Hacha, verschlucken die Guajiros nur den Kalk ohne Zusatz von Pflanzenstoff. Sie führen beständig eine kleine Büchse mit Kalk bei sich, wie wir die Tabaksdose und die Asiaten die Betelbüchse. Diese amerikanische Sitte war schon den ersten spanischen Seefahrern auffallend erschienen. Der Kalk schwärzt die Zähne, und im ostindischen Archipel, wie bei manchen amerikanischen Horden, gelten schwarze Zähne für schön. Im kalten Landstrich des Königreichs Quito essen in Tigua die Eingeborenen täglich aus Leckerei und ohne Beschwerde einen sehr feinen, mit Quarzsand gemengten Thon. Dieser Thon macht das Wasser, in dem er suspendirt ist, milchigt. Man sieht in ihren Hütten große Gefäße mit diesem Wasser, das als Getränke dient und bei den Indianern *agua* oder ***leche de Llanka.*** (Thonmilch) heißt.

Ueberblickt man alle diese Fälle, so zeigt sich, daß dieser abnorme Trieb zum Genuß von Thonerde, Talkerde und Kalk am häufigsten bei Bewohnern der heißen Zone vorkommt, daß er nicht immer Krankheit zur Folge hat, und daß manche Stamme Erde aus Leckerei essen, während andere (die Otomaken in Amerika und die Neu-Caledonier in der Südsee) sie aus Noth verzehren, um den Hunger zu beschwichtigen. Aus sehr vielen physiologischen Erscheinungen geht hervor, daß der Hunger augenblicklich gestillt werden kann, ohne daß die Substanzen, die man der Wirkung der Verdauungsorgane unterwirft, eigentlich nahrhaft sind. Der Letten der Otomaken, der aus Thonerde und Kieselerde besteht, enthält wahrscheinlich nichts oder so gut wie nichts was zur Bildung der Organe des Menschen beiträgt. Kalkerde und Talkerde sind enthalten in den Knochen, in der Lymphe des Brustgangs, im Farbstoff des Bluts und in den weißen Haaren; Kieselerde in sehr kleiner Menge in den schwarzen Haaren und, nach

Vauquelin, Thonerde nur in ein paar Atomen in den Knochen, obgleich sie in vielen Pflanzenstoffen, die uns als Nahrung dienen, in Menge vorkommt. Es ist beim Menschen nicht wie bei belebten Wesen auf niedrigerer Organisationsstufe. Bei jenem werden nur die Stoffe assimilirt, aus denen die Knochen, die Muskeln, das Nervenmark und das Gehirn wesentlich zusammengesetzt sind; die Gewächse dagegen saugen aus dem Boden die Salze auf, die sich zufällig darin vorfinden, und die Beschaffenheit ihres Fasergewebes richtet sich nach dem Wesen der Erdarten, die an ihrem Standort die vorherrschenden sind. Es ist ein Punkt, der zur eifrigsten Forschung auffordert und der auch mich schon lange beschäftigt hat, daß so wenige einfache Stoffe (Erden und Metalle) in den Geweben der belebten Wesen enthalten sind, und daß nur sie geeignet scheinen, den chemischen Lebensproceß, wenn man so sagen darf, zu unterhalten.

Das Gefühl des Hungers und das unbestimmte Schwächegefühl in Folge von Nahrungsmangel und andern pathologischen Ursachen sind nicht zu verwechseln. Das Gefühl des Hungers hört auf, lange bevor die Verdauung vorüber oder der Chymus in Chylus verwandelt ist. Es hört auf entweder weil die Nahrungsstoffe auf die Magenwände tonisch wirken, oder weil der Verdauungsapparat mit Stoffen gefüllt ist, welche die Schleimhäute zu reichlicher Absonderung des Magensaftes reizen. Diesem tonischen Eindruck auf die Magennerven kann man die rasche heilsame Wirkung der sogenannten nährenden Arzneimittel zuschreiben, der Chocolate und aller Stoffe, die gelinde reizen und zugleich nähren. Für sich allein gebraucht ist ein Nahrungsstoff (Stärkmehl, Gummi oder Zucker) zur Assimilation und zum Ersatz der Verluste, welche der menschliche Körper erlitten, weniger geeignet, weil es dabei an einem Nervenreiz fehlt. Das Opium, das nicht nährt, wird in Asien mit Erfolg bei großer Hungersnoth gebraucht: es wirkt als tonisches Mittel. Ist aber der Stoff, der den Magen füllt, weder als ein Nahrungsmittel, das heißt als assimilirbar, noch als ein tonischer Nervenreiz zu betrachten, so rührt die Beschwichtigung des Hungers wahrscheinlich von der reichlichen Absonderung des Magensaftes her. Wir berühren hier ein Gebiet der Physiologie, auf dem noch Manches dunkel ist. Der Hunger wird beschwichtigt, das unangenehme Gefühl der Leere hört auf, so bald der Magen angefüllt ist. Man sagt, der Magen müsse **Ballast** haben; in allen Sprachen gibt es figürliche Ausdrücke für die Vorstellung, daß eine mechanische Ausdehnung des Magens ein angenehmes Gefühl verursacht. Zum Theil noch in ganz neuen physiologischen Werken ist von der schmerzhaften Zusammenziehung des Magens im Hunger, von der Reibung der Magenwände an einander, von der Wirkung des sauren Magensaftes auf das Gewebe der Verdauungsorgane die Rede. Bichats Beobachtungen, besonders aber Magendies interessante Versuche widersprechen diesen veralteten Vorstellungen. Nach 24-, 48-, sogar 60stündiger Entziehung aller Nahrungsmittel beobachtet man noch keine Zusammenziehung des Magens;

erst am vierten und fünften Tag scheinen die Dimensionen des Organs etwas abzunehmen. Je länger die Nahrungsentziehung dauert, desto mehr vermindert sich der Magensaft. Derselbe häuft sich keineswegs an, er wird vielmehr wahrscheinlich wie ein Nahrungsmittel verdaut. Läßt man Katzen oder Hunde einen unverdaulichen Körper, zum Beispiel einen Kiesel, schlucken, so wird in die Magenhöhle in Menge eine schleimigte, saure Flüssigkeit ausgesondert, die nach ihrer Zusammensetzung dem menschlichen Magensaft nahe steht. Nach diesen Thatsachen scheint es mir wahrscheinlich, daß, wenn der Mangel an Nahrungsstoff die Otomaken und die Neu-Caledonier antreibt, einen Theil des Jahres hindurch Thon und Speckstein zu verschlingen, diese Erden im Verdauungsapparat dieser Menschen eine vermehrte Absonderung der eigenthümlichen Säfte des Magens und der Bauchspeicheldrüse zur Folge haben. Meine Beobachtungen am Orinoco wurden in neuester Zeit durch direkte Versuche zweier ausgezeichneter junger Physiologen, Hippolyt Cloquet und Breschet, bestätigt. Sie ließen sich hungrig werden und aßen dann fünf Unzen eines grünlich silberfarbigen, blättrigen, sehr biegsamen Talks, und eine Nahrung, an welche ihre Organe so gar nicht gewöhnt waren, verursachte ihnen keine Beschwerde. Bekanntlich werden im Orient Bolus und Siegelerde von Lemnos, die Thon mit Eisenoxyd sind, noch jetzt stark gebraucht. In Deutschland streichen die Arbeiter in den Sandsteinbrüchen am Kiffhäuser, statt der Butter, einen sehr seinen Thon, den sie **Steinbutter**[72] nennen, auf ihr Brod. Derselbe gilt bei ihnen für sehr sättigend und leicht verdaulich.

Wenn einmal in Folge der Aenderungen, welche der Verfassung der spanischen Colonien bevorstehen, die Missionen am Orinoco häufiger von unterrichteten Reisenden besucht werden, so wird man genau ermitteln, wie viele Tage die Otomaken leben können, ohne neben der Erde wirklichen thierischen oder vegetabilischen Nahrungsstoff zu sich zu nehmen. Es ist eine bedeutende Menge Magensaft und Saft der Bauchspeicheldrüse erforderlich, um eine solche Masse Thon zu verdauen oder vielmehr einzuhüllen und mit dem Koth auszutreiben. Daß die Absonderung dieser Säfte, welche bestimmt sind, sich mit dem Thymus zu verbinden, durch den Thon im Magen und im Darm gesteigert wird, ist leicht zu begreifen; wie kommt es aber, daß eine so reichliche Secretion, die dem Körper keineswegs neue Bestandtheile zuführt, sondern nur Bestandtheile, die auf andern Wegen bereits da sind, anderswohin schafft, auf die Länge kein Gefühl der Erschöpfung zur Folge hat? Die vollkommene Gesundheit, deren die Otomaken genießen, so lange sie sich wenig Bewegung machen und sich auf so ungewöhnliche Weise nähren, ist eine schwer zu erklärende Erscheinung. Man kann sie nur einer durch lange Geschlechtsfolge erworbenen Gewöhnung zuschreiben. Der Verdauungsapparat ist sehr verschieden gebaut, je nachdem die Thiere ausschließlich von Fleisch oder von Pflanzenstoff leben; wahrscheinlich ist auch der Magensaft verschieden, je nachdem er thierische oder vegetabilische Substanzen zu verdauen hat, und doch bringt man es allmählig dahin, daß Pflanzenfresser und Fleischfresser ihre Kost vertauschen, daß jene Fleisch, diese Körner fressen. Der Mensch kann sich daran gewöhnen, ungemein wenig Nahrung zu sich zu nehmen, und zwar ohne Sehmerzgefühl, wenn er tonische oder reizende Mittel anwendet (verschiedene Arzneimittel, kleine Mengen Opium, Betel, Tabak, Cocablätter), oder wenn er von Zeit zu Zeit den Magen mit erdigen, geschmacklosen, für sich nicht nährenden Stoffen anfüllt. Gleich dem wilden Menschen verschlucken auch manche Thiere im Winter aus Hunger Thon oder zerreiblichen Speckstein, namentlich die Wölfe im nordöstlichen Europa, die Rennthiere, und, nach Patrins Beobachtung, die Rehe in Sibirien. Am Jenisei und Amur brauchen die russischen Jäger einen Thon, den sie **Felsbutter** nennen, als Köder. Die Thiere wittern den Thon von weitem, sie riechen ihn gerne, wie die Weiber in Spanien und Portugal den **Bucaros-Thon**,[73] die sogenannten wohlriechenden Erden (*tierras olorosas*). Brown erzählt in seiner Geschichte von Jamaica, die Krokodile in Südamerika verschlingen kleine Steine oder Stücke sehr harten Holzes, wenn die Seen, in denen sie leben, ausgetrocknet sind oder sie sonst keine Nahrung finden. Im Magen eines eilf Fuß langen Krokodils, das Bonpland und ich in Batallez am Magdalenenstrom zergliederten, fanden wir halbverdaute Fische und runde, drei bis vier Zoll starke Granitstücke. Es ist nicht anzunehmen, daß die Krokodile diese Steine zufällig verschlucken, denn wenn sie die Fische unten im Strome packen, ruht ihre untere Kinnlade nicht auf dem Boden. Die Indianer haben die abgeschmackte Idee ausgeheckt, diese trägen Thiere machen sich gerne schwerer, um leichter zu tauchen. Ich glaube vielmehr, sie nehmen große Kiesel in den Magen auf, um dadurch eine reichliche Absonderung des Magensaftes herbeizuführen. Magendies Versuche sprechen für diese Auffassung. Was die Gewohnheit der körnerfressenden Vögel, namentlich der hühnerartigen und der Strauße betrifft, Sand und kleine Steine zu verschlucken, so hat man sie bisher dem instinktmäßigen Trieb der Thiere zugeschrieben, die Zerreibung der Nahrung in ihrem dicken Muskelmagen zu beschleunigen.

Wir haben oben gesehen, daß Negerstämme am Gambia Thon unter ihren Reis mischen; vielleicht hatten früher manche Familien der Otomaken den Brauch, Mais und andere mehligte Samen in ihrer **Poya** »faulen« zu lassen, um Erde und stärkemehlhaltigen Stoff zugleich zu genießen; vielleicht ist es eine unklare Beschreibung einer solchen Zubereitung, wenn Pater Gumilla im ersten Band seines Werkes behauptet, »die Guamos und Otomacos nähren sich nur deßhalb von Erde, weil dieselbe mit ***substancia del maiz*** und Kaimanfett getränkt sey.« Ich habe schon oben erwähnt, daß weder der gegenwärtige Missionär in Uriana, noch Fray Juan Gonzales, der lange in diesen Ländern gelebt, von dieser Vermengung thierischen und vegetabilischen Stoffes mit der Poya etwas wissen. Vielleicht hat Pater

Gumilla die Zubereitung der Erde, welche die Eingeborenen essen, mit einem andern Brauche derselben verwechselt (von dem sich Bonpland an Ort und Stelle überzeugte), nämlich die Bohnen einer Mimosenart in den Boden zu graben, dieselben sich zersetzen zu lassen und ein weißes, schmackhaftes, aber schwer verdauliches Brod daraus zu bereiten. Die Poyakugeln, die wir dem Wintervorrath der Indianer entnommen, enthielten, ich wiederhole es, keine Spur von thierischem Fett oder von Stärkmehl. Gumilla ist einer der leichtgläubigsten Reisenden, die wir kennen und so sieht man sich fast versucht, an Umstände zu glauben, die er meint läugnen zu müssen. Zum Glück nimmt der Jesuit im zweiten Band seines Werkes großentheils wieder zurück, was er im ersten behauptet: er zweifelt jetzt nicht daran, »daß das Brod der Otomacos und Guamos wenigstens (*a lo menos*) zur Hälfte Thon enthält; er versichert, Kinder und Erwachsene essen, ohne Schaden für die Gesundheit, nicht nur dieses Brod, sondern auch große Massen reinen Thon (*muchos terrones de pura greda*).« Er sagt weiter, wer davon den Magen beschwert fühle, führe ein paar Tage mit Krokodilfett ab, und dieses Fett bringe ihnen die Eßlust wieder, so daß sie von neuem bloße Erde essen können. Ich bezweifle, daß die *Manteca de Caiman* ein Abführmittel ist, da sie aber sehr flüssig ist, so mag sie die Erde, die nicht mit dem Koth weggeschafft worden ist, einhüllen helfen. So viel ist gewiß, daß die Guamos wenn nicht das Fett, so doch das Fleisch des Krokodils, das uns weiß und ohne Bisamgeruch schien, sehr gerne essen. In Sennaar ist dasselbe, nach Burckhardt, gleichfalls gesucht und wird auf dem Markt verkauft.

Ich kann hier Fragen nicht unberührt lassen, die in mehreren Abhandlungen, zu denen meine Reise auf dem Orinoco Anlaß gegeben, besprochen worden sind. Leschenaut wirft die Frage auf, ob nicht der Gebrauch des **Ampo** (des javanischen Thons) dadurch gute Dienste leisten könnte, daß er augenblicklich den Hunger beschwichtigt, wenn man keine Nahrungsmittel hat oder zu ungesunden, schädlichen, wenn auch organischen Substanzen greifen müßte. Ich glaube, bei Versuchen über die Folgen langer Entziehung der Nahrung würde sich zeigen, daß ein Thier, das man (nach der Art der Otomaken) Thon verschlucken ließe, weniger zu leiden hätte als ein anderes, in dessen Magen man gar keine Nahrung brächte. Ein italienischer Physiolog hebt hervor, wie wenig phosphorsaure Kalk- und Bittererde, Kieselerde, Schwefel, Natron, Fluor, Eisen und Mangan, und dagegen wie viel Kohlensäure, Sauerstoff, Stickstoff und Wasserstoff in den festen und flüssigen Theilen des menschlichen Körpers enthalten sey, und fragt, ob die Athmung nicht als ein **fortwährender Ernährungsakt** zu betrachten sey, während der Verdauungsapparat mit Lehm gefüllt ist? Die chemische Analyse der eingeathmeten und der ausgeathmeten Luft spricht nicht für diese Annahme. Der Verlust einer sehr kleinen Menge Stickstoff ist schwer zu ermitteln, und es ist anzunehmen, daß sich die Funktion des Athmens im

Allgemeinen darauf beschränkt, Kohlenstoff und Wasserstoff dem Körper zu entziehen.

Ein befeuchtetes Gemische von phosphorsaurem und kohlensaurem Kalk kann nicht nährend seyn, wie gleichfalls stickstofflose, aber dem organischen Reich angehörende Substanzen (Zucker, Gummi, Stärkmehl). Unsere Verdauungsapparate sind gleichsam galvanische Säulen, die nicht alle Substanzen zerlegen. Die Assimilation hört auf, nicht allein weil die Stoffe, die in den Magen gelangen, keine Elemente enthalten, die mit denen, aus welchen der menschliche Körper besteht, übereinkommen, sondern auch weil die Verdauung (die chemische Zersetzung) nicht alle Verbindungen ohne Unterschied in ihren Bereich zieht. Beschäftigt man sich übrigens mit solchen allgemeinen physiologischen Problemen, so fragt man sich unwillkürlich, wie es mit der Gesellschaft, oder vielmehr mit dem Menschengeschlecht stände, wenn der Mensch keine Produkte der Organisation und der Lebenskraft als Nahrungsmittel nöthig hätte. Keine Gewöhnung kann die Art und Weise der Ernährung wesentlich abändern. Wir werden niemals Erde verdauen und assimiliren lernen; seit aber Gay-Lussacs und Thenards wichtige Forschungen uns belehrt haben, daß das härteste Holz und das Stärkmehl sich nur dadurch unterscheiden, daß die Verhältnisse zwischen Sauerstoff, Wasserstoff und Kohlenstoff dort und hier ein klein wenig anders sind, wie sollte man da bestreiten, daß es der Chemie noch gelingen könnte, jene ungeheuren vegetabilischen Massen, jene Gewebe verhärteter Fasern, aus denen die Stämme unserer Waldbäume bestehen, in Nahrungsstoff zu verwandeln? Von Belang könnte eine solche Entdeckung nur werden, wenn das Verfahren einfach und nicht kostspielig wäre; unter dieser, allerdings keineswegs wahrscheinlichen Voraussetzung müßten aber dadurch in der ganzen Verfassung des Gesellschaftskörpers, im Taglohn, in der Vertheilung der Bevölkerung über die Erdoberfläche die größten Veränderungen eintreten. Einerseits würde der Mensch damit unabhängiger, andererseits wäre die nothwendige Folge, daß die Bande der Gesellschaft sich lösten und die Grundlagen des Gewerbfleißes und der Cultur untergraben würden.

Das kleine Dorf Uruana ist schwerer zu regieren als die meisten andern Missionen. Die Otomaken sind ein unruhiges, lärmendes, in seinen Leidenschaften ungezügeltes Volk. Nicht nur sind sie dem Genuß der gegohrenden Getränke aus Manioc und Mais und des Palmweins im Uebermaß ergeben, sie versetzen sich auch noch in einen eigenthümlichen Zustand von Rausch, man könnte fast sagen von Wahnsinn, durch den Gebrauch des **Niopo-Pulvers.**[74] Sie sammeln die langen Schoten einer Mimosenart, die wir unter dem Namen *Acacia Niopo* bekannt gemacht haben; sie reißen sie in Stücke, feuchten sie an und lassen sie gähren. Wenn die durchweichten Samen anfangen schwarz zu werden, kneten sie dieselben wie einen Teig, mengen Maniocmehl und Kalk, der aus der Muschel einer Ampullaria gebrannt wird, darunter und setzen die Masse auf einem Rost von hartem Holz einem starken Feuer aus. Der erhärtete Teig bildet kleine Kuchen. Will man sich derselben bedienen, so werden sie zu seinem Pulver zerrieben und dieses auf einen fünf bis sechs Zoll breiten Teller gestreut. Der Otomake hält den Teller, der einen Stiel hat, in der rechten Hand und zieht das Niopo durch einen gabelförmigen Vogelknochen, dessen zwei Enden in die Naslöcher gesteckt sind, in die Nase. Der Knochen, ohne den der Otomake diese Art Schnupftaback nicht nehmen zu können meinte, ist sieben Zoll lang und es schien mir der Fußwurzelknochen eines großen Stelzenläufers zu seyn. Ich habe das **Niopo** sammt dem ganzen seltsamen Apparat Fourcroy in Paris übermacht. Das Niopo ist so reizend, daß ganz wenig davon heftiges Niesen verursacht, wenn man nicht daran gewöhnt ist. Pater Gumilla sagt, »dieses Teufelspulver der Otomaken, das von einem baumartigen Tabak komme, berausche sie durch die Naslöcher (*emboracha por las narices*), raube ihnen auf einige Stunden die Vernunft und mache sie im Gefechte rasend.« Die Samen, Säfte und Wurzeln der Familie der Schotengewächse haben auffallend verschiedene chemische und arzneiliche Eigenschaften; wenn aber auch der Saft der Frucht der *Mimosa nilotica* stark adstringirend ist, so ist doch nicht wohl zu glauben, daß die Schote der *Acacia Niopo* dem Tabak der Otomaken zunächst seine reizende Eigenschaft verleiht. Dieselbe rührt vielmehr vom frischgebrannten Kalk her. Wir haben oben gesehen, daß die Bergbewohner in den Anden von Popayan und die Guajiros, die zwischen dem See Maracaybo und dem Rio la Hacha umherziehen, auch Kalk verschlucken, und zwar als Reizmittel, um die Absonderung des Speichels und des Magensaftes zu befördern.

Dadurch, daß die umständliche Vorrichtung, deren sich die Otomaken zum Aufziehen des Niopopulvers bedienen, durch mich nach Europa kam, wurden die Gelehrten auf einen ähnlichen Brauch aufmerksam gemacht, den La Condamine am obern Maragnon beobachtet hat. Die Omaguas, deren Name durch ihre Züge zur Entdeckung des Dorado vielberufen ist, haben denselben Teller, dieselben hohlen Vogelknochen, durch die sie ihr **Curupa**pulver in die Nase ziehen. Der Samen, von dem dieses Pulver kommt, ist ohne Zweifel auch eine Mimose; denn die Otomaken nennen, dem Pater Gili, zufolge, noch jetzt, 260 Meilen vom Amazonenstrom, die *Acacia Niopo* **Curupa**. Seit meinen neuerlichen geographischen Untersuchungen über den Schauplatz der Thaten Philipps von Hutten und über die wahre Lage der Provinz Papamene[75] oder der Omaguas hat die Vermuthung einer früheren Verbindung zwischen den Otomaken am Orinoco und den Omaguas am Amazonenstrom an Bedeutung und Wahrscheinlichkeit gewonnen. Erstere kamen vom Rio Meta, vielleicht aus dem Lande zwischen diesem Fluß und dem Guaviare; letztere wollen selbst in großer Anzahl über den Rio Japura, vom östlichen Abhang der Anden von

Neu-Grenada her, an den Maragnon gekommen seyn. Nun scheint aber das Land der Omaguas, das die Abenteurer von Coro und Tocuyo vergeblich zu erobern suchten, gerade zwischen dem Guayavero, der in den Guaviare fällt, und dem Caqueta zu liegen, der weiter unten Japura heißt. Allerdings besteht ein auffallender Gegensatz zwischen der jetzigen Versunkenheit der Otomaken und der früheren Civilisation der Omaguas; vielleicht waren aber nicht alle Unterabtheilungen dieser Nation in der Cultur gleich vorgeschritten, und an Beispielen, daß Stämme völlig versinken können, ist die Geschichte unseres Geschlechts leider nur zu reich. Zwischen Otomaken und Omaguas läßt sich noch eine weitere Uebereinstimmung bemerklich machen. Beide sind unter den Völkerschaften am Orinoco und am Amazonenstrom deßhalb berufen, weil sie vom Cautschuc oder der verdicken Milch der Euphorbiaceen und Urticeen so ausgedehnten Gebrauch machen.

Der eigentliche krautartige Tabak,[76] denn die Missionäre nennen das **Niopo** oder Curupa »Baumtabak,« wird seit unvordenklicher Zeit von allen eingeborenen Völkern am Orinoco gebaut; man fand auch bei der Eroberung die Sitte des Rauchens in beiden Amerikas gleich verbreitet. Die Tamanaken und Maypuren in Guyana umwickeln die Cigarren mit Mais, wie bereits die Mexikaner vor Cortes Ankunft gethan. Nach diesem Vorgang nehmen die Spanier statt Maisblättern Papier. Die armen Indianer in den Wäldern am Orinoco wissen so gut als die großen Herren am Hofe Montezumas, daß der Tabaksrauch ein vortreffliches Narcoticum ist; sie bedienen sich desselben nicht nur, um ihre Siesta zu halten, sondern auch um sich in den Zustand von Quietismus zu versetzen, den sie ein »Träumen mit offenen Augen«, »Träumen bei Tag« nennen. In allen amerikanischen Missionen wird jetzt, wie mir schien, ungemein wenig Tabak verbraucht, und in Neuspanien rauchen die Eingeborenen, die fast sämmtlich von der untersten Classe des aztekischen Volkes abstammen, zum großen Leidwesen des Fiscus, gar nicht. Pater Gili versichert, den Indianern am untern Orinoco sey die Sitte des Tabakkauens unbekannt. Ich möchte die Richtigkeit dieser Behauptung bezweifeln; denn die Sercucumas am Erevato und Caura, Nachbarn der weißlichten Paparitos, verschlucken, wie man mir sagte, zerhackten und mit andern stark reizenden Säften getränkten Tabak, wenn sie sich zum Gefechte anschicken. Von den vier Nicotianaarten, die in Europa gebaut werden (*N. tabacum*, *N. rustica*, *N. paniculata*, und *N. glutinosa*) sahen wir nur die beiden letzteren wild; aber *Nicotiana lolaxensis* und *N. Audicola*, die ich in 1850 Toisen Meereshöhe auf dem Rücken der Anden gefunden, stehen *Nicotiana tabacum* und *rustica* sehr nahe. Die ganze Gattung ist übrigens fast ausschließlich amerikanisch und die meisten Arten schienen mir dem gebirgigten und gemäßigten Landstrich unter den Tropen anzugehören.

Weder aus Virginien noch aus Südamerika, wie irrthümlich in mehreren agronomischen und botanischen Schriften steht, sondern aus der mexicanischen Provinz Yucatan ist um das Jahr 1559 der erste Tabakssamen nach Europa gekommen.[77] Der Mann, der die Fruchtbarkeit der Ufer des Orinoco am lautesten gepriesen, der berühmte Ralegh, hat auch die Sitte des Rauchens unter den« nordischen Völkern am meisten befördert. Bereits am Schluß des sechzehnten Jahrhunderts beschwerte man sich in England bitter über »diese Nachahmung der Gebräuche eines barbarischen Volkes« Man fürchtete bei dem überhandnehmenden Tabakrauchen, »*ne Anglorum corpora in barbarorum naturam degenerent.*«[78]

Wenn sich die Otomaken in Uruana durch den Genuß des Niopo (ihres Baumtabaks) und gegohrener Getränke in einen Zustand von Trunkenheit versetzt haben, der mehrere Tage dauert, so bringen sie einander um, ohne sich mit Waffen zu schlagen. Die bösartigsten vergiften sich den Daumennagel mit Curare, und nach der Aussage der Missionäre kann der geringste Ritz mit diesem vergifteten Nagel tödtlich werden, wenn das Curare sehr stark ist und unmittelbar in die Blutmasse gelangt. Begehen die Indianer bei Nacht in Folge eines Zanks einen Todtschlag, so werfen sie den Leichnam in den Fluß, weil sie fürchten, es möchten Spuren der erlittenen Gewalt an ihm zu bemerken seyn. »So oft ich,« äußerte Pater Bueno gegen uns, »die Weiber an einer andern Stelle des Ufers als gewöhnlich Wasser schöpfen sehe, vermuthe ich, daß ein Mord in meiner Mission begangen worden.«

Wir fanden in Uruana in den Hütten der Indianer denselben vegetabilischen Stoff (*yesca de hormigas*, Ameisenzunder), den wir bei den großen Katarakten hatten kennen lernen und den man zum Blutstillen braucht. Dieser Zunder, der weniger uneigentlich **Ameisennester** hieße, ist in einem Lande, dessen Bewohner nichts weniger als friedfertig sind, sehr gesucht. Eine neue schön smaragdgrüne Art Ameisen (*Formica spinicollis*) sammelt auf den Blättern einer Melastomenart zu ihrem Nest einen baumwollenartigen, gelbbraunen, sehr zart anzufühlenden Flaum. Ich glaube, daß der »Yesca oder Ameisenzunder« vom obern Orinoco (das Thier kommt, wie versichert wird, nur südlich von Apures vor) einmal ein Handelsartikel werden kann. Der Stoff ist weit vorzüglicher als die »Ameisennester« von Cayenne, die man in Europa in den Hospitälern verwendet, die aber schwer zu bekommen sind.

Ungern schieden wir (am 7. Juni) vom Pater Ramon Bueno. Unter den zehn Missionären, die wir auf dem ungeheuren Gebiete von Guyana kennen gelernt, schien mir nur er auf alle Verhältnisse der eingeborenen Völkerschaften zu achten. Er hoffte in Kurzem nach Madrid zurückkehren und das Ergebniß seiner Untersuchungen über die Bilder und Züge auf den Felsen bei Uruana bekannt machen zu können.

In den Ländern, die wir eben bereist, zwischen dem Meta, Arauca und Apure, fand man bei den ersten Entdeckungszügen an den Orinoco, z. B. bei dem des Alonzo de Herrera im Jahr 1535, **stumme Hunde**, von den Eingeborenen **Maios** und **Auries** genannt. Dieser Umstand ist in mehr als Einer Beziehung interessant. Was auch Pater Gili sagen mag, es unterliegt keinem Zweifel, daß der Hund in Südamerika einheimisch ist. Die verschiedenen indianischen Sprachen haben Namen für das Thier, die nicht wohl von europäischen Sprachen herkommen können. Das Wort **Auri**, das Alonzo de Herrera vor dreihundert Jahren nannte, kommt noch jetzt im Maypurischen vor. Die Hunde, welche wir am Orinoco gesehen, mögen von denen abstammen, welche die Spanier an die Küsten von Caracas gebracht; aber nichts desto weniger steht fest, daß es vor der Eroberung in Peru, Neu-Grenada und Guyana eine unsern Schäferhunden ähnliche Hunderace gab. Der **Allco** der Eingeborenen in Peru, und fast alle Hunde, die wir in den wildesten Strichen von Südamerika angetroffen, bellen häufig; die ältesten Geschichtschreiber sprechen aber alle von stummen Hunden (*perros mudos*). Es gibt noch dergleichen in Canada, und, was mir sehr zu beachten scheint, die stumme Spielart wurde in Mexico und am Orinoco vorzugsweise gegessen. Ein sehr unterrichteter Reisende, Giesecke, der sechs Jahre in Grönland gelebt hat, versicherte mich, die Hunde der Eskimos, die beständig in freier Luft sind und sich Winters in den Schnee graben, bellen auch nicht, sondern heulen wie die Wölfe.[79]

Gegenwärtig ist der Gebrauch, Hundefleisch zu essen, am Orinoco ganz unbekannt; da aber diese Sitte im östlichen Asien ganz allgemein ist, scheint mir der Beweis, daß dieselbe früher in den heißen Strichen von Guyana und auf der Hochebene von Mexiko zu Hause war, von großem Belang für die Völkergeschichte. Ich bemerke auch, daß auf den Grenzen der Provinz Durango, am nördlichen Ende von Neuspanien, die Cumanches-Indianer noch jetzt große Hunde, die sie auf ihren Zügen begleiten, mit ihren Zelten aus Büffelfellen beladen. Bekanntlich dient auch am Sklavensee und in Sibirien der Hund gewöhnlich als Last- und Zugthier. Ich hebe solche Züge von Uebereinstimmung in den Sitten der Völker absichtlich hervor; sie erhalten einiges Gewicht, wenn sie nicht für sich allein dastehen, und Aehnlichkeiten im Sprachbau, in der Zeitrechnung, im Glauben und den gottesdienstlichen Gebräuchen dazu kommen.

Wir übernachteten auf der Insel Cucuruparu, auch *Playa de la Tortuga* genannt, weil die Indianer von Uruana dort Schildkröteneier holen. Es ist dieß einer der Punkte am Orinoco, deren Breite am genauesten bestimmt ist. Das Glück wollte, daß ich drei Durchgänge von Sternen durch den Meridian beobachten konnte. Ostwärts von der Insel ist die Mündung des Caño de la Tortuga, der von den Bergen der Cerbatana herunter kommt, an denen beständig Gewitterwolken hängen. Am südlichen Ufer dieses Caño liegt die fast ganz eingegangene Mission San Miguel de la Tortuga. Die Indianer versicherten uns, in der Nähe dieser kleinen Mission gebe es eine Menge Fischottern mit sehr feinem Pelz, welche bei den Spaniern *perritos de agua*, Wasserhunde heißen, und, was merkwürdiger ist, Eidechsen (*lagartos*) **mit zwei Füßen**. Dieser ganze Landstrich zwischen dem Rio Cuchivero und der Stromenge am Baragnan sollte einmal von einem guten Zoologen besucht werden. Der Lagarto ohne Hinterbeine ist vielleicht eine Art Siren, abweichend vom *Siren lacertina* in Carolina. Wäre es ein Saurier, ein eigentlicher »Bimane« (*Chirotes*, Cuvier), so hätten die Eingeborenen das Thier nicht mit einer Eidechse verglichen. Außer den Arau-Schildkröten, von denen ich oben ausführlich gesprochen,[80] leben am Orinoco zwischen Uruana und Encaramada auch Landschildkröten, die sogenannten **Morocoi**, in zahlloser Menge. In der großen Sonnenhitze und Trockenheit stecken diese Thiere, ohne zu fressen, unter Steinen oder in Löchern, die sie gegraben. Erst wenn sie nach den ersten Regen spüren, daß die Erde feucht wird, kommen sie aus ihrem Versteck hervor und fangen wieder an zu fressen. Die **Terekays** oder **Tajelus**, Süßwasserschildkröten, haben dieselbe Lebensweise. Ich habe schon oben vom **Sommerschlaf** mancher Thiere unter den Tropen gesprochen.[81] Die Eingeborenen kennen die Löcher, in denen die Schildkröten im ausgetrockneten Boden schlafen, und graben sie 15—18 Zoll tief in Menge auf einmal aus. Nach Pater Gili, der solches mit angesehen, ist dieß nicht gefahrlos, weil sich im Sommer häufig Schlangen mit den **Terekays** eingraben.

Von der Insel Cucuruparu hatten wir bis zur Hauptstadt von Guyana, gemeiniglich **Angostura** genannt, noch neun Tage zu fahren; es sind nicht ganz 95 Meilen. Wir brachten die Nacht selten am Lande zu; aber die Plage der Moskitos nahm merklich ab, je weiter wir hinab kamen. Am 8. Juni gingen wir bei einem Hofe (*Hato de san Rafael del Capuchino*), dem Einfluß des Rio Apure gegenüber, ans Land. Ich konnte gute Breiten- und Längenbeobachtungen machen. Ich hatte vor zwei Monaten auf dem andern Ufer Stundenwinkel aufgenommen, und diese Bestimmungen waren jetzt von Werth, um den Gang meines Chronometers zu controliren und die Beobachtungsorte am Orinoco mit denen an der Küste von Venezuela in Verbindung zu bringen. Die Lage dieses Hofes am Punkt, wo der Orinoco aus der Richtung von Süd nach Nord in die von West nach Ost umbiegt, ist sehr malerisch. Granitfelsen erheben sich wie Eilande auf den weiten Prairien. Von ihrer Spitze sahen wir nordwärts die Llanos oder Steppen von Calabozo sich bis zum Horizont ausbreiten. Da wir seit lange an den Anblick der Wälder gewöhnt waren, machte diese Aussicht einen großen Eindruck auf uns. Nach Sonnenuntergang bekam die Steppe ein graugrünes Colorit, und da die Sehlinie nur durch die Krümmung der Erde abgebrochen wird, so gingen die Sterne wie aus dem Schoße des Meeres auf und der erfahrenste Seemann hätte glauben müssen, er stehe auf einer Felsenküste, auf einem hinausspringenden Vorgebirge. Unser Wirth war ein Franzose (François Doizan), der unter seinen zahlreichen Heerden lebte. Er hatte seine Muttersprache verlernt, schien aber doch mit Vergnügen zu hören, daß wir aus seiner Heimath kamen. Er hatte dieselbe vor vierzig Jahren verlassen, und er hätte uns gerne ein paar Tage in seinem Hofe behalten. Von den politischen Umwälzungen in Europa war ihm so gut wie nichts zu Ohren gekommen. Er sah darin nur eine Empörung gegen den Clerus und die Mönche; »diese Empörung,« sagte er, »wird fortdauern, so lange die Mönche Widerstand leisten.« Bei einem Manne, der sein ganzes Leben an der Grenze» der Missionen zugebracht, wo von nichts die Rede ist als vom Streit zwischen der geistlichen und der weltlichen Gewalt, war eine solche Ansicht ziemlich natürlich. Die kleinen Städte Caycara und Cabruta sind nur ein paar Seemeilen vom Hofe, aber unser Wirth war einen Theil des Jahres hindurch völlig abgeschnitten. Durch die Ueberschwemmungen des Apure und des Orinoco wird der Capuchino zur Insel und man kann mit den benachbarten Höfen nur zu Schiff verkehren. Das Hornvieh zieht sich dann auf den höher gelegenen Landstrich, der südwärts der Bergkette der Encaramada zuläuft.

Am 9. Juni Morgens begegneten uns eine Menge Fahrzeuge mit Waaren, die mit Segeln den Orinoco und dann den Apure hinauffuhren. Es ist dieß eine stark befahrene Handelsstraße zwischen Angostura und dem Hafen von Torunos in der Provinz Varinas. Unser Reisebegleiter, Don Nicolas Sotto, der Schwager des Statthalters von Varinas, schlug denselben Weg ein, um zu seiner Familie zurückzukehren. Bei Hochwasser braucht man mehrere Monate gegen die Strömung des Orinoco, des Apure und des Rio Santo Domingo. Die Schiffsleute müssen ihre Fahrzeuge an Baumstämme binden und sie am Tau den Fluß hinaufziehen. In den starken Krümmungen des Flusses« kommen sie oft in ganzen Tagen nicht über zwei, dreihundert Toisen vorwärts. Seit meiner Rückkehr nach Europa ist der Verkehr zwischen der Mündung des Orinoco und den Provinzen am östlichen Abhang der Gebirge von Merida, Pamplona und Santa Fe de Bogota ungleich lebhafter geworden, und es ist zu erwarten, daß die lange Fahrt auf dem Orinoco, dem Apure, der Portuguesa, dem Rio Santo Domingo, dem Orivante, Meta und Guaviare durch Dampfschiffe abgekürzt wird. Man könnte, wie an den großen Strömen in den Vereinigten Staaten, an den Ufern gefälltes Holz unter Schuppen niederlegen. Solche Veranstaltung wäre um so nöthiger, da man sich in den Ländern, die wir bereist, nicht leicht trockenes Holz verschafft, wie man es zum starken Feuer unter dem Kessel einer Dampfmaschine braucht.

Unterhalb San Rafael del Capuchino gingen wir rechts bei Villa Caycara, an einer Bucht, Puerto Sedeñio genannt, ans Land. Es stehen hier ein paar Häuser beisammen und diese führen den vornehmen Titel **Villa**. Alta Gracia, Ciudad de la Piedra, Real Corona, Borbon, lauter **Villas** zwischen dem

Einfluß des Apure und Angostura, sind eben so elend. Ich habe oben erwähnt, daß es bei den Präsidenten der Missionen und den Statthaltern der Provinzen Brauch war, wenn eben der Grund zu einer Kirche gelegt wurde, in Madrid für den Ort das Privilegium als Villa oder Ciudad nachzusuchen. Man wollte damit das Ministerium glauben machen, daß Bevölkerung und Wohlstand in den Colonien in rascher Zunahme begriffen seyen. Bei Caycara, am »Cerro del Tirano,« sieht man Bilder von Sonne und Mond, wovon oben die Rede war, eingehauen. »Das ist ein Werk der **Alten**« (das heißt unserer Väter), sagen die Eingeborenen. Man versichert, auf einem Fels weiter vom Ufer ab, **Tecoma** genannt, stehen die symbolischen Figuren hundert Fuß hoch. Die Indianer kannten früher einen Landweg von Caycara nach Demerary und Essequebo. Sind etwa die Völker, welche die vom Reisenden Hortsmann beschriebenen Bilder eingehauen, auf diesem Wege an den See Amucu gekommen?«

Caycara gegenüber, am nördlichen Ufer des Orinoco, liegt die Mission Cabruta, die als vorgeschobener Posten gegen die Caraiben im Jahr 1740 vom Jesuiten Rotella angelegt wurde. Schon seit mehreren Jahrhunderten hatten die Indianer an diesem Fleck ein Dorf Namens **Cabritu**. Als der kleine Ort eine christliche Niederlassung wurde, glaubte man, derselbe liege unter dem 5. Grad der Breite, also um 2°40' weiter nach Süd, als ich durch direkte Beobachtungen in San Rafael und an der Mündung des Rio Apure gefunden. Man hatte damals keinen Begriff davon, welche Richtung ein Landweg nach Nueva Valencia und Caracas haben müßte, von welchen Orten man sich unendlich weit entfernt dachte. Ein Weib ist zu allererst von Villa de San Juan Baptista del Pao über die Llanos nach Cabruta gegangen. Pater Gili erzählt, Donna Maria Bargas habe mit solcher Leidenschaft an den Jesuiten gehangen, daß sie es unternahm, auf eigene Hand einen Weg in die Missionen zu suchen. Man wunderte sich nicht wenig, als man sie in Cabruta von Norden her ankommen sah. Sie ließ sich bei den Jüngern des heiligen Ignatius nieder und starb in ihren Missionen am Orinoco. Von dieser Zeit an bevölkerte sich der südliche Strich der Llanos ziemlich stark, und der Weg aus den Thälern von Aragua über Calabozo nach San Fernando de Apure und nach Cabruta ist jetzt stark begangen. Am letzteren Ort hatte auch im Jahr 1754 der Befehlshaber der vielberufenen Grenzexpedition Werften angelegt und die Fahrzeuge zum Transport der Truppen an den obern Orinoco bauen lassen. Der kleine Berg nordöstlich von Cabruta ist sehr weit in den Steppen sichtbar und dient den Reisenden als Landmarke.

Wir schifften uns Morgens in Caycara ein und fuhren mit der Strömung des Orinoco zuerst am Einfluß des Rio Cuchivero, wohin eine alte Sage die **Aikeam-benanos** oder **Weiber ohne Männer**[82] versetzt, dann am kleinen Dorf **Alta Gracia**, nach einer spanischen Stadt so genannt, vorüber. Hier in der Nähe hatte Don Jose de Iturriaga den *pueblo de Ciudad Real* angelegt, der noch auf den neuesten Karten vorkommt, obgleich der Ort wegen der ungesunden Lage seit fünfzig Jahren gar nicht mehr besteht. Unterhalb der Stelle, wo sich der Orinoco gegen Ost wendet, hat man fortwährend zur rechten Hand Wälder, zur linken die Llanos oder Steppen von Venezuela. Die Wälder, die sich am Strom hinziehen, sind indessen nicht mehr so dicht, wie am obern Orinoco. Die Bevölkerung nimmt merkbar zu, je näher man der Hauptstadt kommt; man trifft wenige Indianer mehr; dagegen Weiße, Neger und Mischlinge. Der Neger sind nicht viele, und leider ist hier, wie überall, die Armuth ihrer Herren daran Schuld, daß sie nicht besser behandelt werden und ihr Leben nicht mehr geschont wird. Ein Einwohner von Caycara, V—a, war vor Kurzem zu vierjährigem Gefängniß und hundert Piastern Geldbuße verurtheilt worden, weil er in der Zornwuth eine Negerin mit den Beinen an den Schweif seines Pferdes gebunden und sie im vollen Galopp über die Savane geschleift hatte, bis sie vor Schmerz den Geist aufgab. Mit Vergnügen bemerke ich, daß die Audiencia allgemein getadelt wurde, weil sie eine so schändliche Handlung nicht härter bestraft habe. Nur einige wenige Personen (und zwar gerade die, welche sich für die aufgeklärtesten und klügsten hielten) meinten, einen Weißen zu bestrafen, während die Schwarzen auf St. Domingo in offenem Aufstand begriffen seyen, erscheine nicht als staatsklug. Wenn Institutionen, die sich verhaßt gemacht haben, bedroht sind, fehlt es nie an Leuten, die zu Aufrechthaltung derselben den Rath geben, daran festzuhalten, wenn sie der Gerechtigkeit und der Vernunft noch so offen widersprächen. Seit ich von diesen Ländern Abschied genommen, hat der Bürgerkrieg den Sklaven die Waffen in die Hände gegeben, und nach einer schrecklichen Erfahrung haben es die Einwohner von Venezuela zu bereuen, daß sie nicht auf die Stimme Don Domingo Tovars und anderer hochherziger Bürger gehört, die schon im Jahr 1795 im **Cabildo** von Caracas sich laut gegen die weitere Einführung von Negern ausgesprochen und Mittel, ihre Lage zu verbessern, in Vorschlag gebracht haben.

Nachdem wir am 10. Juni auf einer Insel mitten im Strom (ich glaube auf der, welche bei Pater Caulin Acaru heißt) die Nacht zugebracht, fuhren wir an der Mündung des Rio Caura vorüber, der neben dem Aruy und Carony der größte Nebenfluß des untern Orinoco von rechts her ist. Da ich während meines Aufenthalts in den Missionen der Franciskaner viel geographisches Material über den Caura sammeln konnte, habe ich eine Specialkarte desselben entworfen.[83] Alle christlichen Niederlassungen befinden sich gegenwärtig nahe an der Mündung des Flusses, und die Dörfer San Pedro, Aripao, Urbani und Guaraguaraico liegen nur wenige Meilen hinter einander. Das erste ist das volkreichste und hat doch nur 250 Seelen; San Luis de Guaraguaraico ist eine Colonie freigelassener oder flüchtiger Neger vom Essequebo und verdient Aufmunterung von Seiten der Regierung. Die Versuche, die Sklaven an den Boden zu fesseln und sie als Pächter der

Früchte ihrer Arbeit als Landbauer genießen zu lassen, sind höchst empfehlenswerth. Der zum großen Theil noch unberührte Boden am Rio Caura ist ungemein fruchtbar; man findet dort Weiden für mehr als 15,000 Stücke Vieh; aber den armen Ansiedlern fehlt es gänzlich an Pferden und an Hornvieh. Mehr als sechs Siebentheile der Uferstriche am Caura liegen wüste oder sind in den Händen wilder, unabhängiger Stämme. Das Flußbett wird zweimal durch Felsen eingeengt, und an diesen Stellen sind die Raudales Mura und Para oder Paru; letzterer hat einen Trageplatz, weil die Pirognen nicht darüber gehen können. Bei der Grenzexpedition war am nördlichen Katarakt, dem von Mura, eine kleine Schanze angelegt worden. Der Statthalter Don Manuel Centurion hatte alsbald ein paar Häusern, welche spanische (das heißt nicht indianische) Familien, Weiße und Mulatten, bei der Schanze gebaut, den Titel **Ciudad de San Carlos** gegeben. Südlich vom Katarakt Para, gerade am Einfluß des Erevato in den Caura, lag damals die Mission San Luis und von da führte ein Landweg nach der Hauptstadt Angostura. Alle diese Civilisationsversuche führten zu nichts. Oberhalb des Raudals von Mura steht kein Dorf mehr, und die Eingeborenen haben so zu sagen das Land wieder zurückerobert. Indessen kann das Thal des Caura wegen seines reichen Ertrags, und wegen der leichten Verbindung mit dem Rio Ventuari, dem Carony und Cuyuni, eines Tags von großer Bedeutung werden. Ich habe oben auseinandergesetzt, wie wichtig die vier Flüsse sind, die von den Gebirgen der Parime in den Orinoco gehen. In der Nähe der Mündung des Caura, zwischen den Dörfern San Pedro de Alcantara und San Francisco de Aripao, bildete sich im Jahr 1792 durch einen Erdfall und in Folge eines Erdbebens ein kleiner See von 400 Toisen Durchmesser. Ein Stück Wald bei Aripao senkte sich 80 bis 100 Fuß unter das Niveau des anstoßenden Bodens. Die Bäume blieben mehrere Monate grün; man glaubte sogar, manche haben noch unter Wasser Blätter getrieben. Diese Erscheinung verdient um so mehr Beachtung, da der Boden dort wahrscheinlich Granit ist. Ich bezweifle, daß die secundären Formationen der Llanos sich südwärts bis zum Thale des Caura erstrecken.

Am 11. Juni landeten wir, um Sonnenhöhen aufzunehmen, am rechten Orinocoufer beim **Puerto de los Frailes,** drei Meilen oberhalb **Ciudad de la Piedra**. Der Punkt liegt unter 67°26'20" der Länge oder 1°41' ostwärts vom Einfluß des Apure. Weiterhin zwischen den Villas de la Piedra und Muitaco oder Real Corona kommt der **Torno** und der **Höllenschlund**, zwei Punkte, die früher von den Schiffern gefürchtet wurden. Der Orinoco ändert auf einmal seine Richtung; er fließt anfangs nach Ost, dann nach Nord-Nord-West und endlich wieder nach Ost. Etwas oberhalb des Caño Marapiche, der am nördlichen Ufer hereinkommt, theilt eine sehr lange Insel den Fluß in zwei Arme. Wir fuhren ohne Schwierigkeit südwärts an derselben vorbei; gegen Norden bildet eine Reihe kleiner, bei hohem Wasser halb bedeckter Felsen Wirbel und Stromschnellen. Dieß heißt nun ***Boca del Infierno*** und der **Raudal von Camiseta**. Durch Diego de Ordaz (1531) und Alonzo de Hereras (1535) erste Expeditionen wurde diese Stromsperre vielberufen. Die großen Katarakten von Atures und Maypures kannte man damals noch nicht, und mit den plumpen Fahrzeugen (*vergantines*), mit denen man eigensinnig den Strom hinauf wollte, war sehr schwer über die Stromschnellen zu kommen. Gegenwärtig fährt man den Orinoco zu jeder Jahreszeit von der Mündung bis zum Einfluß des Apure und des Meta ohne Besorgniß auf und ab. Die einzigen Fälle auf dieser Strecke sind die beim Torno oder Camiseta, bei Marimara und bei Cariven oder Carichana Vieja.[84] Keines dieser drei Hindernisse ist zu fürchten, wenn man erfahrene indianische Steuerleute hat. Ich gehe auf diese hydrographischen Angaben darum ein, weil die Verbindung zwischen Angostura und den Ufern des Meta und des Apure, welche zum Ostabhang der Cordilleren von Neu-Grenada führen, jetzt in politischer und commercieller Beziehung von großem Belang ist. Die Fahrt auf dem untern Orinoco von der Mündung bis zur Provinz Varinas ist allein wegen der starken Strömung beschwerlich. Im Flußbett selbst sind nirgends stärkere Hindernisse zu überwinden, als auf der Donau zwischen Wien und Linz. Große Felsschwellen, eigentliche Wasserfälle kommen erst oberhalb des Meta. Daher bildet auch der obere Orinoco mit dem Cassiquiare und dem Rio Negro ein besonderes Flußsystem, das dem industriellen Leben in Angostura und auf dem Küstenland von Caracas noch lange fremd bleiben wird.

Ich konnte auf einer Insel mitten in der *Boca del Infierno*, wo wir unsere Instrumente aufgestellt hatten, Stundenwinkel der Sonne aufnehmen. Der Punkt liegt nach dem Chronometer unter 67°10'31" der Länge. Ich wollte die Inclination der Magnetnadel und die Intensität der Kraft beobachten, aber ein Gewitterregen vereitelte den Versuch. Da der Himmel Nachmittags wieder heiter wurde, schlugen wir unser Lager auf einem breiten Gestade am südlichen Ufer des Orinoco, beinahe im Meridian der kleinen Stadt Muitaco oder Real Corona, auf. Mittelst dreier Sterne fand ich die Breite 8°0'26", die Länge 67°5'19". Als die Observanten im Jahr 1752 ihre ersten **Entradas** auf das Gebiet der Caraiben machten, bauten sie an diesem Punkt ein kleines Fort oder eine ***casa fuerte***. Durch den Umstand, daß die hohen Gebirge von Araguacais so nahe liegen, ist Muitaco einer der gesundesten Orte am untern Drinoco. Hier schlug Iturriaga im Jahr 1756 seinen Wohnsitz auf, um sich von den Strapazen der Grenzexpedition zu erholen, und da er seine Genesung dem mehr heißen als feuchten Klima zuschrieb, erhielt die Stadt oder vielmehr das Dorf Real Corona den Namen *pueblo del puerto sano*. Weiterhin gegen Ost ließen wir nordwärts den Einfluß des Rio Pao, südwärts den des Rio Arui. Letzterer Fluß ist ziemlich bedeutend; er kommt in Raleghs Berichten häufig vor. Lange ließen die Geographen den **Aroy** oder **Arvi** (Arui), den **Caroli** (Carony) und den **Coari** (Caura) aus dem vielberufenen See Cassipa entspringen, der später der *laguna del Dorado* Platz machte. Je weiter wir abwärts kamen, desto langsamer wurde die Strömung des Orinoco. Ich maß mehrmals am Ufer eine Linie ab, um zu bestimmen, wie viel Zeit schwimmende Körper brauchten, um eine bekannte Strecke zurückzulegen. Oberhalb Alta Gracia, beim Einfluß des Rio Ujape, hatte ich 2³⁄₁₀ Fuß in der Secunde gefunden; zwischen Muitaco und Bomben war die Geschwindigkeit nur noch 1⁷⁄₁₀ Fuß. Aus den barometrischen Messungen in den benachbarten Steppen geht hervor, um wie wenig der Boden vom 69. Grad der Länge bis zur Ostküste von Guyana fällt. Muitaco war der letzte Ort, wo wir am Ufer des Orinoco die Nacht unter freiem Himmel zubrachten; wir fuhren noch zwei Nächte durch, ehe wir unser Reiseziel, Angostura erreichten. Eine solche Fahrt auf dem Thalweg eines großen Stroms ist ungemein bequem; man hat nichts zu fürchten außer den natürlichen Flößen aus Bäumen, die der Fluß, wenn er austritt, von den Ufern abreißt. In dunkeln Nächten scheitern die Piroguen an diesen schwimmenden Eilanden wie an Sandbänken.

Nur schwer vermöchte ich das angenehme Gefühl zu schildern, mit dem wir in Angostura, der Hauptstadt von spanisch Guyana, das Land betraten. Die Beschwerden, denen man in kleinen Fahrzeugen zur See unterworfen ist, sind nichts gegen das, was man auszustehen hat, wenn man unter einem glühenden Himmel, in einem Schwarm von Moskitos, Monate lang in einer Pirogue liegen muß, in der man sich wegen ihrer Unstetigkeit gar keine Bewegung machen kann. Wir hatten in 75 Tagen auf den fünf großen Flüssen Apure, Orinoco, Atabapo, Rio Negro und Cassiquiare 500 Meilen (20 auf den Grad) zurückgelegt, und auf dieser ungeheuren Strecke nur sehr wenige bewohnte Orte angetroffen. Obgleich nach unserem Leben in den Wäldern unser Anzug nichts weniger als gewählt war, säumten wir doch nicht, uns Don Felipe de Ynciarte, dem Statthalter der Provinz Guyana, vorzustellen. Er nahm uns auf das Zuvorkommendste auf und wies uns beim Sekretär der Intendanz unsere Wohnung an. Da wir aus fast menschenleeren Ländern kamen, fiel uns das Treiben in einer Stadt, die keine 6000 Einwohner hat, ungemein auf. Wir staunten an, was Gewerbfleiß und Handel dem civilisirten Menschen an Bequemlichkeiten bieten; bescheidene Wohnräume kamen uns prachtvoll vor, wer uns anredete, erschien uns geistreich. Nach langer Entbehrung gewähren Kleinigkeiten hohen Genuß, und mit unbeschreiblicher Freude sahen wir zum erstenmal wieder Weizenbrod auf der Tafel des Statthalters. Vielleicht brauchte ich nicht bei Empfindungen zu verweilen, die Jedem, der weite Reisen gemacht hat, wohl bekannt sind. Sich wieder im Schoße der Cultur zu wissen, ist ein großer Genuß, aber er hält nicht lange an, wenn man für die Wunder der Natur im heißen Erdstrich ein lebendiges Gefühl hat. Die überstandenen Beschwerden sind bald vergessen, und kaum ist man auf der Küste, auf dem von den spanischen Colonisten bewohnten Boden, so entwirft man den Plan, wieder ins Binnenland zu gehen.

Ein schlimmer Umstand nöthigte uns, einen ganzen Monat in Angostura zu verweilen. In den ersten Tagen nach unserer Ankunft fühlten wir uns matt und schwach, aber vollkommen gesund. Bonpland fing an, die wenigen Pflanzen zu untersuchen, welche er vor den Wirkungen des feuchten Klimas hatte schützen können; ich war beschäftigt, Länge und Breite der Hauptstadt[85] zu bestimmen und die Inclination der Magnetnadel zu beobachten. Aber nicht lange, so wurden wir in der Arbeit unterbrochen; fast. am selben Tage befiel uns eine Krankheit, die bei meinem Reisegefährten den Charakter eines ataktischen Fiebers annahm. Die Luft war zur Zeit in Angostura vollkommen gesund, und da sich bei dem einzigen Diener, den wir von Cumana mitgebracht, einem Mulatten, die Vorboten desselben Uebels einstellten, so zweifelte unsere Umgebung, von der wir aufs sorgfältigste gepflegt wurden, nicht daran, daß wir den Keim des Typhus aus den feuchten Wäldern am Cassiquiare mitgebracht. Es kommt häufig vor, daß sich bei Reisenden die Folgen der Miasmen erst dann äußern, wenn sie wieder in reinerer Luft sind und sich zu erholen anfangen. Eine gewisse geistige Anspannung kann eine Zeitlang die Wirkung krankmachender Ursachen hinausschieben. Da unser Diener dem heftigen Regen weit mehr als wir ausgesetzt gewesen war, entwickelte sich die Krankheit bei ihm furchtbar rasch. Seine Kräfte lagen so darnieder, daß man uns am neunten Tage seinen Tod meldete. Es war aber nur eine mehrstündige Ohnmacht, auf die eine heilsame Krise eintrat. Zur selben Zeit wurde auch ich von einem sehr heftigen Fieber befallen; man gab mir mitten im Anfall ein Gemisch von Honig und Extract der China Vom Rio Carony (*Extractum corticis Angosturae*). Es ist dieß ein Mittel, das die Kapuziner in den Missionen höchlich preisen. Das Fieber wurde darauf stärker, hörte aber gleich am andern Tage auf. Bonplands Zustand war sehr bedenklich, und wir schwebten mehrere Wochen in der höchsten Besorgniß. Zum Glück behielt der Kranke Kraft genug, um sich selbst behandeln zu können. Er nahm gelindere, seiner Constitution angemessenere Mittel als die China vom Rio Carony. Das Fieber war anhaltend und wurde, wie fast immer unter den Tropen, durch eine Complication mit Ruhr noch gesteigert. Während der ganzen schmerzhaften Krankheit behielt Bonpland die Charakterstärke und die Sanftmuth, die ihn auch in der schlimmsten Lage niemals verlassen haben. Mich ängstigten trübe Ahnungen. Der Botaniker Löffling, ein Schüler Linné's, war nicht weit von Angostura, am Ufer des Carony, ein Opfer seines Eifers für die Naturwissenschaft geworden. Wir hatten noch kein volles Jahr im heißen Erdstrich zugebracht, und mein nur zu treues Gedächtniß vergegenwärtigte mir alles, was ich in Europa über die Gefährlichkeit der Luft in den Wäldern gelesen hatte. Statt den Orinoco hinaufzufahren, hätten wir ein paar Monate im gemäßigten, gesunden Klima der Sierra Nevada von Merida zubringen können. Den Weg über die Flüsse hatte ich selbst gewählt, und in der Gefahr, in der mein Reisegefährte schwebte, erblickte ich die unselige Folge dieser unvorsichtigen Wahl.

Nachdem das Fieber in wenigen Tagen einen ungemeinen Grad von Heftigkeit erreicht hatte, nahm es einen weniger beunruhigenden Charakter an. Die Entzündung des Darmcanals wich auf die Anwendung erweichender Mittel, wozu Malvenarten dienten. Die Sida- und Melochia-Arten sind im heißen Erdstrich ungemein wirksam. Indessen ging es mit der Wiedergenesung des Kranken sehr langsam, wie immer bei noch nicht ganz acclimatisirten Europäern. Die Regenzeit dauerte noch immer an, und an die Küste von Cumana zurück mußten wir wieder über die Llanos, wo man auf halbüberschwemmtem Boden selten ein Obdach und etwas anderes als an der Sonne gedörrtes Fleisch zu essen findet. Um nicht Bonpland einem gefährlichen Rückfall auszusetzen, beschlossen wir bis zum 10. Juli in Angostura zu bleiben. Wir brachten diese Zeit zum Theil auf einer Pflanzung[86] in der Nachbarschaft zu, wo Mangobäume und Brodfruchtbäume (*Artocarpus incisa*) gezogen werden. Letztere waren im sechsten Jahr bereits über 40 Fuß hoch. Manche Artocarpusblätter, die wir maßen, waren 3 Fuß lang und 18 Zoll breit, bei einem Gewächs aus der Familie der Dicotyledonen eine sehr auffallende Größe.

Ich beschließe dieses Kapitel mit einer kurzen Beschreibung des spanischen Guyana (*Provincia de la Guayana*), welche einen Theil der alten *Capitania general* von Caracas ausmacht. Nachdem ich ausführlich berichtet, was die Flüsse Apure, Orinoco, Atabapo, Rio Negro und Cassiquiare an Momenten zur Geschichte unseres Geschlechts und an Naturerzeugnissen bemerkenswerthes bieten, erscheint es von Werth, diese zerstreuten Züge zusammenzufassen und ein allgemeines Bild eines Landes zu entwerfen, das einer großen Zukunft entgegengeht und schon jetzt die Augen Europas auf sich zieht. Ich beschreibe zuerst die Lage von Angostura, der jetzigen Hauptstadt der Provinz, und verfolge dann den Orinoco bis zum Delta, das er an seiner Mündung bildet. Ich entwickle darauf den wahren Lauf des Rio Carony, an dessen fruchtbaren Ufern die Mehrzahl der indianischen Bevölkerung der Provinz lebt, und beweise aus der Geschichte der Geographie, wie die fabelhaften Seen entstanden sind, die so lange unsere Karten verunziert haben.

Seit dem Ende des sechzehnten Jahrhunderts haben hinter einander drei Städte den Namen **Santo Thome de la Guayana** geführt. Die erste lag der Insel Faxardo gegenüber beim Einfluß des Carony in den Orinoco; sie wurde von den Holländern unter dem Befehl des Capitäns Adrian Janson im Jahr 1579 zerstört. Die zweite, gegründet im Jahr 1591 von Antonio de Berrio, etwa 12 Meilen ostwärts vom Einfluß des Carony, wehrte sich muthig gegen Sir Walter Ralegh, den die spanischen Geschichtschreiber der Eroberung nur unter dem Namen des Corsaren **Reali** kennen. Die dritte Stadt, der jetzige

Hauptort der Provinz, liegt 52 Meilen westwärts vom Einfluß des Carony. Sie wurde im Jahr 1764 unter dem Statthalter Don Juacquin Moreno de Mendoza angelegt, und man unterscheidet sie in den officiellen Schriftstücken von der zweiten Stadt, die gewöhnlich die Festung (*el castillo* oder *las fortalezas*) oder Alt-Guayana (*Vieja Guayana*) heißt, als **Santo Thome de la Nueva Guayana**. Da dieser Name sehr lang ist, so sagt man dafür im gemeinen Leben Angostura (Engpaß).[87] Die Bevölkerung dieser Länder weiß kaum, daß die Namen Santiago de Leon und Santo Thome auf unsern Karten die beiden Hauptstädte von Venezuela und Guyana bedeuten.

Angostura, dessen Länge und Breite ich nach astronomischen Beobachtungen schon oben angegeben, lehnt sich an einen kahlen Hügel von Hornblendeschiefer. Die Straßen sind gerade und laufen meist dem Strome parallel. Viele Häuser stehen auf dem nackten Fels, und hier, wie in Carichana und in manchen Missionen, glaubt man, daß durch die schwarzen stark von der Sonne erhitzten Steinflächen die Luft ungesund werde. Für gefährlicher halte ich die kleinen Lachen stehenden Wassers (*lagunas y anegadizos*), die hinter der Stadt gegen Südost sich hinziehen. Die Häuser in Angostura sind hoch, angenehm und meistens aus Stein. Diese Bauart beweist, daß man sich hier zu Lande vor den Erdbeben nicht sehr fürchtet; leider gründet sich aber diese Sicherheit keineswegs auf einen Schluß aus zuverlässigen Beobachtungen. Im Küstenland von Neu-Andalusien spürt man allerdings zuweilen sehr starke Stöße, die sich nicht über die Llanos hinüber fortpflanzen. Von der furchtbaren Katastrophe in Cumana am 4. Februar 1797 fühlte man in Angostura nichts, aber beim großen Erdbeben vom Jahr 1766, das jene Stadt gleichfalls zerstörte, wurde der Granitboden beider Orinocoufer bis zu den Katarakten von Atures und Maypures erschüttert. Südlich von denselben spürt man zuweilen Stöße, die sich auf das Becken des obern Orinoco und des Rio Negro beschränken. Dieselben scheinen von einem vulkanischen Herd auszugehen, der von dem auf den kleinen Antillen weit abliegt. Nach den Angaben der Missionäre in Javita und San Fernando de Atabapo waren im Jahr 1798 zwischen dem Guaviare und dem Rio Negro sehr starke Erdbeben, die nordwärts, Maypures zu, nicht mehr gespürt wurden. Man kann nicht aufmerksam genug Alles beachten, was die Gleichzeitigkeit der Bodenschwingungen und die Unabhängigkeit derselben auf zusammenhängenden Landstrichen betrifft. Alles weist darauf hin, daß die Bewegung sich nicht an der Oberfläche fortpflanzt, sondern durch sehr tiefe Spalten, die in verschiedene Herde auslaufen.

Die Umgebung der Stadt Angostura bietet wenig Abwechselung; indessen ist die Aussicht auf den Strom, der einen ungeheuern von Südwest nach Nordost laufenden Canal darstellt, höchst großartig. Nach einem langen Streit über die Vertheidigung des Platzes und die Kanonenschußweite wollte die Regierung genau wissen, wie breit der Strom bei dem Punkte sey, welcher der **Engpaß** heißt, und wo ein Fels liegt (*el Peñon*), der bei Hochwasser ganz bedeckt wird. Obgleich bei der Provinzialregierung ein Ingenieur angestellt ist, hatte man wenige Monate vor meiner Ankunft in Angostura aus Caracas Don Mathias Yturbur hergeschickt, um den Orinoco zwischen der geschleiften Schanze San Gabriel und der Redoute San Rafael messen zu lassen. Ich hörte in nicht zuverlässiger Weise, bei dieser Messung haben sich etwas über 800 *varas castellanas* ergeben. Der Stadtplan, welcher der großen Karte von Südamerika von la Cruz Olmedilla beigegeben ist, gibt 940 an. Ich selbst habe den Strom zweimal sehr genau trigonometrisch gemessen, einmal beim Engpaß selbst zwischen den beiden Schanzen San Gabriel und San Rafael, und dann ostwärts von Angostura auf dem großen Spaziergang (Alameda) beim *Embarcadero del ganado*. Ich fand für den ersteren Punkt (als Minimum der Breite) 580 Toisen, für letzteren 490. Der Strom ist also hier noch immer vier bis fünfmal breiter als die Seine beim Pflanzengarten, und doch heißt diese Strecke am Orinoco eine Einschnürung, ein **Engpaß**. Nichts gibt einen besseren Begriff von der Wassermasse der großen Ströme Amerikas als die Dimensionen dieser sogenannten Engpässe. Der Amazonenstrom ist nach meiner Messung beim **Pongo** de Rentema 217 Toisen, beim **Pongo** de Manseriche, nach La Condamine, 25, und beim **Engpaß** Pauxis 900 Toisen breit. Letzterer Engpaß ist also beinahe so breit als der Orinoco im Engpaß beim Baraguan.[88]

Bei Hochwasser überschwemmt der Strom die Kais, und es kommt vor, daß Unvorsichtige in der Stadt selbst den Krokodilen zur Beute werden. Ich sehe aus meinem Tagebuche einen Fall her, der während Bonplands Krankheit vorgekommen. Ein Guayqueri-Indianer von der Insel Margarita wollte seine Pirogue in einer Bucht anbinden, die nicht drei Fuß tief war. Ein sehr wildes Krokodil, das immer in der Gegend herumstrich, packte ihn beim Bein und schwamm vom Ufer weg, wobei es an der Wasserfläche blieb. Das Geschrei des Indianers zog eine Menge Zuschauer herbei. Man sah, wie der Unglückliche mit unerhörter Entschlossenheit zuerst ein Messer in der Tasche seines Beinkleids suchte. Da er es nicht fand, packte er den Kopf des Krokodils und stieß ihm die Finger in die Augen. In den heißen Landstrichen Amerikas ist es Jedermann bekannt, daß dieses mit einem harten, trockenen Schuppenpanzer bedeckte fleischfressende Reptil an den wenigen weichen, nicht geschützten Körpertheilen, wie an den Augen, den Achselhöhlen, den Naslöchern und unterhalb des Unterkiefers, wo zwei Bisamdrüsen sitzen, sehr empfindlich ist. Der Guayqueri ergriff das Mittel, durch das Mungo-Parks Neger und das Mädchen in Uritucu, von denen oben die Rede war,[89]sich gerettet; aber er war nicht so glücklich wie sie, und das Krokodil machte den Rachen nicht auf, um seine Beute fahren zu lassen. Im Schmerz tauchte aber das Thier unter, ertränkte den Indianer, erschien wieder auf der Wasserfläche und schleppte den Leichnam auf eine Insel dem Hafen gegenüber. Ich kam im Moment an Ort und Stelle, wo viele Einwohner von Angostura das schreckliche Ereigniß mit angesehen hatten.

Da das Krokodil vermöge des Baues seines Kehlkopfs, seines Zungenbeins und der Faltung seiner Zunge seine Beute unter Wasser wohl packen, aber nicht verschlingen kann, so verschwindet selten ein Mensch, ohne daß man ganz nahe an der Stelle, wo das Unglück geschehen, nach ein paar Stunden das Thier zum Vorschein kommen und am nächsten Ufer seine Beute verschlingen sieht. Weit mehr Menschen, als man in Europa glaubt, werden alljährlich Opfer ihrer Unvorsichtigkeit und der Gier der Reptilien. Es kommt besonders in den Dörfern vor, deren Umgegend häufig überschwemmt wird. Dieselben Krokodile halten sich lange am nämlichen Orte auf. Sie werden von Jahr zu Jahr kecker, zumal, wie die Indianer behaupten, wenn sie einmal Menschenfleisch gekostet haben. Die Thiere sind so schlau, daß sie sehr schwer zu erlegen sind. Eine Kugel dringt nicht durch ihre Haut, und der Schuß ist nur dann tödtlich, wenn er in den Rachen oder in die Achselhöhle trifft. Die Indianer, welche sich selten der Feuerwaffen bedienen, greifen das Krokodil mit Lanzen an, sobald es an starken, spitzen eisernen Hacken, auf die Fleisch gesteckt ist und die mit einer Kette an einem Baumstamm befestigt sind, angebissen hat. Man geht dem Thier erst dann zu Leibe, wenn es sich lange abgemüht hat, um vom Eisen, das ihm in der oberen Kinnlade steckt, loszukommen. Es ist nicht wahrscheinlich, daß man es je dahin bringt, das Land von Krokodilen zu säubern, da aus einem Labyrinth zahlloser Flüsse Tag für Tag neue Schwärme vom Ostabhang der Anden über den Meta und den Apure an die Küsten von spanisch Guyana herabkommen. Mit dem Fortschritt der Cultur wird man es nur dahin bringen, daß die Thiere scheuer werden und leichter zu verscheuchen sind.

Man erzählt rührende Fälle, wo afrikanische Sklaven ihr Leben aufs Spiel setzten, um ihren Herren das Leben zu retten, die in den Rachen eines Krokodils gerathen waren. Vor wenigen Jahren ergriff zwischen Uritucu und der Mission *de abaxo* in den Llanos von Calabozo ein Neger auf das Geschrei seines Herrn ein langes Messer (*machette*) und sprang in den Fluß. Er stach dem Thiere die Augen aus und zwang es so, seine Beute fahren zu lassen und sich unter dem Wasser zu verbergen. Der Sklave trug seinen sterbenden Herrn ans Ufer, aber alle Versuche, ihn wieder zum Leben zu bringen, blieben fruchtlos; er war ertrunken, denn seine Wunden waren nicht tief. Das Krokodil scheint, wie der Hund, beim Schwimmen die Kinnladen nicht fest zu schließen. Es braucht kaum erwähnt zu werden, daß die Kinder des Verstorbenen, obgleich sie sehr arm waren, dem Sklaven die Freiheit schenkten.

Für die Anwohner des Orinoco und seiner Nebenflüsse sind die Gefahren, denen sie ausgesetzt sind, ein Gegenstand der täglichen Unterhaltung. Sie haben die Sitten des Krokodils beobachtet, wie der **Torero** die Sitten des

Stiers. Sie wissen die Bewegungen des Thiers, seine Angriffsmittel, den Grad seiner Keckheit gleichsam voraus zu berechnen. Sehen sie sich angegriffen, so greifen sie mit der Geistesgegenwart und Entschlossenheit, die den Indianern, den Zambos, überhaupt den Farbigen eigen sind, zu all den Mitteln, die man sie von Kindheit auf kennen gelehrt. In Ländern, wo die Natur so gewaltig und furchtbar erscheint, ist der Mensch beständig gegen die Gefahr gerüstet. Wir haben oben erwähnt, was das junge indianische Mädchen sagte, das sich selbst aus dem Rachen des Krokodils losgemacht: »Ich wußte, daß es mich fahren ließ, wenn ich ihm die Finger in die Augen drückte.« Dieses Mädchen gehörte der dürftigen Volksklasse an, wo die Gewöhnung an physische Noth die moralische Kraft steigert; es ist aber wahrhaft überraschend, wenn man in von schrecklichen Erdbeben zerrütteten Ländern, auf der Hochebene von Quito Frauen aus den höchsten Gesellschaftsklassen im Augenblick der Gefahr dieselbe Kaltblütigkeit, dieselbe überlegte Entschlossenheit entwickeln sieht.

Ich gebe zum Beleg dafür nur Ein Beispiel. Als am 4. Februar 1797 36,000 Indianer in wenigen Minuten ihren Tod fanden, rettete eine junge Mutter sich und ihre Kinder dadurch, daß sie im Augenblick, wo der geborstene Boden sie verschlingen wollte, ihnen zurief, die Arme auszustrecken. Als man gegen das muthige Weib Verwunderung über eine so außerordentliche Geistesgegenwart äußerte, erwiderte sie ganz einfach: »Ich habe von Jugend auf gehört: überrascht dich das Erdbeben im Hause, so stelle dich unter die Verbindungsthür zwischen zwei Zimmern; bist du im Freien und fühlst du, daß der Boden unter dir sich aufthut, so strecke beide Arme aus und suche dich an den Rändern der Spalte zu halten.« So ist der Mensch in diesen wilden oder häufigen Zerrüttungen unterworfenen Ländern gerüstet, den Thieren des Waldes entgegenzutreten, sich aus dem Rachen der Krokodile zu befreien, sich aus dem Kampf der Elemente zu retten.

So oft in sehr heißen und nassen Jahren bösartige Fieber in Angostura herrschen, streitet man darüber, ob die Regierung wohl gethan, die Stadt von **Vieja Guayana** an den **Engpaß** zwischen der Insel Maruanta und dem Einfluß des Rio Orocopiche zu verlegen. Man behauptet, der alten Stadt seyen, da sie näher an der See gelegen, die kühlen Seewinde mehr zu gut gekommen, und die große Sterblichkeit, die dort geherrscht, sey nicht sowohl örtlichen Ursachen als der Lebensweise der Einwohner zuzuschreiben gewesen. An den fruchtbaren, feuchten Ufern des Orinoco unterhalb des Einflusses des Carony wachsen in überschwenglicher Menge Wassermelonen (*Patillas*), Bananen und Papayas.[20] Diese Früchte wurden roh gegessen, sogar unreif, und da das Volk zugleich dem Genuß geistiger Getränke übermäßig ergeben war, so nahm in Folge dieser unordentlichen Lebensweise die Volkszahl Jahr um Jahr ab. In den Archiven von Caracas liegen eine Menge Schriften, die davon handeln, daß die jeweilige Hauptstadt von Guyana nothwendig verlegt werden müsse. Nach den mir mitgetheilten Aktenstücken schlug man bald vor, wieder in die **Fortaleza**, das heißt nach **Vieja Guayana** zu ziehen, bald die Hauptstadt ganz nahe an der großen Mündung des Orinoco (zehn Meilen westwärts vom Cap Barima, am Einfluß des Rio Acquire) anzulegen, bald sie 25 Meilen unterhalb Angostura auf die schöne Savane zu stellen, auf der das Dorf San Miguel liegt. Es war allerdings eine engherzige Politik, wenn die Regierung glaubte, »zur besseren Vertheidigung der Provinz den Hauptort in der ungeheuern Entfernung von 85 Meilen von der See anlegen zu müssen und auf dieser Strecke keine Stadt erbauen zu dürfen, die den Einfällen des Feindes bloßgestellt wäre«. Zu dem Umstand, daß europäische Fahrzeuge den Orinoco sehr schwer bis Angostura hinaufkommen (weit schwerer als auf dem Potomac bis Washington), kommt noch der andere für die Agriculturindustrie sehr nachtheilige, daß der Mittelpunkt des Handels oberhalb der Stelle liegt, wo die Ufer des Stroms den Fleiß des Colonisten am meisten lohnen. Es ist nicht einmal richtig, daß die Stadt Angostura oder Santo Thome de la Nueva Guayana da angelegt worden, wo im Jahr 1764 das bebaute Land anfing; damals wie jetzt war die Hauptmasse der Bevölkerung von Guyana in den Missionen der catalonischen Kapuziner zwischen den Flüssen Carony und Cuyuni. Nun ist aber dieses Gebiet, das wichtigste in der ganzen Provinz, wo sich der Feind Hülfsmittel aller Art verschaffen kann, eben durch **Vieja Guayana** geschützt — oder man nimmt dieß doch an — in keiner Weise aber durch die Werke der neuen Stadt Angostura.

Die in Vorschlag gebrachte Stelle bei San Miguel liegt ein Stück ostwärts vom Einfluß des Carony, also zwischen der See und dem bevölkertsten Landstriche. Legt man den Hauptort der Provinz noch weiter unten, ganz nahe am Ausfluß des Orinoco an, wie de Pons will, so hat man weniger von der Nähe der Caraiben zu besorgen, die man sich leicht vom Leibe hielte, als vom Umstand, daß der Feind über die kleinen westlichen Mündungen des Orinoco, die Caños Macareo und Manamo, den Platz umgehen und in das Innere der Provinz vordringen könnte. Bei einem Flusse, dessen Delta schon 45 Meilen von der See den Anfang nimmt, kommen, wenn es sich von der Anlage einer großen Stadt handelt, zwei Interessen ins Spiel, die militärische Vertheidigung und die Rücksicht auf Handel und Ackerbau. Der Handel verlangt, daß die Stadt so nahe als möglich bei der großen Mündung, der *Boca de Navios* liege; aus dem Gesichtspunkt der militärischen Sicherung stände sie besser oberhalb des Beginns des Delta, westlich vom Punkt, wo der Caño Manamo vom Hauptstrom abgeht und durch mannigfache Verzweigungen mit den acht kleinen Mündungen (*Boca chicas*) zwischen der Insel Cangrejos und der Mündung des Rio Guarapiche in Verbindung steht. Die Lage von **Vieja** wie von **Nueva** Guayana entspricht der letzteren Bedingung. Die der alten Stadt hat noch den weiteren Vortheil, daß sie in gewissem Grade die schönen Niederlassungen der catalonischen Kapuziner am Carony deckt.

Man könnte dieselben angreifen, wenn man am rechten Ufer des **Brazo Imataca** ans Land ginge; aber die Mündung des Carony, in der die Piroguen die Unruhe des Wassers von den nahen Katarakten her (*Salto de Carony*) spüren, ist durch die Werke von Alt-Guayana vertheidigt.

Ich bin bei dieser Erörterung ins Einzelne gegangen, weil diese dünn bevölkerten Länder durch die politischen Ereignisse in neuester Zeit große Wichtigkeit erhalten haben. Ich habe die verschiedenen Plane besprochen, so weit ich bei meiner Lage und meinem Verhältniß zur spanischen Regierung die Oertlichkeiten am untern Orinoco habe kennen lernen. Es ist Zeit, daß man der in den spanischen und portugiesischen Colonien herrschenden Sucht, Städte zu versetzen, wie Nomadenlager, entgegentritt. Nicht als ob die Gebäude in Angostura zu bedeutend und zu fest wären, als daß man an eine Zerstörung der Stadt denken könnte; bei ihrer Lage am Fuße eines Felsens scheint sie sich schwer weiter ausdehnen zu können; aber trotz dieser Uebelstände läßt man doch lieber stehen, was seit fünfzig Jahren gediehen ist. Unmerklich verknüpft sich mit der Existenz einer Hauptstadt, so klein sie auch seyn mag, das Bewußtseyn gesicherter öffentlicher Zustände, und wenn das Handelsinteresse eine theilweise Abänderung durchaus verlangt, so könnte man ja später, während Angostura der Sitz der Verwaltung und der Mittelpunkt der Geschäfte bliebe, näher an der großen Mündung des Orinoco einen andern Hafen anlegen. So ist ja Guayra der Stapelplatz von Caracas, und so mag eines Tags Vera Cruz der Hafen von Xalapa werden. Die Fahrzeuge aus Europa und aus den Vereinigten Staaten, die mehrere Monate in diesen Strichen verweilen, könnten, wenn sie wollten, bis Angostura hinauf gehen, die andern nähmen ihre Ladung im Hafen zunächst der Punta Barima ein, wo sich in Friedenszeit die Magazine, die Seilerbahnen und die Werfte befanden. Zur Deckung des Landes zwischen der Hauptstadt und dem Stapelplatz oder dem *Puerto de la Boca grande* gegen einen feindlichen Einfall befestigte man die Ufer des Orinoco may einem dem Terrain angepaßten Vertheidigungssystem, etwa bei Imataca oder Zacupana, bei Barancas oder San Rafael (an der Stelle, wo der Caño Manamo vom Hauptstrom abgeht), bei Vieja Guayana, bei der Insel Faxardo (dem Einfluß des Carony gegenüber) und beim Einfluß des Mamo. In diese Werke, die ohne große Kosten zu beschaffen wären, flüchteten sich auch die Kanonierschaluppen, die an den Punkten stationirt sind, welche die feindlichen Fahrzeuge, wenn sie gegen die Strömung heraufsegeln, in Sicht haben müssen, um neue Schläge zu machen. Diese Vertheidigungsmittel scheinen mir um so dringender geboten, da sie nur zu lange vernachlässigt worden sind.[21]

Die Nordküsten von Südamerika sind größtentheils durch eine Bergkette gedeckt, die von West nach Ost streichend zwischen dem Uferstrich und den Llanos von Neu-Andalusien, Barcelona, Venezuela und Varinas liegt. Diese

Küsten haben die Aufmerksamkeit des Mutterlandes wohl zu ausschließlich in Anspruch genommen: dort liegen sechs feste Plätze mit schönem, zahlreichem Geschütz, nämlich Carthagena, San Carlos de Maracaybo, Porto Cabello, la Guayra, der Moro de Nueva Barcelona und Cumana. Die Ostküsten von spanisch Amerika, die von Guyana und Buenos Ayres sind niedrig und ohne Schutz; einem unternehmenden Feinde fällt es nicht schwer, ins Innere des Landes bis zum Ostabbang der Cordilleren von Neu-Grenada und Chili vorzudringen. Die Richtung des Rio de la Plata,[92] der durch den Uruguay, Parana und Paraguay gebildet wird, nöthigt das angreifende Heer, wenn es ostwärts vordringen will, über die Steppen (Pampas) bis Cordova oder Mendoza zu ziehen; aber nördlich vom Aequator, in spanisch Guyana bietet der Lauf des Orinoco[93] und seiner beiden großen Nebenflüsse Apure und Meta in der Richtung eines Parallelkreises eine Wasserstraße, auf der sich Munition und Lebensmittel leicht fortbringen lassen. Wer Herr von Angostura ist, dringt nach Gefallen nordwärts in die Steppen von Cumana, Barcelona und Caracas, nordwestwärts in die Provinz Varinas, westwärts in die Provinzen am Casanare bis an den Fuß der Gebirge von Pamplona, Tunja und Santa Fe de Bogota vor. Zwischen der Provinz spanisch Guyana und dem reichen, stark bevölkerten, gut angebauten Uferstrich liegen nur die Niederungen am Orinoco, Apure und Meta. Die festen Plätze (Cumana, la Guayra und Porto-Cabello) schützen diese Länder kaum vor einer Landung an der Nordküste. An diesen Angaben über die Bodenbildung und die gegenwärtige Vertheilung der festen Punkte mag es genügen. Man ersieht daraus wohl hinlänglich, daß zur politischen Sicherung der vereinigten Provinzen Caracas und Neu-Grenada eine Deckung der Orinocomündungen unumgänglich ist, und daß spanisch Guyana, obgleich kaum urbar gemacht und so dünn bevölkert, im Kampfe zwischen den Colonien und dem Mutterlande eine große Bedeutung erlangt. Diese militärische Bedeutung des Landes erkannte der berühmte Ralegh schon vor zweihundert Jahren. Im Bericht über seine erste Expedition kommt er öfters daraus zurück, wie leicht es der Königin Elisabeth wäre, »auf dem Orinoco und den zahllosen Flüssen, die sich in denselben ergießen,« einen großen Theil der spanischen Colonien zu erobern. Wir haben oben angeführt, daß Girolamo Benzoni im Jahr 1545 die Revolutionen auf St. Domingo, »das in Kurzem Eigenthum der Schwarzen werden müsse,« vorhersagte. Hier finden wir in einem Werke, das 1596 erschien, einen Feldzugsplan, der sich durch Ereignisse der jüngsten Zeit als ganz richtig erwiesen hat.

In den ersten Jahren nach der Gründung stand die Stadt Angostura in keinem unmittelbaren Verkehr mit dem Mutterland. Die Einwohner beschränkten sich darauf, dürres Fleisch und Tabak auf die Antillen und über den Rio Cuyuni in die holländische Provinz am Essequebo zu schmuggeln. Man erhielt unmittelbar aus Spanien weder Wein, noch Oel, noch Mehl, die drei gesuchtesten Einfuhrartikel. Im Jahr 1771 schickten einige Handelsleute die erste Goelette nach Cadix, und seitdem wurde der direkte Tauschhandel mit den andalusischen und catalonischen Hafen sehr lebhaft. Seit 1785 nahm die Bevölkerung von Angostura,[94] nachdem sie lange sehr zurückgeblieben war, stark zu; indessen war sie bei meinem Aufenthalt in Guyana noch weit hinter der Bevölkerung der nächsten englischen Stadt Stabrock zurück. Die Mündungen des Orinoco haben etwas vor allen Hafen von Terra Firma voraus: man verkehrt aus denselben am raschesten mit der spanischen Halbinsel. Man fährt zuweilen von Cadix zur Punta Barima in 18 bis 20, und nach Europa zurück in 30 bis 35 Tagen. Da diese Mündungen unter dem Winde aller Inseln liegen, so können die Schiffe von Angostura einen vortheilhafteren Verkehr mit den Colonien auf den Antillen unterhalten als Guayra und Porto Cabello. Die Handelsleute in Caracas sehen daher auch immer mit eifersüchtigen Blicken auf die Fortschritte der Industrie in spanisch Guyana, und da Caracas bisher der höchste Regierungssitz war, so wurde der Hafen von Angostura noch weniger begünstigt als die Häfen von Cumana und Nueva Barcelona. Der innere Verkehr ist am lebhaftesten mit der Provinz Varinas. Aus derselben kommen nach Angostura Maulthiere, Cacao, Indigo, Baumwolle und Zucker, und sie erhält dafür »*Generos*,« das heißt europäische Manufakturprodukte. Ich sah lange Fahrzeuge (*Lanchas*) abgehen, deren Ladung auf acht bis zehntausend Piaster geschätzt wurde. Diese Fahrzeuge fahren zuerst den Orinoco bis Cabruta, dann den Apure bis San Vicente, endlich den Rio Santo Domingo bis Torunos hinauf, welches der Stapelplatz von Varinas Nuevas ist. Die kleine Stadt San Fernando de Apure, die ich oben beschrieben,[95] dient als Niederlage bei diesem Flußhandel, der durch die Einführung der Dampfschifffahrt noch weit bedeutender werden kann.

Das linke Ufer des Orinoco und alle Mündungen des Stroms, mit Ausnahme der Boca de Navios, gehören zu der Provinz Cumana. Dieser Umstand hat schon lange Anlaß zum Projekt gegeben, Angostura gegenüber (da wo gegenwärtig die Batterie San Rafael steht) eine neue Stadt zu gründen, um vom Gebiet der Provinz Cumana selbst, und ohne über den Orinoco sehen zu müssen, die Maulthiere und das dürre Fleisch der Llanos ausführen zu können. Kleinlichte Eifersüchteleien, wie sie immer zwischen zwei benachbarten Regierungen im Schwange sind, werden diesem Plane Vorschub leisten; aber beim gegenwärtigen Zustand des Ackerbaus im Lande ist zu wünschen, daß er noch lange vertagt bleibt. Warum sollte man an den Ufern des Orinoco zwei concurrirende Städte bauen, die kaum 400 Toisen auseinander lägen?

Ich habe im Bisherigen das Land beschrieben, das wir auf einer 500 Meilen langen Flußfahrt durchzogen; es bleibt jetzt nur noch das kleine 3,52 Längengrade betragende Stück zwischen der gegenwärtigen Hauptstadt und Mündung des Orinoco übrig. Eine genaue Kenntniß des Delta und des Laufs des Rio Carony ist für die Hydrographie und den europäischen Handel von gleichem Belang. Um den Flächenraum und die Bildung eines von Flußarmen durchschnittenen und periodischen Ueberschwemmungen unterworfenen Landes beurtheilen zu können, hatte ich die astronomische Lage der Punkte, wo die Spitze und die äußersten Arme des Delta liegen, zu ermitteln. Churruca, der mit Don Juacquin Fidalgo den Auftrag hatte, die Nordküsten von Terra Firma und die Antillen aufzunehmen, hat Länge und Breite der Boca de Manamo, der Punta Baxa und von Vieja Guayana bestimmt. Aus Espinosas Denkschriften kennen wir die wahre Lage der Punta Barima, und ich glaube daher, wenn ich nach den Punkten Puerto España auf der Insel Trinidad und dem Schloß San Antonio bei Cumana (Punkten, welche durch meine eigenen Beobachtungen und durch Oltmanns scharfsinnige Untersuchungen gegeben sind) eine Reduction vornehme und dadurch die absoluten Längen näher bestimme, hinlänglich genaue Angaben machen zu können. Es ist wünschenswerth, daß einmal auf einer ununterbrochenen Fahrt auf chronometrischem Wege die Meridianunterschiede zwischen Puerto España und den kleinen Mündungen des Orinoco, zwischen San Rafael (der Spitze des Delta) und Santo Thome de Angostura bestimmt werden.

Die ganze Ostküste von Südamerika vom Cap San Roque, und besonders vom Hafen von Maranham bis zum Gebirgsstock von Paria ist so niedrig, daß, nach meiner Ansicht, das Delta des Orinoco und seine Bodenbildung nicht wohl den Anschwemmungen Eines Stromes zugeschrieben werden kann. Ich will nach der Aussage der Alten nicht in Abrede ziehen, daß das Nildelta einst ein Busen des Mittelmeers war, der allmählig durch Anschwemmung ausgefüllt wurde. Es begreift sich leicht, daß sich an der Mündung aller großen Ströme da, wo die Geschwindigkeit der Strömung rasch abnimmt, eine Bank, ein Eiland bildet, daß sich Material absetzt, das nicht weiter geschwemmt werden kann. Es ist ebenso begreiflich, daß der Fluß, da er um diese Bank herum muß, sich in zwei Arme spaltet, und daß die Anschwemmungen, da sie an der Spitze des Delta einen Stützpunkt finden, sich immer weiter ausbreiten, während die Flußarme aus einander weichen. Der Vorgang bei der ersten Gabelung wiederholt sich bei jedem einzelnen Stromstück, so daß die Natur durch denselben Proceß ein Labyrinth kleiner gegabelter Canäle hervorbringen kann, die sich im Laufe der Jahrhunderte, je nach der Stärke und der Richtung der Hochgewässer, ausfüllen oder vertiefen. Auf diese Weise hat sich unzweifelhaft der Hauptstamm des Orinoco 25 Meilen westwärts von der Boca de Ravios in zwei Arme, den von Zacupana und den von Imataca, getheilt. Das Netz kleinerer Zweige dagegen, die gegen Nord vom Flusse abgehen und deren Mündungen *bocas chicas* (die kleinen Mündungen) heißen, scheint mir eine Erscheinung, die ganz mit der Bildung der **Deltas von Nebenflüssen** übereinkommt.[26] Wenn mehrere hundert Meilen von der Küste ein Fluß

(z. B. der Apure oder Jupura) sich mittelst einer Menge von Zweigen mit einem andern Fluß verbindet, so sind diese mannigfachen Gabelungen nur Rinnen in einem völlig ebenen Boden. Ebenso verhält es sich mit den **oceanischen** Deltas überall, wo bei allgemeinen Ueberfluthungen in Zeiten, bevor Orinoco und Amazonenstrom bestanden, die Küsten mit erdigen Niederschlägen bedeckt wurden. Ich bezweifle, daß alle oceanischen Deltas einst Meerbusen, oder, wie einige neuere Geographen sich ausdrücken, **negative Deltas** waren. Wem einmal die Mündungen des Ganges, des Indus, des Senegal, der Donau, des Amazonenstroms, des Orinoco und des Mississippi geologisch genauer untersucht sind, wird sich zeigen, daß nicht alle denselben Ursprung haben; man wird dann zwischen Küsten unterscheiden, die in Folge der sich häufenden Anschwemmungen rasch in die See hinaus vorrücken, und Küsten, die sich innerhalb des allgemeinen Umrisses der Continente halten; man wird unterscheiden zwischen einem, von einem **gegabelten** Strom gebildeten Landstrich, und den von ein paar Seitenarmen durchzogenen Niederungen, die zu einem aufgeschwemmten Lande gehören, das mehrere tausend Quadratmeilen Flächenraum hat.

Das Delta des Orinoco zwischen der Insel Cangrejos und der Boca de Manamo (der Landstrich, wo die Guaraons wohnen) läßt sich mit der Insel Marajo oder Joanes an der Mündung des Amazonenstroms vergleichen. Dort liegt das aufgeschwemmte Land nördlich, hier südlich vom Hauptstamm des Stroms. Aber die Insel Joanes schließt sich nach ihrer Form der allgemeinen Bodenbildung in der Provinz Maranhao gerade so an, wie die Küste bei den *Bocas chicas* des Orinoco den Küsten am Rio Essequebo und am Meerbusen von Paria. Nichts weist darauf hin, daß einmal letzterer Meerbusen südwärts von der Boca de Manamo bis Vieja Guayana ins Land hinein gereicht, oder daß der Amazonenstrom die ganze Bucht zwischen Villa Vistosa und Gran Para mit seinen Gewässern gefüllt hat. Nicht Alles, was an den Flüssen liegt, ist ihr Werk. Meist haben sie sich in aufgeschwemmtem Land ein Bett gegraben, aber diese Anschwemmungen sind von höherem geologischem Alter, hängen mit den großen Umwälzungen zusammen, die unser Planet erlitten. Es ist zu ermitteln, ob zwischen den gegabelten Zweigen eines Flusses der Schlick nicht auf einer Schicht von Geschieben liegt, wie man sie sehr weit vom fließenden Wasser findet. Die Arme des Orinoco weichen auf 47 Seemeilen auseinander; es ist dieß die Breite des oceanischen Deltas zwischen Punta Barima und der am weitesten nach West gelegenen *Boca chica.* Dieser Landstrich ist bis jetzt nicht genau aufgenommen, und so kennt man auch nicht die Zahl der Mündungen. Nach der gemeinen Annahme hat der Orinoco ihrer sieben, und dieß erinnert an die im Alterthum so berufenen *septem ostia Nili.* Aber das egyptische Delikt war nicht immer auf diese Zahl beschränkt, und an den überschwemmten Küsten von Guyana kann man wenigstens elf ganz ansehnliche Mündungen zählen. Nach der Boca de Navios, welche die Schiffer an der Punta Barima erkennen, sind vom größten

Werth für die Schifffahrt die Bocas Mariusas, Macareo, Pedernales und Manamo grande. Der Strich des Deltas westwärts von der Boca Macareo wird von den Gewässern des Meerbusens von Paria oder *Golfo triste* bespült. Dieses Becken wird durch die Ostküste der Provinz Cumana und die Westküste der Insel Trinidad gebildet; es steht mit dem Meer der Antillen durch die vielberufenen *Bocas de Dragos* (Mündungen des Drachen) in Verbindung, welche die Küstenpiloten seit Christoph Columbus Zeit ziemlich uneigentlich als die Mündungen des Orinoco betrachten.

Will ein Schiff von der hohen See her in die Hauptmündung des Orinoco, die Boca de Navios einlaufen, so muß es die Punta Barima in Sicht bekommen. Das rechte, südliche Ufer ist das höhere; es kommt auch nicht weit davon landeinwärts, zwischen dem Caño Barima, dem Aquire und dem Cuyuni, das Granitgestein auf dem morastigen Boden zu Tage. Das linke oder nördliche Stromufer, welches über das Delta bis zur Boca de Mariusas und der Punta Baxa läuft, ist ganz niedrig; man erkennt es von weitem nur an den Gruppen von Mauritiapalmen, welche die Landschaft zieren. Der Baum ist der Sagobaum dieses Landstrichs;[27] man gewinnt daraus das Mehl zum **Yurumabrod**, und die Mauritia ist keineswegs eine »Küstenpalme«, wie *Chamaerops humilis*, wie der gemeine Cocosbaum und Commersons *Lodoicea*, sondern geht, als »Sumpfpalme«, bis zu den Quellen des Orinoco hinauf.[28] Während der Ueberschwemmungen nehmen sich diese Mauritiabüsche wie ein Wald aus, der aus dem Wasser taucht. Der Schiffer, wenn er bei Nacht durch die Canäle des Orinocodeltas fährt, sieht mit Ueberraschung die Wipfel der Palmen von großen Feuern beleuchtet. Dieß sind die an den Baumästen aufgehängten Wohnungen der Guaraons (Raleghs Tivitivas und Uarauetis). Diese Völkerschaften spannen Matten in der Luft aus, füllen sie mit Erde und machen auf einer befeuchteten Thonschicht ihr Haushaltungsfeuer an. Seit Jahrhunderten verdanken sie ihre Freiheit und politische Unabhängigkeit dem unfesten, schlammigten Boden, auf dem sie in der trockenen Jahreszeit umherziehen und auf dem nur sie sicher gehen können, ihrer Abgeschiedenheit auf dem Delta des Orinoco, ihrem Leben auf den Bäumen, wohin religiöse Schwärmerei schwerlich je amerikanische **Styliten**[29] treibt. Ich habe schon anderswo bemerkt, daß die Mauritiapalme, der »Lebensbaum« der Missionäre, den Guaraons nicht nur beim Hochwasser des Orinoco eine sichere Behausung bietet, sondern ihnen in seinen schuppigten Früchten, in seinem mehligten Mark, in seinem zuckerreichen Saft, endlich in den Fasern seiner Blattstiele, Nahrungsmittel, Wein und Schnüre zu Stricken und Hängematten gibt. Gleiche Gebräuche wie bei den Indianern auf dem Delta des Orinoco herrschten früher im Meerbusen von Darien (Uraba) und auf den meisten zeitweise unter Wasser stehenden Landstrichen zwischen dem Guarapiche und der Mündung des Amazonenstroms. Es ist sehr merkwürdig, auf der niedrigsten Stufe menschlicher Cultur das Leben einer ganzen Völkerschaft an eine einzige

Palmenart gekettet zu sehen, Insekten gleich, die sich nur von Einer Blüthe, vom selben Theil eines Gewächses nähren.

Es ist nicht zu verwundern, daß die Breite der Hauptmündung des Orinoco (*Boca de Navios*) so verschieden geschätzt wird. Die große Insel Cangrejos ist nur durch einen schmalen Canal von dem unter Wasser stehenden Boden getrennt, der zwischen den Bocas Nuina und Mariusas liegt, so daß 20 oder 14 Seemeilen (zu 950 Toisen) herauskommen, je nachdem man (in einer der Strömung entgegengesetzten Richtung) von der Punta Barima zum nächsten gegenüberliegenden Ufer, oder von derselben Punta zum östlichen Theil der Insel Cangrejos mißt. Ueber die Wasserstraße läuft eine Sandbank, eine Barre, in 17 Fuß Tiefe; man gibt derselben eine Breite von 2500 bis 2800 Toisen. Wie beim Amazonenstrom, beim Nil und allen Flüssen, die sich in mehrere Arme theilen, ist auch beim Orinoco die Mündung nicht so groß, als man nach der Länge seines Laufes und nach der Breite, die er noch mehrere hundert Meilen weit im Lande hat, vermuthen sollte. Man weiß nach Malaspinas Aufnahme, daß der Rio de la Plata von Punta del Este bei Maldonado bis zum Cabo San Antonio über 124 Seemeilen (41,3 französische Lieues) breit ist; fährt man aber nach Buenos Ayres hinauf, so nimmt die Breite so rasch ab, daß sie *Colonia del Sacramento* gegenüber nur noch 21 Seemeilen beträgt. Was man gemeiniglich die Mündung des Rio de la Plata heißt, ist eben ein Meerbusen, in den sich der Uruguay und der Parana ergießen, zwei Flüsse, die nicht so breit sind wie der Orinoco. Um die Größe der Mündung des Amazonenstroms zu übertreiben, rechnet man die Inseln Marajo und Caviana dazu, so daß von Punta Tigioca bis zu Cabo del Norte die ungeheure Breite von 3½ Grad oder 70 französischen Meilen herauskommt; betrachtet man aber näher das hydraulische System des Canals Tagypuru, des Rio Tocantins, des Amazonenstroms und des Araguari, die ihre ungeheuren Wassermassen vereinigen, so sieht man, daß diese Schätzung rein aus der Luft gegriffen ist. Zwischen Macapa und dem westlichen Ufer der Insel Marajo (*Ilha de Joanes*) ist der eigentliche Amazonenstrom in zwei Arme getheilt, die zusammen nur 32 Seemeilen (11 Lieues) breit sind. Weiter unten läuft das Nordufer der Insel Marajo in der Richtung eines Parallels fort, während die Küste von portugiesisch Guyana zwischen Macapa und Cabo del Norte von Süd nach Nord streicht. So kommt es, daß der Amazonenstrom bei den Inseln Maxiana und Caviana, da wo die Gewässer des Stroms und die des atlantischen Oeeans zuerst auf einander stoßen, einen gegen 40 Seemeilen breiten Meerbusen bildet. Der Orinoco steht noch mehr hinsichtlich der Länge des Laufs als der Breite im Binnenlande dem Amazonenstrom nach, er ist ein Fluß zweiter Ordnung; man darf aber nicht vergessen, daß alle diese Eintheilungen nach der Länge des Laufs oder der Breite der Mündungen sehr willkürlich sind. Die Flüsse der britannischen Inseln laufen in Meerbusen oder Süßwasserseen aus, in denen durch die Ebbe und Fluth des Meeres die Wasser periodisch hin und hergetrieben werden;

sie weisen uns deutlich darauf hin, daß man die Bedeutung eines hydraulischen Systems nicht einzig nach der Breite der Mündungen schätzen darf. Jede Vorstellung von **relativer Größe** ist schwankend, so lange man nicht durch Messung der Geschwindigkeit und des Flächenraums von Querschnitten die Wassermassen vergleichen kann. Leider sind Ausnahmen der Art an Bedingungen geknüpft, die der einzelne Reisende nicht erfüllen kann. So muß man das ganze Flußbett sondiren können, und zwar in verschiedenen Jahreszeiten. Da scheinbar sehr breite Flüsse meist nicht sehr tiefe, von mehreren parallelen Rinnen durchzogene Becken sind[100] so führen sie auch weit weniger Wasser, als man auf den ersten Blick glaubt. Zwischen dem Maximum und dem Minimum des Wasserstandes während der großen Ueberschwemmungen und in der trockenen Jahreszeit kann die Wassermasse um das Fünfzehn- bis Zwanzigfache größer oder kleiner seyn.

Sobald man Punta Barima umsegelt hat und in das Bett des Orinoco selbst eingelaufen ist, findet man dieses nur 3000 Toisen breit. Höhere Angaben beruhen auf dem Versehen, daß die Steuerleute den Fluß auf einer Linie messen, die nicht senkrecht auf die Richtung der Strömung gezogen ist. Die Insel Cangrejos zu befestigen, bei der das Wasser vier bis fünf Faden tief ist, wäre unnütz; die Fahrzeuge wären hier außerhalb Kanonenschußweite. Das Labyrinth von Canälen, die zu den kleinen Mündungen führen, wechselt Tag für Tag nach Gestalt und Tiefe. Viele Steuerleute sind der festen Ansicht, die Caños Cocuina, Pedernales und Macareo, durch welche der Küstenhandel mit der Insel Trinidad getrieben wird, seyen in den letzten Jahren tiefer geworden und der Strom ziehe sich immer mehr von der Boca de Navios weg und wende sich mehr nach Nordwest. Vor dem Jahr 1760 wagten sich Fahrzeuge mit mehr als 10 bis 12 Fuß Tiefgang selten in die kleinen Canäle des Delta. Gegenwärtig scheut man die »kleinen Mündungen« des Okinoco fast gar nicht mehr, und feindliche Schiffe, welche nie diese Striche befahren haben, finden an den Guaraons willige, geübte Wegweiser. Die Civilisirung dieser Völkerschaft, deren Wohnsitze sich zum Orinoco verhalten wie die der Nhengahybas oder Igaruanas zum Amazonenstrom, ist für jede Regierung, die am Orinoco Herr bleiben will, von großem Belang.

Ebbe und Fluth sind im April, beim tiefsten Wasserstand, bis über Angostura hinauf zu spüren, also mehr als 85 Meilen landeinwärts. Beim Einfluß des Carony, 60 Meilen von der Küste, steigt das Wasser durch Stauung um einen Fuß drei Zoll. Diese Schwingungen der Wasserfläche, diese Unterbrechung des Laufs sind nicht mit der aufsteigenden Fluth zu verwechseln. Bei der großen Mündung des Orinoco an Cap Barima beträgt die Fluthhöhe 2 bis 3 Fuß, dagegen weiter gegen Nordwest, im *Golfo triste*, zwischen der Boca Pedernales, dem Rio Guarapiche und der Westküste von Trinidad, 7 bis 8, sogar 10 Fuß. So viel macht auf einer Strecke von 30 bis 40 Meilen der Einfluß des Umrisses der Küsten aus, sowie der Umstand, daß die Gewässer durch die Bocas de Dragos langsamer abfließen. Wenn man in ganz neuen Werken angegeben findet, der Orinoco verursache 2 bis 3 Grad in die hohe See hinaus besondere Strömungen, die Farbe des Seewassers verändere sich dadurch und im *Golfo triste* sey süßes Wasser (Gumillas *Mar dulce*), so sind das lauter Fabeln. Die Strömung geht an dieser ganzen Küste von Cap Orange an nach Nordwest, und der Einfluß der süßen Gewässer des Orinoco auf die Stärke dieser allgemeinen Strömung, auf die Durchsichtigkeit und die Farbe des Meerwassers bei reflektirtem Licht ist selten weiter als 3 bis 4 Meilen nordostwärts von der Insel Cangrejos zu spüren. Das Wasser im *Golfo triste* ist gesalzen, nur weniger als im übrigen Meer der Antillen wegen der kleinen Mündungen des Orinocodelta und der Wassermasse, welche der Rio Guarapiche hineinbringt. Aus denselben Gründen gibt es keine Salzwerke an diesen Küsten, und ich habe in Angostura Schiffe aus Cadix ankommen sehen, die Salz, ja, was für die Industrie in den Colonien bezeichnend ist, Backsteine zum Bau der Hauptkirche geladen hatten.

Den Umstand, daß die unbedeutende Fluth an der Küste im Bette des Orinoco und des Amazonenstroms so ungemein weit aufwärts zu spüren ist, hat man bis jetzt als einen sichern Beweis angesehen, daß beide Ströme auf einer Strecke von 85 und 200 Meilen nur um wenige Fuß fallen können. Dieser Beweis erscheint aber durchaus nicht als stichhaltig, wenn man bedenkt, daß die Stärke der sich fortpflanzenden Schwankungen im Niveau von vielen örtlichen Umständen abhängig ist, von der Form, den Krümmungen und der Zahl der in einander mündenden Canäle, vom Widerstand des Grundes, auf dem die Fluthwelle herauskommt, vom Abprallen des Wassers an den gegenüberliegenden Ufern und von der Einschnürung des Stroms in einem Engpaß. Ein gewandter Ingenieur, Bremontier, hat in neuester Zeit dargethan, daß im Bett der Garonne die Fluthwellen wie auf einer geneigten Ebene weit über das Niveau der See an der Mündung des Flusses hinaufgehen. Im Orinoco kommen die ungleich hohen Fluthen von Punta Barima und vom *Golfo triste* in ungleichen Intervallen durch die große Wasserstraße der Boca de Navios und durch die engen, gewundenen, zahlreichen *bocas chicas* herauf. Da diese kleinen Canäle am selben Punkt, bei San Rafael, vom Hauptstamm abgehen, so wäre es von Interesse, die Verzögerung des Eintritts der Fluth und die Fortpflanzung der Fluthwellen im Bett des Orinoco oberhalb und unterhalb San Rafael, auf der See bei Cap Barima und im *Golfo triste* bei der Boca Manamo zu beobachten. Die Wasserbaukunst und die Theorie der Bewegung von Flüssigkeiten in engen Canälen müßten beide Nutzen aus einer Arbeit ziehen, für welche der Orinoco und der Amazonenstrom besonders günstige Gelegenheit boten.

Bei der Fahrt auf dem Fluß, ob nun die Schiffe durch die Boca de Navios einlaufen oder sich durch das Labyrinth der *bocas chicas* wagen, sind besondere Vorsichtsmaßregeln erforderlich, je nachdem das Bett voll oder der

Wasserstand sehr tief ist. Die Regelmäßigkeit, mit der der Orinoco zu bestimmten Zeiten anschwillt, war von jeher für die Reisenden ein Gegenstand der Verwunderung, wie ja auch das Austreten des Nils für die Philosophen des Alterthums ein schwer zu lösendes Problem war. Der Orinoco und der Nil laufen, der Richtung des Ganges, Indus, Rio de la Plata und Euphrat entgegen, von Süd nach Nord; aber die Quellen des Orinoco liegen um 5 bis 6 Grad näher am Aequator als die des Nil. Da uns die zufälligen Wechsel im Luftkreise täglich so stark auffallen, wird uns die Anschauung schwer, daß in großen Zeiträumen die Wirkungen dieses Wechsels sich gegenseitig ausgleichen sollen, daß in einer langen Reihe von Jahren die Unterschiede im durchschnittlichen Betrag der Temperatur, der Feuchtigkeit und des Luftdrucks von Monat zu Monat ganz unbedeutend sind, und daß die Natur, trotz der häufigen partiellen Störungen, in der Reihenfolge der meteorologischen Erscheinungen einen festen Typus befolgt. Die großen Ströme sammeln die Wasser, die auf einer mehrere tausend Quadratmeilen großen Erdfläche niederfallen, in Einen Behälter. So ungleich auch die Regenmenge seyn mag, die im Lauf der Jahre in diesem oder jenem Thale fällt, auf den Wasserstand der Ströme von langem Lauf haben dergleichen locale Wechsel so gut wie keinen Einfluß. Die Anschwellungen sind der Ausdruck des **mittleren** Feuchtigkeitsstandes im ganzen Becken; sie treten Jahr für Jahr in denselben Verhältnissen auf, weil ihr Anfang und ihre Dauer eben auch vom **Durchschnitt** der scheinbar sehr veränderlichen Epochen des Eintritts und des Endes der Regenzeit unter den Breiten, durch welche der Hauptstrom und seine Nebenflüsse laufen, abhängig sind. Es folgt daraus, daß die periodischen Schwankungen im Wasserstand der Ströme, gerade wie die unveränderliche Temperatur der Höhlen und der Quellen, sichtbar darauf hinweisen, daß Feuchtigkeit und Wärme auf einem Striche von beträchtlichem Flächenraum von einem Jahr zum andern regelmäßig vertheilt sind. Dieselben machen starken Eindruck auf die Einbildungskraft des Volks, wie ja Ordnung in allen Dingen überrascht, wo die ersten Ursachen schwer zu erfassen sind, wie ja die Durchschnittstemperaturen aus einer langen Reihe von Monaten und Jahren den in Verwunderung setzen, der zum erstenmal eine Abhandlung über klimatische Verhältnisse zu Gesicht bekommt. Ströme, die ganz in der heißen Zone liegen, zeigen in ihren periodischen Bewegungen die wundervolle Regelmäßigkeit, die einem Erdstrich eigen ist, wo derselbe Wind fast immer Luftschichten von derselben Temperatur herführt, und wo die Declinationsbewegung der Sonne jedes Jahr zur selben Zeit mit der elektrischen Spannung, mit dem Aufhören der Seewinde und dem Eintritt der Regenzeit eine Störung des Gleichgewichts verursacht.[101] Der Orinoco, der Rio Magdalena und der Congo oder Zaire sind die einzigen großen Ströme im Aequinoctialstrich des Erdballs, die in der Nähe des Aequators entspringen und deren Mündung in weit höherer Breite, aber noch innerhalb der Tropen liegt. Der Nil und der Rio de la Plata laufen in zwei entgegengesetzten Halbkugeln aus der heißen in die gemäßigte Zone.[102] So lange man den Rio Paragua bei Esmeralda mit dem Rio Guaviare verwechseln und die Quellen des Orinoco südwestwärts am Ostabhang der Anden suchte, schrieb man das Steigen des Stroms dem periodischen Schmelzen des Schnees zu. Dieser Schluß war so unrichtig, als wenn man früher den Nil durch das Schneewasser aus Abyssinien austreten ließ. Die Cordilleren von Neu-Grenada, in deren Nähe die **westlichen Nebenflüsse** des Orinoco, der Guaviare, der Meta und der Apure entspringen, reichen, mit einziger Ausnahme der **Paramos** von Chita und Mucuchies, so wenig zu der Grenze des ewigen Schnees hinauf als die abyssinischen Alpen. Schneeberge sind im heißen Erdstrich weit seltener, als man gewöhnlich glaubt; und die Schneeschmelze, die in keiner Jahreszeit bedeutend ist, wird zur Zeit der Hochwasser des Orinoco keineswegs stärker. Die Quellen dieses Stroms liegen (ostwärts von Esmeralda) in **den Gebirgen der Parime**, deren höchste Gipfel nicht über 1200 bis 1300 Toisen hoch sind, und von Grita bis Neiva (von 7½ bis 3 Grad der Breite) hat der östliche Zweig der Cordillere viele Paramos von 1800 bis 1900 Toisen Höhe, aber nur Eine Gruppe von **Nevados**, das heißt Bergen, höher als 2400 Toisen, und zwar die fünf **Pichacos de Chita**. In den schneelosen Paramos von Cundinamarca entspringen die drei großen Nebenflüsse des Orinoco von Westen her. Nur kleinere Nebenflüsse, die in den Meta und Apure fallen, nehmen einige *aguas de nieve* auf, wie der Rio Casanare, der vom Nevado de Chita, und der Rio de Santo Domingo, der von der Sierra Nevada de Merida herunterkommt und durch die Provinz Varinas läuft.

Die Ursache des periodischen Austretens des Orinoco wirkt in gleichem Maaße auf alle Flüsse, die im heißen Erdstrich entspringen. Nach der Frühlings- Tag- und Nachtgleiche verkündet das Aufhören der Seewinde den Eintritt der Regenzeit. Das Steigen der Flüsse, die man als natürliche **Regenmesser** betrachten kann, ist der Regenmenge, die in den verschiedenen Landstrichen fällt, proportional. Mitten in den Wäldern am obern Orinoco und Rio Negro schienen mir über 90 bis 100 Zoll Regen im Jahr zu fallen.[103] Die Eingeborenen unter dem trüben Himmel von Esmeralda und am Atabapo wissen daher auch ohne die geringste Kenntniß von der Physik, so gut wie einst Eudoxus und Eratosthenes,[104] daß das Austreten großer Ströme allein vom tropischen Regen herrührt. Der ordnungsmäßige Verlauf im Steigen und Fallen des Orinoco ist folgender. Gleich nach der Frühlings- Tag- und Nachtgleiche (das Volk nimmt den 25. März an) bemerkt man, daß der Fluß zu steigen anfängt, Anfangs nur um einen Zoll in vierundzwanzig Stunden; im April fällt der Fluß zuweilen wieder; das Maximum des Hochwassers erreicht er im Juli, bleibt voll (im selben Niveau) vom Ende Juli bis zum 25. August, und fällt dann allmählich, aber langsamer, als er gestiegen. Im Januar und Februar ist er auf dem

Minimum. In beiden Welten haben die Ströme der nördlichen heißen Zone ihre Hochwasser ungefähr zur selben Zeit. Ganges, Niger und Gambia erreichen wie der Orinoco ihr Maximum im August.[105] Der Nil bleibt um zwei Monate zurück, sey es in Folge gewisser localer klimatischer Verhältnisse in Abyssinien, sey es wegen der Länge seines Laufs vom Lande Berber oder vom 17. Breitengrad bis zur Theilung am Delta. Die arabischen Geographen behaupten, in Sennaar und Abyssinien steige der Nil schon im April (ungefähr wie der Orinoco); in Cairo wird aber das Steigen erst gegen das Sommersolstitium merklich und der höchste Wasserstand tritt Ende September ein.[106] Aus diesem erhält sich der Fluß bis Mitte October; das Minimum fällt in April und Mai, also in eine Zeit, wo in Guyana die Flüsse schon wieder zu steigen anfangen. Aus dieser raschen Uebersicht ergibt sich, daß, wenn auch die Form der natürlichen Canäle und locale klimatische Verhältnisse eine Verzögerung herbeiführen, die große Erscheinung des Steigens und Fallens der Flüsse in der heißen Zone sich überall gleich bleibt. Auf den beiden Thierkreisen, die man gewöhnlich den **tartarischen** und **chaldäischen** oder egyptischen nennt (auf dem Thierkreis, der das Bild der Ratte, und auf dem, der die Bilder der Fische und des Wassermanns hat) beziehen sich besondere Constellationen auf die periodischen Ueberschwemmungen der Flüsse. Wahre Cykeln, Zeiteintheilungen, wurden allmählig zu Theilungen des Raums; da aber die physikalische Erscheinung der Ueberschwemmungen eine so allgemeine ist, so konnte der Thierkreis, der durch die Griechen auf uns gekommen und der durch das Vorrücken der Tag- und Nachtgleichen ein geschichtliches Denkmal von hohem Alter wird, weit von Theben und dem heiligen Nilthal entstanden seyn. Auf den Thierkreisen der neuen Welt, z. B. auf dem mexicanischen, kommen auch Zeichen für **Regen** und **Ueberschwemmung** vor, die dem Chu (der Ratte) des chinesischen und tibetanischen Cyclus der Tse und den Fischen und dem Wassermann des zwölftheiligen Thierkreises entsprechen. Diese zwei mexicanischen Zeichen sind das **Wasser** (*atl*) und der **Cipactli**, das Seeungeheuer mit einem Horn. Dieses Thier ist zugleich die **Fischgazelle** der Hindus, der **Steinbock** unseres Thierkreises, der **Deucalion** der Griechen und der Noah (*Coxcox*) der Azteken. So finden wir denn die allgemeinen Ergebnisse der **vergleichenden Hydrographie** schon aus den astrologischen Denkmälern, in den Zeiteintheilungen und den religiösen Ueberlieferungen von Völkern, die geographisch und dem Grad ihrer Geistesbildung nach am weitesten auseinander liegen.

Da die Aequatorialregen auf den Niederungen eintreten, wenn die Sonne durch das Zenith des Ortes geht, das heißt wenn ihre Declination der Zone zwischen dem Aequator und einem der Wendekreise gleichnamig wird, so fällt das Wasser im Amazonenstrom, während es im Orinoco merklich steigt. In einer sehr scharfsinnigen Erörterung über den Ursprung des Rio Congo hat man die Physiker bereits auf die Modificationen aufmerksam gemacht, welche das periodische Steigen im Laufe eines Flusses erleiden muß, bei dem Quellen und Mündung nicht auf derselben Seite der Aequinoctiallinie liegen. Bei den hydraulischen Systemen des Orinoco und des Amazonenstromes verwickeln sich die Umstände in noch auffallenderer Weise. Sie sind durch den Rio Negro und den Cassiquiare, einen Arm des Orinoco, verbunden, und diese Verbindung bildet zwischen zwei großen Flußbecken eine schiffbare Linie, über welche der Aequator läuft. Der Amazonenstrom hält nach Angaben, die mir an den Ufern desselben gemacht worden, die Epochen des Steigens und Fallens lange nicht so regelmäßig ein, als der Orinoco; indessen fängt er meist im December an zu steigen und erreicht sein Maximum im März. Mit dem Mai fällt er wieder und im Juli und August, also zur Zeit, wo der untere Orinoco das Land weit und breit überschwemmt, ist sein Wasser stand im Minimum. Da in Folge der allgemeinen Bodenbildung kein südamerikanischer Fluß von Süd nach Nord über den Aequator laufen kann, so äußern die Ueberschwemmungen des Orinoco Einfluß auf den Amazonenstrom, durch die des letzteren dagegen erleiden die Oscillationen des Orinoco keine Störung in ihrem Gang. Aus diesen Verhältnissen ergibt sich, daß beim Amazonenstrom und dem Orinoco die **concaven und die convexen Spitzen** der Curve, welche der steigende und fallende Wasserstand beschreibt, einander sehr regelmäßig entsprechen, da sie den sechsmonatlichen Unterschied bezeichnen, der durch die Lage der Ströme in entgegengesetzten Hemisphären bedingt wird. Nur dauert es beim Orinoco nicht so lange, bis er zu steigen anfängt; er steigt merklich, sobald die Sonne über den Aequator gegangen ist; der Amazonenstrom dagegen wächst erst zwei Monate nach dem Aequinoctium. Bekanntlich tritt in den Wäldern nördlich von der Linie der Regen früher ein, als in den nicht so stark bewaldeten Niederungen der südlichen heißen Zone. Zu dieser örtlichen Ursache kommt eine andere, die vielleicht auch im Spiel ist, wenn der Nil so spät steigt. Der Amazonenstrom erhält einen großen Theil seiner Gewässer von der Cordillere der Anden, wo, wie überall in den Gebirgen, die Jahreszeiten einen eigenthümlichen, dem der Niederungen meist entgegengesetzten Typus haben.

Das Gesetz des Steigens und Fallens des Orinoco ist in Bezug auf das räumliche Moment oder die Größe der Schwankungen schwerer zu ermitteln als hinsichtlich des Zeitlichen, des Eintretens der Maxima und Minima. Da meine eigenen Messungen des Wasserstandes sehr unvollständig sind, theile ich Schätzungen, die sehr stark von einander abweichen, nur unter allem Vorbehalt mit. Die fremden Schiffer nehmen an, daß der untere Orinoco gewöhnlich um 90 Fuß steige; Pons, der bei seinem Aufenthalt in Caracas im Allgemeinen sehr genaue Notizen gesammelt hat, bleibt bei 13 Faden stehen. Der Wasserstand wechselt natürlich nach der Breite des Betts und der Zahl der Nebenflüsse, die in den Hauptstamm des Stroms hereinkommen. Der Nil steigt in Oberegypten um 30 bis 35, bei Cairo um 25, an der Nordseite des Delta um 4 Fuß. Bei Angostura scheint der Strom im Durchschnitt nicht über 24 oder 25 Fuß zu steigen. Es liegt hier mitten im Fluß eine Insel, wo man den Wasserstand so bequem beobachten könnte, wie am Nilmesser (Megyas) an der Spitze der Insel Rudah. Ein ausgezeichneter Gelehrter, der sich in neuester Zeit am Orinoco aufgehalten hat, Zea, wird meine Beobachtungen über einen so wichtigen Punkt ergänzen: Das Volk glaubt, alle 25 Jahre steige der Orinoco um drei Fuß höher als sonst; auf diesen Cyclus ist man aber keineswegs durch genaue Messungen gekommen. Aus den Zeugnissen des Alterthums geht hervor, daß die Niveauschwankungen des Nil nach Höhe und Dauer seit Jahrtausenden sich gleich geblieben sind. Es ist dieß ein sehr beachtenswerther Beweis, daß der mittlere Feuchtigkeits- und Wärmezustand im weiten Nilbecken sich nicht verändert. Wird diese Stetigkeit der physikalischen Erscheinungen, dieses Gleichgewicht der Elemente sich auch in der neuen Welt erhalten, wenn einmal die Cultur ein paar hundert Jahre alt ist? Ich denke, man kann die Frage bejahen, denn alles, was die Gesammtkraft des Menschen vermag, kann auf die allgemeinen Ursachen, von denen das Klima Guyanas abhängt, keinen Einfluß äußern.

Nach der Barometerhöhe von San Fernando de Apure finde ich, daß der Fall des Apure und untern Orinoco von dieser Stadt bis zur Boca de Navios 3½ Zoll auf die Seemeile von 930 Toisen beträgt.[107] Man könnte sich wundern, daß bei einem solchen kaum merklichen Fall die Strömung so stark ist; ich erinnere aber bei dieser Gelegenheit daran, daß nach Messungen, die von Hastings angeordnet worden, der Ganges auf einer Strecke von 60 Seemeilen (die Krümmungen eingerechnet) auch nur 4 Zoll auf die Meile fällt und daß die mittlere Geschwindigkeit dieses Stroms in der trockenen Jahreszeit 3, in der Regenzeit 6 bis 8 Seemeilen in der Stunde beträgt. Die Stärke der Strömung hängt also, beim Ganges wie beim Orinoco, nicht sowohl vom Gefälle des Bettes ab, als von der starken Anhäufung des Wassers im obern Stromlauf in Folge der starken Regenniederschläge und der vielen Zuflüsse. Schon seit 250 Jahren sitzen europäische Ansiedler an den Mündungen des Orinoco, und in dieser langen Zeit haben sich, nach einer von Geschlecht zu Geschlecht fortgepflanzten Ueberlieferung, die periodischen Oscillationen des Stroms (der Zeitpunkt, wo er zu steigen anfängt und der höchste Wasserstand) sich nie um mehr als 12 bis 15 Tage verzögert.

Wenn Fahrzeuge mit großem Tiefgang im Januar und Februar mit dem Seewind und der Fluth nach Angostura hinaufgehen, so laufen sie Gefahr, auf dem Schlamm aufzufahren. Die Wasserstraße ändert sich häufig nach Breite und Richtung; bis jetzt aber bezeichnet noch nirgends eine Bake die Anschwemmungen, die sich überall im Fluß bilden, wo das Wasser seine ursprüngliche Geschwindigkeit verloren hat. Südlich vom Cap Barima besteht sowohl über den Fluß dieses Namens als über den Rio Moroca und mehrere *Esteres (aestuaria)* eine Verbindung mit der englischen Colonie am Essequebo. Man kann mit kleinen Fahrzeugen bis zum Rio Poumaron, an dem die alten Niederlassungen Zeland und Middelburg liegen, ins Land hinein kommen. Diese Verbindung hatte früher für die Regierung in Caracas nur darum einige Wichtigkeit, weil dadurch dem Schleichhandel Vorschub geleistet wurde; seit aber Berbice, Demerary und Essequebo einem mächtigeren Nachbar in die Hände gefallen sind, betrachten die Hispano-Amerikaner dieselbe aus dem Gesichtspunkt der Sicherheit der Grenze. Flüsse, die der Küste parallel laufen und nur 5 bis 6 Seemeilen davon entfernt bleiben, sind dem Uferstrich zwischen dem Orinoco und dem Amazonenstrom eigenthümlich.

Zehn Meilen von Cap Barima theilt sich das große Bett des Orinoco zum erstenmal in zwei 2000 Toisen breite Arme; dieselben sind unter den indianischen Namen Zacupana und Imataca bekannt. Der erstere, nördlichere, steht westwärts von den Inseln Cangrejos und Burro mit den *bocas chicas* Lauran, Nuina und Mariusas in Verbindung. Die Insel Burro verschwindet beim Hochwasser, ist also leider nicht zu befestigen. Das südliche Ufer des *brazo* Imataca ist von einem Labyrinth kleiner Wasserrinnen zerschnitten, in welche sich der Rio Imataca und der Rio Aquire ergießen. Auf den fruchtbaren Savanen zwischen dem Imataca und dem Cuyuni erhebt sich eine lange Reihe Granithügel, Ausläufer der Cordillere der Parime, die südlich von Angostura den Horizont begrenzt, die vielberufenen Katarakten des Rio Carony bildet und dem Orinoco beim Fort Vieja Guayana wie ein vorgeschobenes Cap nahe rückt. Die volkreichen Missionen der Caraiben und Guayanos unter der Obhut der catalonischen Kapuziner liegen den Quellen des Imataca und des Aquire zu. Am weitesten gegen Ost liegen die Missionen Miamu, Cumamu und Palmar auf einem bergigten Landstrich, der sich gegen Tupuquen, Santa Maria und Villa de Upata hinzieht. Geht man den Rio Aquire hinauf und über die Weiden gegen Süd, so kommt man zur Mission Belem de Tumeremo und von da an den Zusammenfluß des Curumu mit dem Rio Cuyuni, wo früher der spanische Posten oder *destacamento de Cuyuni* lag. Ich mache diese einzelnen topographischen Angaben, weil der Rio Cuyuni oder Cuduvini auf eine Strecke von 2½ bis 3 Längegraden dem Orinoco parallel von Ost nach West läuft, und eine vortreffliche natürliche Grenze zwischen dem Gebiet von Caracas und englisch Guyana abgibt.

Die beiden Arme des Orinoco, der Zacupana und Imataca, bleiben 14 Meilen weit getrennt; weiter oben findet man die Gewässer des Stroms in Einem sehr breiten Bett beisammen. Dieses Stromstück ist gegen 8 Meilen lang; an seinem westlichen Ende erscheint eine zweite Gabelung, und da die Spitze des Deltas im nördlichen Arm des gegebenen Flusses liegt, so ist dieser Theil des Orinoco für die militärische Vertheidigung des Landes von großer Bedeutung. Alle Canäle, die den *bocas chicas* zulaufen, entspringen am selben

Punkt aus dem Stamme des Orinoco. Der Arm (Caño Manamo), der beim Dorfe San Rafael abgeht, verzweigt sich erst nach einem Lauf von 3 bis 4 Meilen, und ein Werk, das man oberhalb der Insel Chaguanes anlegte, würde Angostura gegen einen Feind decken, der durch eine der *bocas chicas* eindringen wollte. Zu meiner Zeit lagen die Kanonierschaluppen östlich von San Rafael, am nördlichen Ufer des Orinoco. Diesen Punkt müssen die Fahrzeuge in Sicht bekommen, die durch die nördliche Wasserstraße bei San Rafael, welche die breiteste, aber seichteste ist, nach Angostura hinaufsegeln.

Sechs Meilen oberhalb des Punktes, wo der Orinoco einen Zweig an die *bocas chicas* abgibt, liegt das alte Fort (*los castillos de la Vieja* oder *Antigua Guayana*), das im sechzehnten Jahrhundert zuerst angelegt wurde. An diesem Punkt liegen viele felsigte Eilande im Strom, der hier gegen 650 Toisen breit seyn soll. Die Stadt ist fast ganz zerstört, aber die Werke stehen noch und verdienen alle Aufmerksamkeit von Seiten der Regierung von Terra Firma. In der Batterie auf einem Hügel nordwestwärts von der alten Stadt hat man eine prachtvolle Aussicht. Bei Hochwasser ist die alte Stadt ganz von Wasser umgeben. Lachen, die in den Orinoco münden, bilden natürliche Bassins für Schiffe, welche auszubessern sind. Hoffentlich, wenn der Frieden diesen schönen Ländern wieder geschenkt ist und keine engherzige Staatskunst mehr den Fortschritt der Industrie hemmt, werden sich Werften an diesen Lachen bei Vieja Guayana erheben. Kein Strom nach dem Amazonenstrom kann aus den Wäldern, durch die er läuft, so prächtiges Schiffsbauholz liefern. Diese Hölzer aus den großen Familien der Laurineen, der Guttiferen, der Rutaceen und der baumartigen Schotengewächse bieten nach Dichtigkeit, specifischer Schwere und mehr oder weniger harziger Beschaffenheit alle nur wünschenswerthen Abstufungen. Was im Lande allein fehlt, das ist ein leichtes, elastisches Mastholz mit parallelen Fasern, wie die Nadelhölzer der gemäßigten Landstriche und der hohen Gebirge unter den Tropen es liefern.

Ist man an den Werken von Vieja Guayana vorbei, so wird der Orinoco wieder breiter. Hinsichtlich des Anbaus des Landes zeigen beide Ufer einen auffallenden Contrast. Gegen Nord sieht man nur den öden Strich der Provinz Cumana, die unbewohnten Steppen (*Llanos*), die sich bis jenseits der Quellen des Rio Maine, dem Plateau oder der Mesa von Guanipa zu, erstrecken. Südwärts sieht man drei volkreiche Dörfer, die zu den Missionen am Carony gehören, San Miguel de Uriala, San Felix und San Joaquin. Letzteres Dorf, am Carony unmittelbar unterhalb des großen Kataraktes gelegen, gilt für den Stapelplatz der catalonischen Missionen. Fährt man weiter gegen West, so hat der Steuermann zwischen der Mündung des Carony und Angostura die Klippen Guarampo, die Untiefe des Mamo und die *Piedra del Rosario* zu vermeiden. Ich habe nach dem umfangreichen Material, das ich mitgebracht, und nach den astronomischen Untersuchungen, deren Hauptergebnisse ich oben mitgetheilt, eine Karte des

Landes zwischen dem Delta des Orinoco, dem Carony und dem Cuyuni entworfen. Es ist dieß der Theil von Guyana, der wegen der Nähe der Küste eines Tags für europäische Ansiedler die meiste Anziehungskraft haben wird.

In ihrem gegenwärtigen Zustande steht die ganze Bevölkerung dieser großen Provinz, mit Ausnahme einiger spanischer Kirchspiele (*Pueblos y villas de Espanoles*), unter der Regierung zweier Mönchsorden. Schätzt man die Zahl der Einwohner von Guyana, die nicht in wilder Unabhängigkeit leben, auf 35,000, so leben etwa 24,000 in den Missionen und sind dem unmittelbaren Einfluß des weltlichen Arms so gut wie entzogen. Zur Zeit meiner Reise hatte das Gebiet der Franciskaner von der Congregation der Observanten 7300 Einwohner, das der *Capuchinos catalanes* 17,000; ein auffallendes Mißverhältniß, wenn man bedenkt, wie klein letzteres Gebiet ist gegenüber den ungeheuren Uferstrecken am obern Orinoco, Atabapo, Cassiquiare und Rio Negro. Aus diesen Angaben geht hervor, daß gegen zwei Drittheile der Bevölkerung einer Provinz von 16,800 Meilen Flächeninhalt zwischen dem Rio Imataca und der Stadt Santo Thome de Angostura auf einem 55 Meilen langen und 30 Meilen breiten Strich zusammengedrängt sind. Diese beiden mönchischen Regierungen sind den Weißen gleich unzugänglich und bilden einen *status in statu*. Ich habe bisher nach meinen eigenen Beobachtungen die der Observanten beschrieben, und es bleibt mir jetzt noch übrig mitzutheilen, was ich über das andere Regiment, das der catalonischen Kapuziner, in Erfahrung gebracht. Verderbliche bürgerliche Zwiste und epidemische Fieber haben in den letzten Jahren den Wohlstand der Missionen am Carony, nachdem er lange im Zunehmen gewesen, heruntergebracht; aber trotz dieser Verluste ist der Landstrich, den wir besuchen wollen, noch immer nationalökonomisch sehr interessant.

Die Missionen der catalonischen Kapuziner hatten im Jahr 1804 zum wenigsten 60,000 Stücke Vieh auf den Savanen, die sich vom östlichen Ufer des Carony und Paragua bis zu den Ufern des Imataca, Curumu und Cuyuni erstrecken; sie grenzen gegen Südost an das englische Guyana oder die Colonie Essequebo, gegen Süd, an den öden Ufern des Paragua und Paraguamusi hinauf und über die Cordillere von Pacaraimo, laufen sie bis zu den portugiesischen Niederlassungen am Rio Branco. Dieser ganze Landstrich ist offen, voll schöner Savanen, ganz anders als das Land, über das wir am obern Orinoco gekommen sind. Undurchdringlich werden die Wälder erst dem Süden zu, gegen Nord sind Wiesgründe, von bewaldeten Hügeln durchschnitten. Die malerischsten Landschaften sind bei den Fällen des Carony und in der 250 Toisen hohen Bergkette zwischen den Nebenflüssen des Orinoco und denen des Cuyuni. Hier liegen Villa de Upata, der Hauptort der Missionen, Santa Maria und Cupapui. Auf kleinen Hochebenen herrscht ein gesundes, gemäßigtes Klima; Cacao, Reis, Baumwolle, Indigo und Zucker wachsen überall in Fülle, wo der unberührte, mit dicker

Grasnarbe bedeckte Boden beackert wird. Die ersten christlichen Niederlassungen reichen, glaube ich, nicht über das Jahr 1721 hinauf. Die Elemente der gegenwärtigen Bevölkerung sind drei indianische Völkerschaften, die Guayanos, die Caraiben und die Guaicas. Letztere sind ein Gebirgsvolk und lange nicht von so kleinem Wuchse, wie die Guaicas, die wir in Esmeralda getroffen[108] Sie sind schwer an die Scholle zu fesseln und die drei jüngsten Missionen, in denen sie beisammen lebten, Cura, Curucuy und Arechica, find bereits wieder eingegangen. Von den Guayanos erhielt im sechzehnten Jahrhundert diese ganze weite Provinz ihren Namen; sie sind nicht so intelligent, aber sanftmüthiger, und leichter, wenn nicht zu civilisiren, doch zu bändigen, als die Caraiben. Ihre Sprache scheint zum großen Stamm der caraibischen und tamanakischen Sprachen zu gehören. Sie ist mit denselben in den Wurzeln und grammatischen Formen verwandt, wie unter sich Sanscrit, Persisch, Griechisch und Deutsch. Bei etwas, das seinem Wesen nach unbestimmt ist, lassen sich nicht leicht feste Formen aufstellen, und man verständigt sich sehr schwer über die Unterschiede zwischen Dialekt, abgeleiteter Sprache und Stammsprache. Durch die Jesuiten in Paraguay kennen wir in der südlichen Halbkugel eine andere Horde Guayanos, die in den dichten Wäldern am Parana leben. Obgleich sich nicht in Abrede ziehen läßt, daß die Völker, die nördlich und südlich vom Amazonenstrom hausen, durch weite Wanderzüge in gegenseitige Verbindung getreten sind, so möchte ich doch nicht entscheiden, ob jene Guayanos am Parana und Uragay mit denen am Carony mehr gemein haben, als einen gleichlautenden Namen, was auf einem Zufall beruhen kann.

Die bedeutendsten christlichen Niederlassungen liegen jetzt zwischen den Bergen bei Santa Maria, der Mission San Miguel und dem östlichen Ufer des Carony, von San Buenaventura bis Guri und dem Stapelplatz San Joaquin, auf einem Landstrich von nur 460 Quadratmeilen beisammen. Gegen Ost und Süd sind die Savanen fast gar nicht bewohnt; dort liegen nur weit zerstreut die Missionen Belem, Tumuremo, Tupuquen, Puedpa und Santa Clara. Es wäre zu wünschen, daß der Boden vorzugsweise abwärts von den Flüssen bebaut würde, wo das Terrain höher und die Luft gesunder ist. Der Rio Carony, ein herrlich klares, an Fischen armes Wasser, ist von Villa de Barceloneta an, die etwas über dem Einfluß des Paragua liegt, bis zum Dorfe Guri frei von Klippen. Weiter nordwärts schlängelt er sich zwischen zahllosen Eilanden und Felsen durch, und nur die kleinen Canoes der Caraiben wagen sich in diese Raudales oder Stromschnellen des Carony hinein. Zum Glück theilt sich der Fluß häufig in mehrere Arme, so daß man denjenigen wählen kann, der nach dem Wasserstand am wenigsten Wirbel und Klippen über dem Wasser hat. Der große **Salto**, vielberufen wegen der malerischen Reize der Landschaft, liegt etwas oberhalb des Dorfes Aguacagua oder Carony, das zu meiner Zeit eine Bevölkerung von 700 Indianern hatte. Der Wasserfall soll 15—20 Fuß hoch seyn, aber die Schwelle läuft nicht über das ganze mehr als 300 Fuß breite Flußbett. Wenn sich einmal die Bevölkerung mehr gegen Ost ausbreitet, so kann sie die kleinen Flüsse Imataca und Aquire benützen, die ziemlich gefahrlos zu befahren sind. Die Mönche, die gern einsam hausen, um sich der Aufsicht der weltlichen Macht zu entziehen, wollten sich bis jetzt nicht am Orinoco ansiedeln. Indessen können die Missionen am Carony nur auf diesem Fluß oder auf dem Cuyuni und dem Essequebo ihre Produkte ausführen. Der letztere Weg ist noch nicht versucht worden, obgleich an einem der bedeutendsten Nebenflüsse des Cuyuni, am Rio Juruario, bereits mehrere christliche Niederlassungen liegen. Dieser Nebenfluß zeigt bei Hochgewässer die merkwürdige Erscheinung einer Gabelung; er steht dann über den Juraricuima und den Aurapa mit dem Rio Carony in Verbindung, so daß der Landstrich zwischen dem Orinoco, der See, dem Cuyuni und dem Carony zu einer wirklichen Insel wird. Furchtbare Stromschnellen erschweren die Schifffahrt auf dem obern Cuyuni; man hat daher in der neuesten Zeit versucht, einen Weg in die Colonie Essequebo viel weiter gegen Südost zu bahnen, wobei man an den Cuyuni weit unterhalb der Mündung des Cucumu käme.

In diesem ganzen südlichen Landstrich ziehen Horden unabhängiger Caraiben umher, die schwachen Reste des kriegerischen Volksstammes, der sich bis zu den Jahren 1733 und 1735 den Missionären so furchtbar machte, um welche Zeit der ehrwürdige Bischof Gervais de Labrid,[109] Canonicus des Metropolitancapitels zu Lyon, der Pater Lopez und mehrere andere Geistliche von den Caraiben erschlagen wurden. Dergleichen Unfälle, die früher ziemlich häufig vorkamen, sind jetzt nicht mehr zu befahren, weder in den Missionen am Carony noch in denen am Orinoco; aber die unabhängigen Caraiben sind wegen ihres Verkehrs mit den holländischen Colonisten am Essequebo für die Regierung von Guyana noch immer ein Gegenstand des Mißtrauens und des Hasses. Diese Stämme leisten dem Schleichhandel an den Küsten und durch die Canäle oder *Esteres* zwischen dem Rio Barima und dem Rio Moroca Vorschub; sie treiben den Missionären das Vieh weg und verleiten die neubekehrten Indianer (die **unter der Glocke** leben), wieder in den Wald zu laufen. Die freien Horden haben überall den natürlichen Trieb, sich den Fort- schritten der Cultur und dem Vordringen der Weißen zu widersetzen. Die Caraiben und Aruacas verschaffen sich in Essequebo und Demerary Feuergewehre, und als der Handel mit amerikanischen Sklaven (*poitos*) in Blüthe stand, betheiligten sich Abenteurer von holländischem Blut an den Einfällen an den Paragua, Erevato und Ventuario. Die **Menschenjagd** wurde an diesen Flüssen betrieben, wie wahrscheinlich noch jetzt am Senegal und Gambia. In beiden Welten haben die Europäer dieselben Kunstgriffe gebraucht, dieselben Unthaten begangen, um einen Handel zu treiben, der die Menschheit schändet. Die Missionäre am Carony und Orinoco schreiben alles Ungemach, das sie von den freien Caraiben zu erdulden haben, dem Hasse ihrer Nachbarn, der calvinistischen Prädicanten am Essequebo, zu. Ihre Schriften sind daher auch voll Klagen über die *secta diabolica de Calvins y de Lutero* und gegen die Ketzer in holländisch Guyana, die sich zuweilen herausnehmen, das Missionswesen zu treiben und Keime der Gesittung unter den Wilden ausstreuen zu wollen.

Unter allen vegetabilischen Erzeugnissen dieses Landes ist durch die Betriebsamkeit der catalonischen Kapuziner der Baum, von dem die **Cortex Angosturae** kommt, fälschlich »China von Carony« genannt, am berühmtesten geworden. Wir haben ihn zuerst als eine neue von der *Cinchona* ganz verschiedene Gattung der Familie der Meliaceen bekannt gemacht. Früher meinte man, dieses wirksame Arzneimittel aus Südamerika komme von der *Brucea ferruginea*, die in Abyssinien wächst, von der *Magnolia glauca* und der *Magnolia Plumieri*. Während der schweren Krankheit meines Reisegefährten schickte Navago einen vertrauten Mann in die Missionen am Carony und ließ uns durch die Kapuziner in Upata blühende Zweige des Baumes verschaffen, den wir wünschten beschreiben zu können. Wir bekamen sehr schöne Exemplare, deren 18 Zoll lange Blätter einen sehr angenehmen aromatischen Geruch verbreiteten. Wir sahen bald, daß der **Cuspare** (dieß ist der indianische Name der Cascarilla oder der *Corteza del Angostura*) eine neue Gattung bildet; und bei Uebersendung von Orinocopflanzen an Willdenow ersuchte ich diesen, die Gattung nach Bonpland zu benennen. Der jetzt unter dem Namen *Bonplandia trifoliata* bekannte Baum wächst 5 bis 6 Meilen vom östlichen Ufer des Carony am Fuß der Hügel, welche die Missionen Copapui, Upata und Alta Gracia einschließen. Die Caraiben gebrauchen einen Aufguß der Rinde des Cuspare als ein stärkendes Mittel. Bonpland hat denselben Baum westwärts von Cumana im Meerbusen Santa Fe entdeckt, und dort kann er für Neu-Andalusien ein Ausfuhrartikel werden.

Die catalonischen Mönche bereiten ein Extrakt aus der *Cortex Angosturae*, das sie in die Klöster ihrer Provinz versenden und das im nördlichen Europa bekannter zu seyn verdiente. Hoffentlich wird die gegen Fieber und Ruhr so wirksame Rinde der Bonplandia auch ferner angewendet, obgleich man unter dem Namen »falsche Angostura« eine andere Rinde eingeführt hat, die mit jener häufig verwechselt wird. Diese »falsche Angostura« oder »Angostura pseudo-ferruginosa« kommt, wie man behauptet, von der *Brucea antidysenterica*; sie wirkt sehr stark auf die Nerven, bringt heftige Anfälle von Starrkrampf hervor und enthält nach Pelletiers und Caventous Versuchen ein eigenthümliches Alcali, das mit dem Morphium und dem Strychnin Aehnlichkeit hat. Der Baum, von dem die ächte *Cortex Angosturae* kommt, ist nicht sehr häufig, und es erscheint daher als wünschenswerth, daß man ihn anpflanzt. Die catalonischen Ordensleute sind ganz dazu geeignet, diesen Culturzweig in Aufnahme zu bringen. Sie sind haushälterischer, betriebsamer und rühriger als die andern Missionäre. Bereits haben sie in einigen Dörfern Gerbereien und Baumwollenspinnereien angelegt, und wenn sie fortan die Indianer der Früchte ihrer Arbeit genießen lassen, so finden sie sicher an der eingeborenen Bevölkerung kräftige Unterstützung. Da hier die Mönche auf kleinem Gebiet beisammen leben, fühlen sie ihre politische Bedeutung, und sie haben zu wiederholten malen der weltlichen Gewalt, wie der des Bischofs Widerstand geleistet. Die Statthalter in Angostura haben mit sehr ungleichem Erfolg mit ihnen gekämpft, je nachdem das Ministerium in Madrid sich der kirchlichen Hierarchie gefällig erzeigen wollte oder ihre Macht zu beschränken suchte. Im Jahr 1768 ließ Don Manuel Centurion den Missionären über 20,000 Stücke Vieh wegnehmen und sie unter die dürftigsten Einwohner vertheilen. Diese auf ziemlich ungesetzliche Weise geübte Freigebigkeit hatte wichtige Folgen. Der Statthalter wurde auf die Klage der catalonischen Mönche abgesetzt, obgleich er das Gebiet der Missionen gegen Süd bedeutend erweitert und über dem Zusammenfluß des Carony mit dem Paragua die **Villa** Barceloneta und bei der Vereinigung des Paragua mit dem Paraguamusi die **Ciudad** Guirior gegründet hatte. Seit jener Zeit bis auf die politischen Stürme, welche gegenwärtig in den spanischen Colonien toben, vermied die bürgerliche Behörde sorgfältig jede Einmischung in die Angelegenheiten der Kapuziner. Man gefällt sich darin, ihren Wohlstand zu übertreiben, wie man früher bei den Jesuiten in Paraguay gethan.

Die Missionen am Carony vereinigen in Folge der Bodenbildung[110] und des Wechsels von Savanen und Ackerland die Vorzüge der Llanos von Calabozo und der Thäler von Aragua. Der wahre Reichthum des Landes beruht auf der Viehzucht und dem Bau von Colonialprodukten. Es ist zu wünschen, daß hier, wie in der schönen, fruchtbaren Provinz Venezuela, die Bevölkerung dem Landbau treu bleibt und nicht so bald darauf ausgeht, Erzgruben zu suchen. Deutschlands und Mexikos Beispiel beweist allerdings, daß Bergbau und eine blühende Landwirthschaft keineswegs unverträglich sind; aber nach Volkssagen kommt man über die Ufer des Carony zum See Dorado und zum Palast des **vergoldeten Mannes**,[111] und da dieser See und dieser Palast ein **Localmythus** sind, so wäre es gefährlich Erinnerungen zu wecken, die sich allmählig zu verwischen beginnen. Man hat mich versichert, noch bis zum Jahr 1760 seyen die freien Caraiben zum Cerro de Pajarcima, einem Berg südlich von Vieja Guyana gekommen, um das verwitterte Gestein auszuwaschen. Der dabei gewonnene Goldstaub wurde in Calebassen der Crescentia Cujete aufbewahrt und in Essequebo an die Holländer verkauft. Noch später mißbrauchten mexicanische Bergleute die Leichtgläubigkeit des Intendanten von Caracas, Don Jose Avalo, und legten mitten in den Missionen am Carony, bei der Villa Upata in den Cerros del Potrero und Chirika große Hüttenwerke an. Sie erklärten, die ganze Gebirgsart sey goldhaltig und man baute Werkstätten und Schmelzöfen. Nachdem man beträchtliche Summen verschleudert, zeigte es sich, daß die Kiese keine Spur von Gold enthielten. Diese Versuche, so fruchtlos sie waren, riefen den alten Aberglauben[112] wach, daß in Guyana »jedes glänzende Gestein *una madre del oro* sey.« Man begnügte sich nicht damit, Glimmerschiefer zu schmelzen; bei Angostura zeigte man mir Schichten von Hornblendeschiefer ohne fremdartige Beimengung, die man unter dem wunderlichen Namen: schwarzes Golderz, *oro negro*, ausbeutete.

Zur Vervollständigung der Beschreibung des Orinoco theile ich an dieser Stelle die Hauptergebnisse meiner Untersuchungen über den **Dorado**, über das **weiße Meer** oder **Laguna Parime** und die Quellen des Orinoco mit, wie sie auf den neuesten Karten gezeichnet sind. Die Vorstellung von einem überschwenglich reichen Goldlande war seit dem Ende des sechzehnten Jahrhunderts mit der andern verbunden, daß ein großer Binnensee den Orinoco, Rio Branco und den Rio Essequebo zugleich mit Wasser speise. Ich glaube durch genauere Kenntniß der Oertlichleiten, durch langes, mühsames Studium der spanischen Schriftsteller, die vom **Dorado** handeln, besonders aber durch Vergleichung sehr vieler alten, chronologisch geordneten Karten den Quellen dieses Irrthums auf die Spur gekommen zu seyn. Allen Mährchen liegt etwas Wirkliches zu Grunde; das vom Dorado gleicht den Mythen des Alterthums, die bei ihrer Wanderung von Land zu Land immer den verschiedenen Oertlichkeiten angepaßt wurden. Um Wahrheit und Irrthum zu unterscheiden, braucht man in den Wissenschaften meistens nur die Geschichte der Vorstellungen und ihre allmählige Entwicklung zu verfolgen. Die Untersuchung, mit der ich dieses Kapitel beschließe, ist nicht allein deßhalb von Belang, weil sie Licht verbreitet über die Vorgänge bei der Eroberung und über die lange Reihe unglücklicher Expeditionen, die unternommen worden, um den Dorado zu suchen, und deren letzte (man schämt sich, es sagen zu müssen) in das Jahr 1775 fällt; neben diesem rein historischen Interesse haben sie noch ein anderes unmittelbareres und allgemeineres: sie können dazu dienen, die Geographie von Südamerika zu berichtigen, und auf den Karten, die gegenwärtig erscheinen, die großen Seen und das seltsame Flußnetz auszumerzen, die wie auf gerathewohl zwischen dem 60. und 69. Längengrad eingezeichnet werden. In Europa glaubt kein Mensch mehr an die Schätze in Guyana und an das Reich des großen **Patiti**. Die Stadt Manoa und ihre mit massiven Goldplatten bedeckten Paläste sind längst verschwunden; aber der geographische Apparat, mit dem die Sage vom Dorado aufgeputzt war, der See Parime, in dem sich, wie im See bei Mexiko, so viele herrliche Gebäude spiegelten, wurde von den Geographen gewissenhaft beibehalten. Im Laufe von drei Jahrhunderten erlitten dieselben Sagen verschiedene Umwandlungen; aus Unkenntniß der amerikanischen Sprachen hielt man Flüsse für Seen und Trageplätze für Flußverzweigungen; man rückte einen See (den Cassipa) um 5 Breitegrade zu weit nach Süd, während man einen andern (den Parime oder Dorado) hundert Meilen weit weg vom westlichen Ufer des Rio Branco auf das östliche versetzte. Durch solch mancherlei Umwandlungen ist das Problem, das uns hier vorliegt, weit verwickelter geworden, als man gewöhnlich glaubt. Der Geographen, welche bei Entwerfung einer Karte die drei Fundamentalpunkte, die Maße, die Vergleichung der beschreibenden Schriften und die etymologische Untersuchung der Namen immer im Auge haben, sind sehr wenige. Fast alle seit 1775 erschienenen Karten von Südamerika sind, was das Binnenland zwischen den Steppen von Venezuela und dem Amazonenstrom, zwischen dem Ostabhang der Anden und den Küsten von Cayenne betrifft, reine Copien der großen spanischen Karte des la Cruz Olmedilla. Eine Linie darauf, welche den Landstrich bezeichnet, den Don Jose Solano entdeckt und durch seine Truppen und Emissäre zur Ruhe gebracht haben wollte, hielt man für den **Weg**, den der Commissär zurückgelegt, während er nie über San Fernando de Atabapo, das 160 Meilen vom angeblichen See Parime liegt, hinausgekommen ist. Man versäumte es, das Werk des Pater Caulin zu Rathe zu ziehen, des Geschichtschreibers von Solanos Expedition, der nach den Angaben der Indianer sehr klar auseinandersetzt, »wie der Name des Flusses Parime das Mährchen vom Dorado und einem Binnenmeer veranlaßt hat«. Ganz unbenützt ließ man ferner eine Karte vom Orinoco, die **drei Jahre jünger** ist als die von la Cruz; und die von Surville nach dem ganzen zuverlässigen wie hypothetischen Material in den Archiven des *Despacho universal de Indias* gezeichnet wurde. Die Fortschritte der Geographie, soweit sie sich auf den Karten zu erkennen geben, sind weit langsamer, als man nach der Menge brauchbarer Resultate, die in den Literaturen der verschiedenen Völker zerstreut sind, glauben sollte. Astronomische Beobachtungen, topographische Nachweisungen häufen sich viele Jahre lang an, ohne daß sie benützt werden, und aus sonst sehr lobenswerthem Conservatismus wollen die Kartenzeichner oft lieber nichts Neues bringen, als einen See, eine Bergkette oder ein Flußnetz opfern, die man nun einmal seit Jahrhunderten eingezeichnet hat.

Da die fabelhaften Sagen vom Dorado und vom See Parime nach dem Charakter der Länder, denen man sie anpassen wollte, verschiedentlich gewendet worden sind, so ist herauszufinden, was daran richtig seyn mag und was rein chimärisch ist. Um nicht zu sehr ins Einzelne zu gehen, was besser der »Analyse des geographischen Atlas« vorbehalten bleibt, mache ich den Leser vor allem auf die Oertlichkeiten aufmerksam, welche zu verschiedenen Zeiten der Schauplatz der Expeditionen zur Entdeckung des Dorado gewesen. Hat man sich mit der Physiognomie des Landes und mit den örtlichen Umständen, wie wir sie jetzt zu beschreiben im Stande sind, bekannt gemacht, so wird einem klar, wie die verschiedenen Voraussetzungen auf unsern Karten nach und nach entstehen und einander modificiren konnten. Um einen Irrthum zu berichtigen, hat man nur die wechselnden Gestalten zu betrachten, unter denen er zu verschiedenen Zeiten aufgetreten ist.

Bis zur Mitte des achtzehnten Jahrhunderts war das ungeheure Gebiet zwischen den Bergen von französisch Guyana und den Wäldern am obern Orinoro, zwischen den Quellen des Rio Carony und dem Amazonenstrom (von 0 bis 4 Grad nördlicher Breite und vom 57. bis 68. Grad der Länge) so wenig bekannt, daß die Geographen nach Gefallen Seen, Flußverbindungen, mehr oder weniger hohe Berge einzeichnen konnten. Sie haben sich dieser Freiheit in vollem Maße bedient, und die Lage der Seen, wie der Lauf und die Verzweigungen der Flüsse wurden so verschiedenartig dargestellt, daß es nicht zu wundern wäre, wenn sich unter den zahllosen Karten ein paar fänden, die das Richtige getroffen hätten. Heutzutage ist das Feld der Hypothesen sehr bedeutend kleiner geworden. Die Länge von Esmeralda am obern Orinoco ist von mir bestimmt; weiter nach Ost, mitten in den Niederungen der Parime (ein unbekanntes Land, wie Wangara und Dar-Saley in Afrika), ist ein 20 Meilen breiter Strich von Nord nach Süd an den Ufern des Rio Carony und des Rio Branca) hin, unter dem 63. Grad der Länge, bereits begangen. Es ist dieß der gefährliche Weg, den Don Antonio Santos von Santo Thome de Angostura an den Rio Negro und den Amazonenstrom eingeschlagen, derselbe, auf dem in neuester Zeit Ansiedler aus Surinam mit den Bewohnern von Gran-Para verkehrt haben.[113] Dieser Weg schneidet die *terra incognita* der Parime in zwei ungleiche Stücke; zugleich setzt er den Quellen des Orinoco Grenzen, so daß man dieselben nicht mehr nach Belieben gegen Ost schieben kann, weil sonst das Bett des obern Orinoco, der von Ost nach West läuft, über das Bett des Rio Branco liefe, der von Nord nach Süd fließt. Verfolgt man den Rio Branco oder den Streifen Bauland, der zur *Capitania general* von Gran-Para gehört, so sieht man Seen, die von den Geographen zum Theil aus der Luft gegriffen, zum Theil vergrößert sind, zwei gesonderte Gruppen bilden. Die erste derselben begreift die Seen, die man zwischen Esmeralda und den Rio Branco verlegt, zur zweiten gehören die, welche man auf dem Landstrich zwischen dem Rio Branco und den Bergen von französisch und holländisch Guyana einander gegenüber liegen läßt. Aus dieser Uebersicht ergibt sich, daß die Frage, ob es ostwärts vom Rio Branco einen See Parime gibt, mit der Frage nach den Quellen des Orinoco gar nichts zu thun hat.

Außer dem eben bezeichneten Landstrich (dem *Dorado de la Parime*, durch den der Rio Branco läuft) gibt es 260 Meilen gegen West am Ostabhang der Cordilleren der Anden ein anderes Land, das in den Expeditionen zur Aufsuchung des Dorado ebenso berufen ist. Es ist dieß das Mesopotamien zwischen dem Caqueta, dem Rio Negro, dem Uaupes und dem Jurubesh, von dem ich oben ausführlich gesprochen,[114] der **Dorado der Omaguas**, wo der See **Manoa** des Pater Acuña, die *laguna de oro* der Guanes-Indianer und das

Goldland liegen, aus dem Pater Fritz gegen das Ende des siebzehnten Jahrhunderts in seiner Mission am Amazonenstrom Goldbleche erhalten hat.

Die ersten und zumal berühmtesten Unternehmungen zur Auffindung des Dorado waren gegen den Ostabhang der Anden von Neu-Grenada gerichtet. Voll Verwunderung über den Bericht eines Indianers aus Tacunga von den Schätzen des Königs oder Zague von »Cundirumarca,« schickte Sebastian de Belalcazar im Jahr 1535 die Hauptleute Añasco und Ampudia aus, das *valle del Dorado* zu suchen, das zwölf Tagereisen von Guallabamba, also in den Gebirgen zwischen Pasto und Popayan liegen sollte. Die Nachrichten, welche Pedro de Añasco von den Eingeborenen eingezogen, in Verbindung mit den späteren Mittheilungen des Diaz de Pineda (1536), der die Provinzen Quixos und Canela zwischen dem Rio Napo und dem Rio Pastaca entdeckt hatte, brachten auf die Vorstellung, daß östlich von den Nevados von Tunguragua, Cayambe und Popayan »weite Ebenen liegen, reich an edlen Metallen, wo die Eingeborenen Rüstungen aus massivem Golde trügen«. Als man nun diese Schätze aufsuchte, entdeckte Gonzalo Pizarro (1539) zufällig den amerikanischen Zimmtbaum (*Laurus cinnamomoides*) und gelangte Francisco de Orellana über den Napo hinunter in den Amazonenstrom. Von da an wurden zu gleicher Zeit von Venezuela, Neu-Grenada, Quito und Peru, ja von Brasilien und vom Rio de la Plata aus Expeditionen zur Eroberung des Dorado unternommen. Am längsten haben sich die Züge in das Land südlich vom Guaviare, Rio Fragua und Caqueta im Gedächtniß erhalten, und durch sie vor allen hat das Mährchen von den Schätzen der Manaos, der Omaguas und Guaypes, wie von der Existenz der *Lagunas de oro* und der Stadt des **vergoldeten Königs** (der **große Patiti**, der **große Moxo**, der **große Paru** oder **Enim**) Verbreitung gefunden. Da Orellana zwischen den Nebenflüssen des Jupura und des Rio Negro Götzenbilder von massivem Golde gefunden hatte, so glaubte man an ein Goldland zwischen dem Papamene und dem Guaviare. Seine Erzählung und die Reiseberichte Jorge's de Espira (Georg von Speier), Hernans Perez de Guezada und Felipe's de Urre (Philipp von Hutten) verrathen, neben vielen Uebertreibungen, genaue Localkenntnisse. Betrachtet man sie rein aus geographischem Gesichtspunkt, so sieht man, daß das Bestreben der ersten Conquistadoren fortwährend dahin ging, zum Landstrich zwischen den Quellen des Rio Negro, des Uaupes (Guape) und des Jupura oder Caqueta zu gelangen. Diesen Landstrich haben wir oben, zum Unterschied vom **Dorado der Parime**, den **Dorado der Omaguas** genannt. Allerdings hieß alles Land zwischen dem Amazonenstrom und dem Orinoco im Allgemeinen »Provincias del Dorado;« aber auf diesem ungeheuern, mit Wäldern, Savanen und Gebirgen bedeckten Raum strebte man, wenn man den großen See mit goldreichen Ufern und den vergoldeten König suchte, doch immer nur zwei Punkten zu, nordöstlich und südwestlich vom Rio Negro, nämlich der Parime (dem Isthmus zwischen dem Carony, Essequebo und Rio Branco) und den alten Wohnplätzen der Manaos an den

Ufern des Jurubesh. Die Lage des letzteren Landstrichs, der in der Geschichte der »Eroberung« vom Jahr 1535 bis zum Jahr 1560 vielberufen war, habe ich oben angegeben; ich habe nun noch von der Bodenbildung zwischen den spanischen Missionen am Carony und den portugiesischen am Rio Branco zu sprechen. Es ist dieß das Land in der Nähe des obern Orinoco, Esmeraldas und von holländisch und französisch Guyana, das am Ende des sechzehnten Jahrhunderts Raleghs Unternehmungen und übertriebene Berichte in so hellem Glanze strahlen ließen.

In Folge des Laufs des Orinoco, indem er nach einander erst gegen West, dann gegen Nord und endlich gegen Ost fließt, liegt seine Mündung fast im selben Meridian wie seine Quellen; geht man daher von Alt-Guayana gegen Süd, so kommt man über das ganze Land, in das die Geographen nach einander ein Binnenmeer (*Mar blanco*) und die verschiedenen Seen versetzen, die mit der Sage vom **Dorado der Parime** verknüpft sind. Zuerst kommt man an den Rio Carony, zu dem zwei fast gleich starke Zweige zusammentreten, der eigentliche Carony und der Rio Paragua. Die Missionäre von Piritu nennen letzteren Fluß einen See (*laguna*). Er ist voll Klippen und kleiner Wasserfälle; »da er aber über ein völlig ebenes Land läuft, tritt er zugleich häufig sehr stark aus und man kann sein eigentliches Bett (*su verdadera caxa*) kaum erkennen«. Die Eingeborenen nennen ihn **Paragua** oder **Parava**, was auf caraibisch **Meer** oder **großer See** bedeutet. Diese örtlichen Verhältnisse und diese Benennung sind ohne Zweifel die Veranlassung geworden, daß man aus dem Rio Paragua, einem Nebenfluß des Carony, einen See gemacht und denselben **Cassipa** genannt hat, nach den Cassipagotos, die in der Gegend wohnten. Ralegh gab diesem Wasserbecken 13 Meilen Breite, und da alle Seen der Parime Goldsand haben müssen, so ermangelt er nicht zu versichern, wenn Sommers das Wasser falle, finde man daselbst Goldgeschiebe von bedeutenden Gewicht.

Da die Quellen der Nebenflüsse des Carony, Arui und Caura (Caroli, Arvi und Caora der alten Geographen) ganz nahe bei einander liegen, so kam man auf den Gedanken, alle diese Flüsse aus dem angeblichen See Cassipa entspringen zu lassen. Sanson vergrößert den See auf 42 Meilen Länge und 15 Meilen Breite. Die alten Geographen kümmern sich wenig darum, ob sie die Zuflüsse an beiden Ufern immer in derselben Weise einander gegenübersetzen, und so geben sie die Mündung des Carony und den See Cassipa, der durch den Carony mit dem Orinoco zusammenbringt, zuweilen **oberhalb** des Einflusses des Meta an. So schiebt Hondius den See bis zum 2. und 3. Breitengrad hinunter und gibt ihm die Gestalt eines Rechtecks, dessen größten Seiten Von Nord nach Süd gerichtet sind. Dieser Umstand ist bemerkenswerth, weil man, indem man nach und nach dem See Cassipa eine südlichere Breite gab, denselben vom Carony und Arui loslöste und ihn Parime nannte. Will man diese Metamorphose in ihrer allmähligen

Entwicklung verfolgen, so muß man die Karten, die seit Raleghs Reise bis heute erschienen sind, vergleichen. La Cruz, dem alle neueren Geographen nachgezeichnet haben, läßt seinem See Parime die länglichte Gestalt des Sees Cassipa, obgleich diese Gestalt von der des alten Sees Parime oder Rupunuwini, dessen große Achse von Ost nach West gerichtet war, völlig abweicht. Ferner war dieser alte See (der des Hondius, Sanson und Coronelli) von Bergen umgeben und es entsprang kein Fluß daraus, während der See Parime des la Cruz und der neueren Geographen mit dem obern Orinoco zusammenhängt, wie der Cassipa mit dem untern Orinoco.

Ich habe hiemit den Ursprung der Fabel vom See Cassipa erklärt, so wie den Einfluß, den sie auf die Vorstellung gehabt, als ob der Orinoco aus dem See Parime entspränge. Sehen wir jetzt, wie es sich mit dem letzteren Wasserbecken verhält, mit dem angeblichen **Binnenmeer**, das bei den Geographen des sechzehnten Jahrhunderts **Rupunuwini** heißt. Unter dem 4. oder 4½ Grad der Breite (leider fehlt es in dieser Richtung, südlich von Santo Thome de Angostura, auf 8 Grade weit ganz an astronomischen Beobachtungen) verbindet eine lange, schmale Cordillere, Pacaraimo, Quimiropaca und Ucucuamo genannt, die von Ost nach Südwest streicht, den Bergstock der Parime mit den Bergen von holländisch und französisch Guyana. Sie bildet die Wasserscheide zwischen dem Carony, Rupunury oder Rupunuwini und dem Rio Branco, und somit zwischen den Thälern des untern Orinoco, des Essequebo und des Rio Negro. Nordwestlich von dieser Cordillere von Pacaraimo, über die nur wenige Europäer gekommen sind (im Jahr 1739 der deutsche Chirurg Nicolaus Hortsmann, im Jahr 1775 sein spanischer Officier, Don Antonio Santos, im Jahr 1791 der portugiesische Obrist Barata, und im Jahr 1811 mehrere englische Colonisten) kommen der Nocapra, der Paraguamusi und der Paragua herab, die in den Carony fallen; gegen Nordost kommt der Rupunuwini herunter, ein Nebenfluß des Essequebo; gegen Süd vereinigen sich der Tacutu und der Uraricuera zum vielberufenen Rio Parime oder Rio Branco.

Dieser Isthmus zwischen den Zweigen des Rio Essequebo und des Rio Branco (das heißt zwischen dem Rupunuwini einerseits, und dem Pirara, Mahu und Uraricuera oder Rio Parime andererseits) ist als der eigentliche classische Boden des **Dorado der Parime** zu betrachten. Am Fuße der Berge von Pacaraimo treten die Flüsse häufig aus, und oberhalb Santa Rosa heißt das rechte Ufer des Urariapara, der sich in den Utaricuera ergießt, »*el valle de la inundacion*«. Ferner findet man zwischen dem Rio Parime und dem Xurumu große Lachen; auf den in neuester Zeit in Brasilien gezeichneten Karten, die über diesen Landstrich sehr genau sind, finden sich diese Wasserstücke angegeben. Weiter nach West kommt der Caño Pirara, der in den Mahu läuft, aus einem Binsensee. Das ist der von Nicolaus Hortsmann beschriebene See Amucu, derselbe, über den mir Portugiesen aus Barcelos, die am Rio Branco

(Rio Parime oder Rio Paravigiana) gewesen waren, während meines Aufenthaltes in San Carlos del Rio Negro genaue Notizen gegeben haben. Der See Amucu ist mehrere Meilen breit und hat zwei kleine Inseln, die Santos Islas Ipomucena nennen hörte. Der Rupunuwini, an dessen Ufer Hortsmann Felsen mit hieroglyphischen Bildern entdeckt hat, kommt diesem See ganz nahe, steht aber in keiner Verbindung mit demselben. Der Trageplatz zwischen dem Rupunuwini und dem Mahu liegt weiter gegen Nord, wo der Berg Ucucuamo sich erhebt, der bei den Eingeborenen noch jetzt der **Goldberg** heißt. Sie gaben Hortsmann den Rath, um den Rio Mahu herum eine Silbergrube (ohne Zweifel großblätteriger Glimmer), Diamanten und Smaragde zu suchen; der Reisende fand aber nichts als Bergkrystall. Aus seinem Bericht scheint hervorzugehen, daß der ganze nach Ost streichende Zug der Gebirge am obern Orinoco (*Sierra Parime*) aus Graniten besteht, in denen, wie am Pic Duida,[115] häufig Drusen und offene Gänge vorkommen. In dieser Gegend, die noch immer für sehr goldreich gilt, leben an der Westgrenze von holländisch Guyana die Macusis, Aturajos und Acuvajos; später fand Santos diese Völkerschaften zwischen dem Rupunuwini, dem Mahu und der Bergkette Pacaraimo angesiedelt. **Das glimmerreiche Gestein am Berg Ucucuamo, der Name des Rio Parime, das Austreten der Flüsse Urariapara, Parime und Xurumu, besonders aber der See Amucu (der nahe beim Rio Rupunuwini liegt und für die Hauptquelle des Rio Parime gilt) haben die Fabel vom weißen Meer und dem Dorado der Parime veranlaßt**. Alle diese Momente (und eben dadurch wirkten sie zu Einer Vorstellung zusammen) finden sich auf einer von Nord nach Süd 8 bis 9 Meilen breiten, von Ost nach West 40 Meilen langen Strecke neben einander. Diese Lage gab man auch bis zum Anfang des sechzehnten Jahrhunderts dem **weißen Meer**, nur daß man es in der Richtung eines Parallels verlängerte. Dieses **weiße Meer** ist nun aber nichts anderes als der Rio Parime, der auch **weißer Fluß, Rio Branco** oder *de aguas blancas* heißt und diesen ganzen Landstrich, über den er läuft, unter Wasser setzt. Auf den ältesten Karten heißt das weiße Meer Rupunuwini, und daraus geht hervor, daß die Sage eben hier zu Hause ist, da unter allen Nebenflüssen des Essequebo der Rio Rupunuwini dem See Amucu am nächsten kommt. Bei seiner ersten Reise (1595) machte sich Ralegh noch keine bestimmte Vorstellung von der Lage des Dorado und des Sees Parime, den er für gesalzen hielt und den er »ein zweites caspisches Meer« nennt. Erst bei der zweiten, gleichfalls auf Raleghs Kosten unternommenen Reise (1596) gab Lawrence Keymis die Oertlichkeiten des Dorado so bestimmt an, daß, wie mir dünkt, an der Identität der **Parime de Manoa** mit dem See Amucu und dem Isthmus zwischen dem Rupunuwini (der in den Essequebo läuft) und dem Rio Parime oder Rio Branco gar nicht zu zweifeln ist. »Die Indianer,« sagt Keymis, »fahren den Essequebo südwärts in zwanzig Tagen hinauf. Um die Stärke des Flusses anzudeuten, nennen sie ihn den **Bruder des Orinoco**.

Nach zwanzigtägiger Fahrt schaffen sie ihre Canoes über einen Trageplatz **in einem einzigen Tage** aus dem Flusse Dessekebe auf einen See, den die Jaos Roponowini, die Caraiben Parime nennen. Dieser See ist groß wie ein Meer; es fahren unzählige Canoes darauf, und ich vermuthe (die Indianer hatten ihm also nichts davon gesagt), daß es derselbe See ist, an dem die Stadt Manoa liegt.« Hondius gibt eine merkwürdige Abbildung von jenem Trageplatz, und da nach der damaligen Vorstellung die Mündung des Carony unter dem 4. Breitengrad (statt unter 8°8') lag, so setzte man den Trageplatz ganz nahe an den Aequator. Zur selben Zeit ließ man den Viapoco (Oyapoc) und den Rio Cayane (Maroni?) aus jenem See Parime kommen. Der Umstand, daß die Caraiben den westlichen Zweig des Rio Branco ebenso nennen, hat vielleicht so viel dazu beigetragen, den See Amucu in der Einbildung zu vergrößern, als die Ueberschwemmungen der verschiedenen Nebenflüsse des Uraricuera von der Mündung des Tacutu bis zum *valle de la inundacion.*

Wir haben oben gesehen, daß die Spanier den Rio Paragua oder Parava, der in den Carony fällt, für einen See hielten, weil das Wort *Parava* **Meer, See, Fluß** bedeutet. Ebenso scheint Parime **großes Wasser** im Allgemeinen zu bedeuten, denn die Wurzel *par* kommt in caraibischen Benennungen von Flüssen, Lachen, Seen und Meeren Vor. Im Arabischen und im Persischen dienen ebenso *bahr* und *deria* gleichmäßig zur Bezeichnung des Meeres, der Seen und der Flüsse, und dieser Brauch, der sich bei vielen Völkern in beiden Welten findet, hat auf den alten Karten Seen in Flüsse und Flüsse in Seen umgewandelt. Zur Bekräftigung des eben Gesagten führe ich einen sehr achtbaren Zeugen auf, Pater Caulin. »Als ich,« sagt dieser Missionär, der sich länger als ich am untern Orinoco aufgehalten hat, »die Indianer fragte, was denn **die Parime** sey, so erwiederten sie, es sey nichts als ein Fluß, der aus einer Bergkette komme, an deren anderem Abhang der Essequebo entspringe.« Caulin weiß nichts vom See Amucu, und erklärt den Glauben an ein Binnenmeer nur aus den Ueberschwemmungen der Ebenen, *a las inundaciones dilatadas per los bajos del pays.*[116] Ihm zufolge rühren alle Mißgriffe der Geographen von dem leidigen Umstand her, daß alle Flüsse in Guyana an ihren Mündungen andere Namen haben als an ihren Quellen. »Ich zweifle nicht,« sagt er weiter, »daß einer der obern Zweige des Rio Branco derselbe Rio Parime ist, den die Spanier für einen See gehalten haben (*a quien suponian laguna*).« Diese Notizen hatte der Geschichtschreiber der Grenzexpedition an Ort und Stelle gesammelt, und er hätte wohl nicht geglaubt, daß la Cruz und Surville richtige Begriffe und alte Vorstellungen vermengen und auf ihren Karten das Mar Dorado oder Mar Blanco wieder zum Vorschein bringen würden. So kommt es, daß, obgleich ich seit meiner Rückkehr aus Amerika vielfach den Beweis geführt, daß ein Binnenmeer, aus dem der Orinoco entspränge, gar nicht existirt, in neuester Zeit unter meinem Namen eine Karte[117] erschienen ist, auf der die *Laguna de Parime* wiederum auftritt.

Aus allem Bisherigen geht hervor: 1) daß die Laguna Rupunuwini oder Parime aus Raleghs Reise und auf den Karten des Hondius ein chimärischer See ist, zu dem der See Amucu und die häufigen Ueberschwemmungen der Nebenflüsse des Uraricuera Veranlassung gegeben; 2) daß die Laguna Parime auf Survilles Karte der See Amucu ist, aus dem der Rio Pirara und (zugleich mit dem Mahu, dem Tacutu, dein Uraricuera oder dem eigentlich sogenannten Rio Parime) der Rio Branco entspringt; 3) daß die Laguna Parime des la Cruz eine eingebildete Erweiterung des Rio Parime (der mit dem Orinoco verwechselt wird) unterhalb der Vereinigung des Mahu mit dem Xurumu ist. Von der Mündung des Mahu bis zu der des Tacutu beträgt die Entfernung kaum 0°40'; la Cruz macht 7 Breitengrade daraus. Er nennt das obere Stück des Rio Branco (in das der Mahu fällt) Orinoco oder **Puruma**. Dieß ist ohne allen Zweifel der **Xurumu**, ein Nebenfluß des Tacutu, der den Einwohnern des benachbarten Forts San Joaquim wohl bekannt ist. Alle Namen, die in der Sage vom Dorado vorkommen, finden sich unter den Nebenflüssen des Rio Branco. Geringfügige örtliche Verhältnisse und die Erinnerung an den Salzsee in Mexico, zumal aber an den See Manoa im **Dorado der Omaguas** wirkten zusammen zur Ausmalung eines Bildes, das der Einbildungskraft Raleghs und seiner beiden Unterbefehlshaber, Keymis und Masham, den Ursprung verdankt. Nach meiner Ansicht lassen sich die Ueberschwemmungen des Rio Branco höchstens mit denen des Red River in Louisiana zwischen Natchitotches und Cados vergleichen, keineswegs aber mit der Laguna de los Xarayes, die eine periodische Ausbreitung des Rio Paraguay ist.[118]

Wir haben im Bisherigen ein **weißes Meer** besprochen, durch das man den Hauptstamm des Rio Branco laufen läßt, und ein zweites,[119] das man ostwärts von diesem Flusse setzt, und das mit demselben mittelst des Caño Pirara zusammenhängt. Noch gibt es einen dritten See,[120] den man westwärts vom Rio Branco verlegt, und über den ich erst kürzlich interessante Angaben im handschriftlichen Tagebuch des Chirurgen Hortsmann gefunden habe. »Zwei Tagereisen unterhalb des Einflusses des Mahu (Tacutu) in den Rio Parime (Uraricuera) liegt auf einem Berggipfel ein See, in dem dieselben Fische vorkommen, wie im Rio Parime; aber die Wasser des ersteren sind schwarz, die des letzteren weiß.« Hat nun nicht vielleicht Surville nach einer dunkeln Kunde von diesem Wasserbecken auf der Karte, die er zu Pater Caulins Werk entworfen, sich einen 10 Meilen langen Alpensee ausgedacht, bei dem (gegen Ost) der Orinoco und der Idapa, ein Nebenfluß des Rio Negro, zumal entspringen? So unbestimmt die Angabe des Chirurgen aus Hildesheim lautet, so läßt sich doch unmöglich annehmen, daß der Berg, auf dessen Gipfel sich ein See befindet, nördlich vom Parallel von 2°½, liege, und diese Breite kommt ungefähr mit der des Cerro Unturan überein. Es ergibt sich daraus, daß Hortsmanns Alpsee, der d'Anvilles Aufmerksamkeit entgangen ist, und der vielleicht mitten in einer Berggruppe liegt, nordöstlich vom Trageplatz zwischen dem Idapa und Mavaca und südöstlich vom Orinoco, oberhalb Esmeralda, zu suchen ist.

Die meisten Geschichtschreiber, welche die ersten Jahrhunderte nach der Eroberung beschrieben haben, schienen der festen Ansicht, daß die Namen **Provincias** und **Pais del Dorado** ursprünglich jeden goldreichen Landstrich bedeuteten. Sie vergessen den etymologischen Sinn des Wortes **Dorado** (**der Vergoldete**) und bemerken nicht, daß diese Sage ein Localmythus ist, wie ja auch fast alle Mythen der Griechen, Hindus und Perser. Die Geschichte vom **vergoldeten Mann** ist ursprünglich in den Anden von Neu-Grenada zu Hause, besonders aus den Niederungen am Ostabhange derselben; nur allmählig, wie ich oben gezeigt, sieht man sie 300 Meilen gegen Ost-Nord-Ost von den Quellen des Caqueta an die des Rio Branco und des Essequebo herüberrücken. Man hat in verschiedenen Gegenden von Südamerika bis zum Jahr 1536 Gold gesucht, ohne daß das Wort **Dorado** ausgesprochen worden wäre, und ohne daß man an die Existenz eines andern Mittelpunktes der Cultur und der Schätze als das Reich der Inca von Cuzco geglaubt hätte. Länder, aus denen gegenwärtig auch nicht die kleinste Menge edlen Metalls in den Handel kommt, die Küste von Paria, Terra Firma (*Castilla del Oro*), die Berge von St. Martha und die Landenge Darien waren damals so vielberufen, wie in neuerer Zeit der goldhaltige Boden in Senora, Choco und Brasilien.

Diego de Ordaz (1531) und Alonzo de Herera (1535) zogen auf ihren Entdeckungsreisen an den Ufern des untern Orinoco hin. Ersterer ist der berüchtigte Conquistador von Mexico, der sich rühmte, Schwefel aus dem Krater des Pics Popocatepetl geholt zu haben, und dem Karl V. die Erlaubniß ertheilte, einen brennenden Vulkan im Wappen zu führen. Ordaz war zum Adelantado allen Landes ernannt worden, das er zwischen Brasilien und Venezuela erobern könnte, und das damals das Land der deutschen Compagnie der Welser (Belzares) hieß, und er ging auf seinem Zuge von der Mündung des Amazonenstromes aus. Er sah dort in den Händen der Eingeborenen »faustgroße Smaragde«. Es waren ohne Zweifel Stücke Saussurit, von dem dichten Feldspath, den wir vom Orinoco zurückgebracht, und den La Condamine an der Mündung des Rio Topayos in Menge angetroffen.[121] Die Indianer sagten Diego de Ordaz, »wenn er so und so viele Sonnen gegen West hinauffahre, komme er an einen großen Fels (*peña*) von grünem Gestein«; bevor er aber diesen vermeintlichen Smaragdberg (Euphotitgestein?) erreichte, machte ein Schiffbruch allen weiteren Entdeckungen ein Ende. Mit genauer Noth retteten sich die Spanier in zwei kleinen Fahrzeugen. Sie eilten, aus der Mündung des Amazonenstroms hinauszukommen, und die Strömungen, die in diesen Strichen stark nach Nordwest gehen, führten Ordaz an die Küste von Paria oder auf das Gebiet des Caziken von Yuripari (Uriapari, Viapari). Sedeño hatte die *Casa fuerte de Paria* gebaut, und da dieser Posten ganz nahe an der Mündung des Orinoco lag, beschloß der mexikanische Conquistador, eine Expedition auf diesem großen Strom zu versuchen. Er hielt sieh zuerst in Carao (Caroa, Carora) auf, einem großen indianischen Dorf, das mir etwas ostwärts vom Einfluß des Carony gelegen zu haben scheint; er fuhr sofort nach Cabruta (Cabuta, Cabritu) hinauf und an den Einfluß des Meta (Metacuyu), wo er mit großen Fährlichkeiten seine Fahrzeuge über den Raudal von Cariven schaffte. Wir haben oben gesehen, daß das Bett des Orinoco bei der Einmündung des Meta voll Klippen ist. Die Aruacas-Indianer, die Ordaz als Wegweiser dienten, riethen ihm, den Meta hinaufzufahren; sie versicherten ihn, weiter gegen West finde er bekleidete Menschen und Gold in Menge. Ordaz wollte lieber auf dem Orinoco weiterfahren, aber die Katarakten bei Tabaje (vielleicht sogar die bei Atures) nöthigten ihn, seine Entdeckungen aufzugeben.

Auf diesem Zuge, der lange vor den des Orellana fällt und also der bedeutendste war, den die Spanier bis dahin auf einem Strome der neuen Welt unternommen, hörte man zum erstenmal den Namen **Orinoco** aussprechen. Ordaz, der Anführer der Expedition, versichert, von der Mündung bis zum Einfluß des Meta heiße der Strom **Uriaparia**, oberhalb dieses Einflusses aber **Orinucu**. Dieses Wort (ähnlich gebildet wie die Worte **Tamanacu**, **Otomacu**, **Sinarucu**) gehört wirklich der tamanakischen Sprache an, und da die Tamanacas süd-östlich von Encaramada wohnen, so ist es natürlich, daß die Conquistadoren den jetzigen Namen des Stromes erst in der Nähe des Rio Meta zu hören bekamen. Auf diesem Nebenfluß erhielt Diego de Ordaz von den Eingeborenen die erste Kunde von civilisirten Völkern, welche auf den Hochebenen der Anden von Neu-Grenada wohnten, »von einem gewaltigen, einäugigen Fürsten und von Thieren, kleiner als Hirsche, auf denen man aber reiten könne, wie die Spanier auf den Pferden.« Ordaz zweifelte nicht, daß diese Thiere Llamas oder *Ovejas del Peru* seyen. Soll man annehmen, daß die Llamas, die man in den Anden vor dem Pflug und als Lastthiere, aber nicht zum Reiten brauchte, früher nördlich und östlich von Quito verbreitet gewesen? Ich finde wirklich, daß Orellana welche am Amazonenstrom gesehm hat, oberhalb des Einflusses des Rio Negro, also in einem Klima, das von dem der Hochebene der Anden bedeutend abweicht. Das Mährchen von einem auf Llamas berittenen Heere von Omaguas mußte dazu dienen, den Bericht der Begleiter Felipes de Urre über ihren ritterlichen Zug an den obern Orinoco auszuschmücken. Dergleichen Sagen sind äußerst beachtenswerth, weil sie darauf hinzuweisen scheinen, daß die Hausthiere Quitos und Perus bereits angefangen hatten von den Cordilleren herabzukommen und sich allmählig in den östlichen Landstrichen von Südamerika zu verbreiten.

Im Jahr 1533 wurde Herera, der Schatzmeister bei Diegos de Ordaz Expedition, vom Statthalter Geronimo de Ortal mit der weiteren

Erforschung des Orinoco und des Meta beauftragt. Er brachte zwischen Punta Barima und dem Einfluß des Carony fast dreizehn Monate mit dem Bau platter Fahrzeuge und den nothwendigen Zurüstungen zu einer langen Reise hin. Man liest nicht ohne Verwunderung die Erzählung dieser kühnen Unternehmungen, wobei man drei, vierhundert Pferde einschiffte, um sie ans Land zu setzen, so oft die Reiterei am einen oder dem andern Ufer etwas ausrichten konnte. Wir finden bei Hereras Expedition dieselben Stationen wieder, die wir bereits kennen gelernt: die Feste Paria, das indianische Dorf Uriaparia (wahrscheinlich unterhalb Imataca an einem Punkt, wo sich die Spanier wegen der Ueberschwemmung des Delta kein Brennholz verschaffen konnten), Caroa in der Provinz Carora, die Flüsse Caranaca (Caura?) und Caxavana (Cuchivero?), das Dorf Cabritu (Cabruta) und den Raudal am Einfluß des Meta. Da der Rio Meta sehr berühmt war, weil seine Quellen und seine Nebenflüsse den goldhaltigen Cordilleren von Neu-Grenada (Cundinamarca) nahe liegen, so versuchte er ihn hinaufzufahren. Er fand daselbst civilisirtere Völker als am Orinoco, die aber das Fleisch **stummer Hunde** aßen.[122] In einem Gefecht wurde Herera durch einen mit Curaresaft (Yierva) vergifteten Pfeile getödtet; sterbend ernannte er Alvaro de Ordaz zu seinem Stellvertreter. Dieser führte (1535) die Trümmer der Expedition nach der Feste Paria zurück, nachdem er vollends die wenigen Pferde eingebüßt, die einen achtzehnmonatlichen Feldzug ausgehalten.

Dunkle Gerüchte über die Schätze der Völker am Meta und andern Nebenflüssen am Ostabhang der Cordilleren von Neu-Grenada veranlaßten nacheinander, in den Jahren 1535 und 1536, Geronimo de Ortal, Nicolaus Federmann und Jorge de Espira (Georg von Speier) zu Expeditionen auf Landwegen gegen Süd und Südwest. Vom Vorgebirge Paria bis zum Cabo de la Vela hatte man schon seit den Jahren 1498 und 1500 in den Händen der Eingeborenen kleine gegossene Goldbilder gesehen. Die Hauptmärkte für diese Amulette, die den Weibern als Schmuck dienten, waren die Dörfer Curiana (Coro) und Cauchieto (beim Rio la Hacha). Die Gießer in Cauchieto erhielten das Metall aus einem Bergland weiter gegen Süden. Die Expeditionen des Ordaz und des Herera hatten das Verlangen, diese goldreichen Landstriche zu erreichen, natürlich gesteigert. Georg von Speier brach (1535) von Coro auf und zog über die Gebirge von Merida an den Apure und Meta. Er ging über diese beiden Flüsse nahe bei ihren Quellen, wo sie noch nicht breit sind. Die Indianer erzählten ihm, weiter vorwärts ziehen weiße Menschen auf den Ebenen umher. Speier, der sich nahe am Amazonenstrom glaubte, zweifelte nicht, daß diese umherziehenden Spanier Schiffbrüchige von der Expedition des Ordaz seyen. Er zog über die Savanen von San Juan de los Llanos, die reich an Gold seyn sollten, und blieb lange in einem indianischen Dorf, Pueblo de Nuestra Señora, später Fragua genannt, südöstlich vom Paramo de la Suma Paz. Ich war am Westabhang dieses Bergstocks, in Fusagasuga, und hörte, die Ebenen gegen Ost am Fuß der Berge seyen noch jetzt bei den Eingeborenen wegen ihres Reichthums berufen. Im volkreichen Dorfe Fragua fand Speier eine *Casa del Sol* (Sonnentempel) und ein Jungfrauenkloster, ähnlich denen in Peru und Neu-Grenada. Hatte sich hier der Cultus gegen Ost ausgebreitet, oder sind etwa die Ebenen bei San Juan die Wiege desselben? Nach der Sage war allerdings Bochica, der Gesetzgeber von Neu-Grenada und Oberpriester von Iraca, von den Ebenen gegen Ost auf das Plateau von Bogota herausgekommen. Da aber Bochica in Einer Person Sohn und Sinnbild der Sonne ist, so kann seine Geschichte rein astrologische Allegorien enthalten. Auf seinem weiteren Zuge nach Süd ging Speier über die zwei Zweige des Guaviare, den Ariare und Guayavero, und gelangte ans Ufer des großen Rio Papamene[123] oder Caqueta. Der Widerstand, den er ein ganzes Jahr lang in der Provinz los Choques fand, machte dieser denkwürdigen Expedition ein Ende (1537), Nicolaus Federmann und Geronimo de Ortal verfolgten von Macarapana und der Mündung des Rio Neveri aus Jorges de Espira Spuren. Ersterer suchte Gold im großen Magdalenenstrom, letzterer wollte einen Sonnentempel am Ufer des Meta entdecken. Da man die Landessprache nicht verstand, sah man am Fuße der Cordilleren überall einen Abglanz der großartigen Tempel von Iraca (Sogamozo), dem damaligen Mittelpunkt der Cultur in Cundinamarca.

Ich habe bis jetzt aus geographischem Gesichtspunkt die Reisen besprochen, welche auf dem Orinoco und gegen West und Süd an den Ostabhang der Anden unternommen wurden, bevor sich die Sage vom **Dorado** unter den Conquistadoren verbreitet hatte. Diese Sage stammt, wie wir oben angeführt, aus dem Königreich Quito, wo Luis Daça im Jahr 1535 einen Indianer aus Neu-Grenada traf, der von seinem Fürsten (ohne Zweifel vom **Zippa** von Bogota oder vom **Zaque** von Tunja) abgesandt war, um von Atahualpa, dem Inca von Peru, Kriegshülfe zu erbitten. Dieser Abgesandte pries, wie gewöhnlich, die Schätze seiner Heimath; was aber den Spaniern, die mit Daça in der Stadt Tacunga (Llactaconga) waren, ganz besonders auffiel, das war die Geschichte von einem vornehmen Mann, »der, den Körper mit Goldstaub bedeckt, in einen See mitten im Gebirge ging.« Dieser See könnte die Laguna de Totta, etwas ostwärts von Sogamozo (Iraca) und Tunja (Hunca) seyn, wo das geistliche und das weltliche Haupt des Reiches Cundinamarca oder Cundirumarca ihren Sitz hatten; da sich aber keinerlei geschichtliche Erinnerung an diesen See knüpft, so glaube ich vielmehr, daß mit dem, in welchen man den **vergoldeten großen Herrn** gehen ließ, der **heilige See Guatavita**, ostwärts von den Steinsalzgruben von Zipaquira, gemeint ist. Ich sah am Rande dieses Wasserbeckens die Reste einer in den Fels gehauenen Treppe, die bei den gottesdienstlichen Waschungen gebraucht wurde. Die Indianer erzählen, man habe Goldstaub und Goldgeschirr hineingeworfen, als Opfer für die Götzen des *adoratorio de Guatavita.* Man sieht noch die Spuren eines Einschnitts, den die Spanier gemacht, um den See trocken zu legen. Da der Sonnentempel von Sogamozo den Nordküsten von Terra Firma ziemlich nahe liegt, so wurden die Vorstellungen vom vergoldeten Mann bald auf einen Oberpriester von der Sekte des Bochica oder Idacanzas übergetragen, der sich gleichfalls jeden Morgen, um das Opfer zu verrichten, auf Gesicht und Hände, nachdem er dieselben mit Fett eingerieben, Goldstaub kleben ließ. Nach andern Nachrichten, die in einem Schreiben Oviedos an den berühmten Cardinal Bembo aufbehalten sind, suchte Gonzalo Pizarro, als er den Landstrich entdeckte, wo die Zimmtbäume wachsen, zugleich »einen großen Fürsten, von dem hier zu Lande viel die Rede geht, der immer mit Goldstaub überzogen ist, so daß er vom Kopf zum Fuß aussieht wie *una figura. d'oro lavorata di mano d'un buonissimo orifice*. Der Goldstaub wird mittelst eines wohlriechenden Harzes am Leibe befestigt; da aber diese Art **Anzug** ihm beim Schlafen unbequem wäre, so wascht sich der Fürst jeden Abend und läßt sich Morgens wieder vergolden, welches beweist, daß das Reich des **Dorado** ungemein viele Goldgruben haben muß.« Es ist ganz wohl anzunehmen, daß unter den von Bochica eingeführten gottesdienstlichen Ceremonien eine war, die zu einer so allgemein verbreiteten Sage Anlaß gab. Fand man doch in der neuen Welt die allerwunderlichsten Gebräuche. In Mexico bemalten sich die Opferpriester den Körper; ja sie trugen eine Art Meßgewand mit hängenden Aermeln aus gegerbter Menschenhaut. Ich habe Zeichnungen derselben bekannt gemacht, die von den alten Einwohnern von Anahuac herrühren und in ihren gottesdienstlichen Büchern aufbehalten sind.

Am Rio Caura und in andern wilden Landstrichen von Guyana, wo der Körper **bemalt** statt **tätowirt** wird, reiben sich die Eingeborenen mit Schildkrötenfett ein und kleben sich metallisch glänzende, silberweiße und kupferrothe Glimmerblättchen auf die Haut. Von weitem sieht dieß aus, als trügen sie mit Borten besetzte Kleider. Der Sage vom **vergoldeten Mann** liegt vielleicht ein ähnlicher Brauch zu Grunde, und da es in Neu-Grenada zwei souveräne Fürsten gab,[124] den Lama in Iraca und das weltliche Oberhaupt oder den Zaque in Tunja, so ist es nicht zu verwundern, daß dasselbe Ceremoniell bald dem König, bald dem Oberpriester zugeschrieben wird. Auffallender erscheint es, daß man vom Jahr 1535 an das Land des Dorado ostwärts von den Anden gesucht hat. Robertson nimmt in seiner Geschichte des neuen Continents an, die Sage sey zuerst Orellana (1540) am Amazonenstrom zu Ohren gekommen; aber das Buch des Fray Pedro Simon, dem Quesadas, des Eroberers von Cundirumarca, Aufzeichnungen zu Grunde liegen, beweist das Gegentheil, und bereits im Jahr 1536 suchte Gonzalo Diaz de Pineda den **vergoldeten Mann** jenseits der Niederungen der Provinz Quixos. Der Gesandte aus Bogota, den Daça im Königreich Quito angetroffen, hatte von einem ostwärts gelegenen Lande gesprochen; that er etwa so, weil die Hochebene von Neu-Grenada nicht nordwärts, sondern nordostwärts von Quito liegt? Man sollte meinen, die Sage von einem nackten, mit Goldstaub überzogenen Mann müßte ursprünglich in einem heißen Lande zu Hause seyn, und nicht auf den kalten Hochebenen von Cundirumarca, wo ich den Thermometer oft unter 4 oder 5 Grad fallen sah; indessen ist das Klima in Folge der ungewöhnlichen Bodenbildung auch in Guatavita, Tunja, Iraca und am Ufer des Sogamozo sehr verschieden. Nicht selten behält man gottesdienstliche Gebräuche bei, die aus einem andern Erdstrich herrühren, und nach alten Sagen ließen die Muyscas ihren ersten Gesetzgeber und Stifter ihres Gottesdienstes, Bochica, aus den Ebenen ostwärts von den Cordilleren herkommen. Ich lasse unentschieden, ob diese Sagen auf einer geschichtlichen Thatsache beruhten oder ob damit, wie schon oben bemerkt, nur angedeutet seyn sollte, daß der erste Lama, der Sohn und Sinnbild der Sonne ist, nothwendig aus Ländern gegen Aufgang gekommen seyn müsse. Wie dem sey, so viel ist gewiß, der Ruf, den der Orinoco, der Meta und die Provinz Papamene zwischen den Quellen des Guaviare und Caqueta durch die Expeditionen des Ordaz, Herera und Georgs von Speier bereits erlangt, trug dazu bei, die Sage vom Dorado in der Nähe des Ostabhangs der Cordilleren zu fixiren.

Daß auf der Hochebene von Neu-Grenada drei Heerhaufen zusammentrafen, machte, daß sich in ganz Amerika, so weit es von den Spaniern besetzt war, die Kunde von einem noch zu erobernden reichen, stark bevölkerten Lande verbreitete. Sebastian de Belalcazar zog von Quito über Popayan nach Bogota (1536); Nicolaus Federmann kam von Venezuela, von Ost her über die Ebenen am Meta. Diese beiden Anführer trafen auf der Hochebene von Cundirumarca bereits den vielberufenen **Adelantado** Gonzalo Ximenes de Quesada, von dem ich einen Nachkommen bei Zipaquira barfuß das Vieh habe hüten sehen. Das zufällige Zusammentreffen der drei Conquistadoren, eines der merkwürdigsten und dramatischsten Ereignisse in der Geschichte der Eroberung, fand im Jahr 1538 statt. Belalcazar erhitzte durch seine Berichte die Phantasie abenteuerlustiger Krieger; man verglich, was der Indianer aus Tacunga Luis Daça erzählt, mit den verworrenen Vorstellungen von den Schätzen eines großen einäugigen Königs und von einem bekleideten, auf Lamas reitenden Volke, die Ordaz vom Meta mitgebracht. Pedro de Limpias, ein alter Soldat, der mit Federmann auf der Hochebene von Bogota gewesen war, brachte die erste Kunde vom Dorado nach Coro, wo das Andenken an die Expedition Georgs von Speier (1535—37) an den Rio Papamene noch ganz frisch war. Von dieser selben Stadt Coro aus unternahm auch Felipe de Hutten (Urre, Utre) seine vielberufene Reise in das Gebiet der Omaguas, während Pizarro, Orellana und Hernan Perez de Quesada, der Bruder des Adelantado, das Goldland am Rio Napo, längs des Amazonenstroms und in der östlichen Kette der Anden von Neu-Grenada suchten. Die Eingeborenen, um ihrer unbequemen Gäste los zu werden, versicherten aller Orten, zum Dorado sey leicht zu kommen, und zwar ganz in der Nähe. Es war wie ein Phantom, das vor den Spaniern entwich und ihnen beständig zurief. Es liegt in der Natur des flüchtigen Erdenbewohners, daß er das Glück in der unbekannten Weite sucht. Der Dorado, gleich dem Atlas und den hesperischen Inseln, rückte allgemach vom Gebiet der Geographie auf das der Mythendichtung hinüber.

Die vielfachen Unternehmungen zur Aufsuchung dieses eingebildeten Landes zu erzählen, liegt nicht in meiner Absicht. Ohne Zweifel verdankt man denselben großentheils die Kenntniß vom Innern Amerikas; sie leisteten der Geographie Dienste, wie ja der Irrthum oder gewagte Theorien nicht selten zur Wahrheit führen; aber in der vorliegenden Erörterung kann ich mich nur bei den Umständen aufhalten, die auf die Entwerfung der alten und neuen Karten unmittelbar Einfluß gehabt haben. Hernan Perez de Quesada suchte nach der Abreise seines Bruders, des Adelantado, nach Europa von neuem (1539), dießmal aber im Berglande nordöstlich von Bogota, den Sonnentempel (*Casa del sol*), von dem Geronimo de Ortal (1536) am Meta hatte sprechen hören. Der von Bochica eingeführte Sonnendienst und der hohe Ruf des Heiligthums zu Iraca oder Sogamozo gaben Anlaß zu jenen verworrenen Gerüchten von Tempeln und Götzenbildern aus massivem Golde; aber auf den Bergen wie in den Niederungen glaubte man immer weit davon zu seyn, weil die Wirklichkeit den chimärischen Träumen der Einbildungskraft so wenig entsprach. Francisco de Orellana fuhr, nachdem er mit Pizarro den Dorado in der *Provincia de los canelos* und an den goldhaltigen Ufern des Napo vergebens gesucht, den großen Amazonenstrom hinunter (1540). Er fand dort zwischen den Mündungen des Javari und des Rio de la Trinidad (Yupura?) einen goldreichen Landstrich, genannt Machiparo (Muchifaro), in der Nähe des Aomaguas oder Omaguas. Diese Kunde trug dazu bei, daß der Dorado südostwärts verlegt wurde, denn **Omaguas** (Omaguas, Aguas), **Dit-Aguas** und **Papamene** waren Benennungen für dasselbe Land, für das, welches Georg von Speier auf seinem Zuge an den Caqueta entdeckt hatte. Mitten auf den Niederungen nordwärts vom Amazonenstrom wohnten die **Omaguas**, die **Manaos** oder Manoas und die **Guaypes** (Uaupes oder Guayupes), drei mächtige Völker, deren letzteres, dessen Wohnsitze westwärts am Guaupe oder Uaupe liegen, schon in den Reiseberichten Quesadas und Huttens erwähnt wird. Diese beiden in der Geschichte Amerikas gleich berühmten Conquistadoren kamen auf verschiedenen Wegen in die Llanos von San Juan, die damals **Valle de Nuestra Señora** hießen. Hernan Perez de Quesada ging (1541) über die Cordilleren von Cundirumarca, wahrscheinlich zwischen den Paramos Chingasa und Suma Paz, während Felipe de Hutten, in Begleitung Pedros de Limpias (desselben, der von den Hochebenen von Bogota die erste Kunde vom Dorado nach Venezuela gebracht hatte) von Nord nach Süd den Weg einschlug, auf dem Georg von Speier am Ostabhang der Gebirge hingezogen war. Hutten brach von Coro, dem Hauptsitz der **deutschen Faktorei** oder Gesellschaft der Welser auf, als Heinrich Remboldt an der Spitze derselben stand. Nachdem er über die Ebenen am Casanare, Meta und Caguan gezogen (1541), kam er an den obern Guaviare (Guayuare), den man lange für den Ursprung des Orinoco gehalten hat und dessen Mündung ich auf dem Wege von San Fernando de Atabapo an den Rio Negro gesehen habe. Nicht weit vom rechten Ufer des Guaviare kam Hutten in die Stadt der Guaypes, Macatoa. »Das Volk daselbst trug Kleider, die Felder schienen gut angebaut, alles deutete auf eine Cultur, die sonst diesem heißen Landstrich im Osten der Cordilleren fremd war. Wahrscheinlich war Georg von Speier bei seinem Zuge an den Rio Caqueta und in die Provinz Papamene weit oberhalb Macatoa über den Guaviare gegangen, bevor die beiden Zweige dieses Flusses, der Ariari und der Guayavero, sich vereinigen. Hutten erfuhr, auf dem Wege weiter nach Südost komme er auf das Gebiet der großen Nation der Omaguas, deren Priester-König Quareca heiße und große Heerden von Llamas besitze. Diese Spuren von Cultur, diese alten Verbindungen mit der Hochebene von Quito scheinen mir sehr bemerkenswerth. Wir haben schon oben erwähnt, daß Orellana bei einem indianischen Häuptling am Amazonenstrom Llamas gesehen, und daß Ordaz auf den Ebenen am Meta davon hatte sprechen hören.

Ich halte mich nur an das, was in das Bereich der Geographie fällt, und beschreibe weder nach Hutten jene unermeßlich große Stadt, **die er von weitem gesehen**, noch das Gefecht mit den Omaguas, wobei 39 Spanier (ihrer 14 sind in den Nachrichten aus jener Zeit namentlich aufgeführt) mit 15,000 Indianern zu thun hatten. Diese lügenhaften Berichte haben zur Ausschmückung der Sage vom Dorado sehr viel beigetragen. Der Namen der Stadt der Omaguas kommt in Huttens Bericht nicht vor, aber die Manoas, von denen Pater Fritz noch im siebzehnten Jahrhundert in seiner Mission Yurimaguas Goldbleche erhielt, sind Nachbarn der Omaguas. Später wurde der Namen Manoa aus dem Lande der Amazonen auf eine eingebildete Stadt im **Dorado der Parime** übergetragen. Der bedeutende Ruf, in dem die Länder zwischen dem Caqueta (Papamene) und Guaupe (einem Nebenfluß des Rio Negro) standen, veranlaßte (1560) Pedro de Ursua zu der unheilvollen Expedition, welche mit der Empörung des Tyrannen Aguirre[125] endigte. Als er den Caqueta hinabfuhr, um sofort in den Amazonenstrom zu gelangen, hörte Ursua von der Provinz **Caricuri** sprechen. Diese Benennung weist deutlich auf das Goldland hin, denn, wie ich sehe, heißt Gold auf tamanakisch **Caricuri**, auf caraibisch **Carucuru**. Sollte der Ausdruck für **Gold** bei den Völkern am Orinoco ein Fremdwort seyn, wie **Zucker** und **Coton** in den europäischen Sprachen? Dieß wiese wohl darauf hin, daß diese Völker die edlen Metalle mit den fremden Erzeugnissen haben kennen lernen, die ihnen von den Cordilleren[126] oder von den Ebenen am Ostabhang der Anden zugekommen.

Wir kommen jetzt zum Zeitpunkt, wo der Mythus vom Dorado sich im östlichen Strich von Guyana, zuerst beim angeblichen See Cassipa (an den Ufern des Paragua, eines Nebenflusses des Carony), und dann zwischen den Quellen des Rio Essequebo und des Rio Branco, festsetzte. Dieser Umstand ist vom bedeutendsten Einfluß auf die Geographie dieser Länder gewesen. Antonio de Verrio, der Schwiegersohn und einzige Erbe des großen Adelantado Ximenez de Quesada, ging westwärts von Tunja über die Cordilleren, schiffte sich auf dem Rio Casanare ein und fuhr auf diesem Fluß, auf dem Meta und Orinoco hinab nach der Insel Trinidad. Wir wissen von dieser Reise fast nur, was Ralegh davon berichtet; sie scheint wenige Jahre vor die erste Gründung von Vieja Guayana im Jahr 1591 zu fallen. Einige Jahre darauf (1595) ließ Berrio durch seinen *Maese de Campo*, Domingo de Vera, eine Expedition von 2000 Mann ausrüsten, welche den Orinoco hinaufgehen und den Dorado erobern sollte, den man jetzt das **Land Manoa**, sogar **Laguna de la Gran Manoa** zu nennen anfing. Reiche Grundeigenthümer verkauften ihre Höfe, um den Kreuzzug mitzumachen, dem sich zwölf Observanten und zehn Weltgeistliche anschlossen. Die Mähren eines gewissen Martinez (Juan Martin de Albujar?), der bei der Expedition des Diego de Ordaz wollte zurückgelassen und von Stadt zu Stadt in die Hauptstadt des Dorado geschleppt worden seyn, hatten Berrios Phantasie erhitzt. Was dieser Conquistador auf der Fahrt den Orinoco herab selbst beobachtet, ist schwer von dem zu unterscheiden, was er, wie er angiebt, aus einem in Portorico aufbewahrten Tagebuche des Martinez geschöpft hat. Man sieht, man hatte damals vom neuen Continent im Allgemeinen dieselben Vorstellungen, wie wir so lange von Afrika. Man meinte tiefer im Lande mehr Cultur anzutreffen als an den Küsten. Bereits Juan Gonzalez, den Diego de Ordaz abgesandt hatte, die Ufer des Orinoco zu untersuchen (1531), behauptete, »je weiter man auf dem Orinoco hinauf komme, desto stärker werde die Bevölkerung«. Berrio erwähnt zwischen den Mündungen des Meta und des Cuchivero der häufig unter Wasser stehenden Provinz Amapaja, wo er viele kleine gegossene goldene Götzenbilder gefunden, ähnlich denen, welche in Cauchieto östlich von Coro verfertigt wurden. Er meinte, dieses Gold komme aus dem Granitboden des bergigten Landes zwischen Carichana, Uruana und dem Cuchivero. Und allerdings haben in neuerer Zeit die Eingeborenen in der *Quebadra del tigre* bei der Mission Encaramada ein Goldgeschiebe gefunden.[127] Ostwärts von der Provinz Amapaja erwähnt Berrio des Rio Carony (Caroly), den man aus einem großen See entspringen ließ, weil man einen der Nebenflüsse des Carony, den Rio Paragua (Fluß des **großen Wassers**), aus Unbekanntschaft mit den indianischen Sprachen, für ein **Binnenmeer** gehalten hatte. Mehrere spanische Geschichtschreiber glaubten, dieser See, die Quelle des Carony, sey Berrios **Gran Manoa**; aber aus den Nachrichten, die Berrio Ralegh mitgetheilt, ist ersichtlich, daß man annahm, die **Laguna de Manoa** (del

Dorado oder **de Parime**) liege südlich vom Rio Paragua, aus dem man die **Laguna Cassipa** gemacht hatte. »Diese beiden Wasserbecken hatten goldhaltigen Sand; aber am Ufer des Cassipa lag Macureguaira (Margureguaira), die Hauptstadt des Caziken Aromaja und die vornehmste Stadt des ein- gebildeten Reiches Guyana.«

Da diese häufig überschwemmten Landstriche von jeher von Völkern caraibischen Stammes bewohnt waren, die tief ins Land hinein mit den entlegensten Gegenden einen ungemein lebhaften Handel trieben, so ist nicht zu verwundern, daß man hier bei den Indianern mehr Gold fand als irgendwo. Die Eingeborenen im Küstenland brauchten dieses Metall nicht allein zum Schmuck und zu Amuletten, sondern auch in gewissen Fällen als Tauschmittel. Es erscheint daher ganz natürlich, daß das Gold an den Küsten von Paria und bei den Völkern am Orinoco verschwunden ist, seit der Verkehr mit dem Innern durch die Europäer abgeschnitten wurde. Die unabhängig gebliebenen Eingeborenen sind gegenwärtig unzweifelhaft elender, träger und versunkener als vor der Eroberung. Der König von Morequito, derselbe, dessen Sohn Ralegh nach England mitgenommen hatte, war im Jahr 1594 nach Cumana gekommen, um gegen eine große Menge massiver Goldbilder eiserne Geräthe und europäische Waaren einzutauschen. Dieses unerwartete Auftreten eines indianischen Häuptlings steigerte noch den Ruf der Schätze des Orinoco. Man stellte sich vor, der Dorado müsse nicht weit vom Lande seyn, aus dem der König von Morequito gekommen; und da das Land dort häufig unter Wasser stand, und die Flüsse die allgemeinen Namen: »großes Meer,« »großes Wasserstück« führten, so mußte sich der Dorado am Ufer eines Sees befinden. Man dachte nicht daran, daß das Gold, das die Caraiben und andere Handelsvölker mitbrachten, so wenig ein Erzeugniß ihres Bodens war, als die brasilianischen und ostindischen Diamanten Erzeugnisse der europäischen Länder sind, wo sie sich am meisten zusammenhäuft. Berrios Expedition, die, während die Schiffe in Cumana, bei Margarita und Trinidad anlegten, sehr stark an Mannschaft geworden war, ging über Morequito (bei Vieja Guayana) dem Rio Paragua, einem Nebenfluß des Carony, zu; aber Krankheiten, der wilde Muth der Eingeborenen und der Mangel an Lebensmitteln setzten dem Zug der Spanier unübersteigliche Hindernisse entgegen. Alle gingen zu Grunde bis auf dreißig, welche im kläglichsten Zustand zum Posten Santo Thome zurückkamen.

Diese Unfälle kühlten den Eifer, mit dem bis zur Mitte des siebzehnten Jahrhunderts der Dorado aufgesucht wurde, keineswegs ab. Der Statthalter von Trinidad, Antonio de Berrio, wurde von Sir Walter Ralegh gefangen genommen, als dieser im Jahr 1595 den vielberufenen Einfall auf die Küste von Venezuela und an die Mündungen des Orinoco machte. Von Berrio und andern Gefangenen, die Capitän Preston bei der Einnahme von Caracas gemacht, konnte Ralegh Alles in Erfahrung bringen, was man damals von den Ländern südwärts von Vieja Guayana. wußte. Er glaubte an die Mährchen, welche Juan Martin de Ulbujar ausgeheckt, und zweifelte weder an der Existenz der beiden Seen Cassipa und Ropunuwini, noch am Bestehen des großen Reichs des Inca, das flüchtige Fürsten (nach Atahualpas Tode) an den Quellen des Rio Essequebo gegründet haben sollten. Die Karte, welche Ralegh entworfen und deren Geheimhaltung er Lord Charles Howard empfahl, besitzen wir nicht mehr; aber der Geograph Hondius hat diese Lücke ausgefüllt; ja er gibt seiner Karte ein Verzeichniß von Längen- und Breitenangaben bei, wobei die **Laguna del Dorado** und die **kaiserliche Stadt Manoas** vorkommen. Während Ralegh an der Punta del Gallo (auf der Insel Trinidad) sich aufhielt, ließ er durch seine Unterbefehlshaber die Mündungen des Orinoco, namentlich die von Capuri, Gran Amana (Manamo grande) und Macureo (Macareo)[128] untersuchen. Da seine Schiffe einen bedeutenden Tiefgang hatten, hielt es sehr schwer, in die **bocas chicas** einzulaufen, und er mußte sich flache Fahrzeuge bauen lassen. Er bemerkte die Feuer der Tivitivas (Tibitibies) vom Stamme der Guaraons auf den Mauritiapalmen, deren Frucht,[129] *fructum squamorum, similem Palmae Pini*, er zuerst nach Europa gebracht hat. Es wundert mich, daß von der Niederlassung, die Berrio unter dem Namen Santo Thome (*la Vieja Guayana*) gegründet, so gut wie gar nicht die Rede ist; und doch reicht dieselbe bis zum Jahr 1591 hinauf, und obgleich nach Fray Pedro Simon »Religion und Politik jeden Handelsverkehr zwischen Christen (Spaniern) und Ketzern (Holländern und Engländern) verbieten,« wurde damals, am Ende des sechzehnten Jahrhunderts, wie gegenwärtig, ein lebhafter Schleichhandel über die Mündungen des Orinoco getrieben. Ralegh ging über den Fluß **Europa** (Guarapo) und »die Ebenen der **Saymas** (Chaymas),[130] die im selben Niveau bis Cumana und Caracas fortstreichen;« in Morequito (vielleicht etwas nordwärts von Villa de Upata in den Missionen am Carony) machte er Halt, und hier bestätigte ihm ein alter Cazike alle phantastischen Vorstellungen Berrios von einem Einfall fremder Völker (Orejones und Epuremei) in Guyana. Die Katarakten des Caroli (Carony), welcher Fluß damals für den kürzesten Weg zu den beiden am See Cassipa und am See Nupunuwini oder **Dorado** gelegenen Städten Macureguarai und Manoa galt, steckten der Expedition ein Ziel.

Ralegh hat den Orinoco nur auf einer Strecke von kaum 60 Meilen befahren; er nennt aber nach den schwankenden Angaben, die er zusammengebracht, die obern Zuflüsse, den Cari, den Pao, den Apure (Capuri?), den Guarico (Voari?), den Meta, sogar »in der Provinz Baraguan den großen Wasserfall Athule (Atures), der aller weiteren Flußfahrt ein Ende macht«. Trotz seiner Uebertreibungen, die sich für einen Staatsmann wenig ziemen, bieten Raleghs Berichte wichtiges Material zur Geschichte der Geographie. Der Orinoco oberhalb des Einflusses des Apure war damals den Europäern so wenig bekannt, als heutzutage der Lauf des Niger unterhalb Sego. Man hatte die Namen verschiedener, weit entfernten Nebenflüsse vernommen, aber man wußte nicht, wo sie lagen; man zählte ihrer mehr auf, als wirklich sind, wenn derselbe Name, verschieden ausgesprochen oder vom Ohr unrichtig aufgefaßt, verschieden klang. Andere Irrthümer hatten vielleicht ihre Quellen darin, daß dem spanischen Statthalter Antonio de Berrio wenig daran gelegen seyn konnte, Ralegh richtige, genaue Notizen zu geben; letzterer beklagt sich auch über seinen Gefangenen »als einen Menschen ohne Bildung, der Ost und West nicht zu unterscheiden wisse.« Ob Ralegh an Alles, was er vorbringt, an die Binnenmeere, so groß wie das caspische Meer, an die kaiserliche Stadt Manoa (*imperial and golden city*), an die prächtigen Paläste, welche der »Kaiser Inga von Guyana« nach dem Vorbild seiner peruanischen Ahnen erbaut, — ob er an all das wirklich geglaubt oder sich nur so angestellt, das will ich hier nicht untersuchen. Der gelehrte Geschichtschreiber von Brasilien, Southey, und der Biograph Raleghs, Cayley, haben in neuester Zeit viel Licht über diesen Punkt verbreitet. Daß der Führer der Expedition und die unter ihm Befehlenden ungemein leichtgläubig waren, ist schwerlich zu bezweifeln. Man sieht, Ralegh paßte Alles von vornherein angenommenen Voraussetzungen an. Sicher war er selbst getäuscht, wenn es aber galt, die Phantasie der Königin Elisabeth zu erhitzen und die Plane seiner ehrgeizigen Politik durchzusetzen, so ließ er keinen Kunstgriff der Schmeichelei unversucht. Er schildert der Königin »das Entzücken dieser barbarischen Völker beim Anblick ihres Bildnisses; der Name der erhabenen Jungfrau, welche sich Reiche zu unterwerfen weiß, soll bis zum Lande der kriegerischen Weiber am Orinoco und Amazonenstrom dringen; er versichert, als die Spanier den Thron von Cuzco umgestoßen, habe man eine alte Prophezeiung gefunden, der zufolge die Dynastie der Incas dereinst Großbritannien ihre Wiederherstellung zu danken haben werde; er gibt den Rath, unter dem Vorwand, das Gebiet gegen äußere Feinde schützen zu wollen, Besatzungen von drei, viertausend Mann in die Städte des Inca zu legen und diesen so zu einem jährlichen Tribut von 300,000 Pfund Sterling an Königin Elisabeth zu nöthigen; endlich äußert er mit einem Blick in die Zukunft, alle diese gewaltigen Länder Südamerikas werden eines Tages Eigenthum der englischen Nation seyn.«

Raleghs vier Fahrten auf dem untern Orinoco fallen zwischen die Jahre 1595 und 1617. Nach all diesen vergeblichen Unternehmungen ließ der Eifer, mit dem man den Dorado aufsuchte, allmählig nach. Fortan kam keine Expedition mehr zu Stande, an der sich zahlreiche Colonisten betheiligten, wohl aber Unternehmungen Einzelner, zu denen nicht selten die Statthalter der Provinzen aufmunterten. Die Kunde vom Goldland der Manoas-Indianer am Jurubesh und von der *Laguna de oro* die durch die Reisen der Patres Acuña (1688) und Fritz (1637) in Umlauf kam, trugen das Ihrige dazu bei, daß die Vorstellungen vom Dorado in den portugiesischen und spanischen Colonien im Norden und Süden des Aequators wieder rege wurden. In Cuençа im Königreich Quito traf ich Leute, die im Auftrag des Bischofs Marfil östlich von den Cordilleren auf den Ebenen von Macas die Trümmer der Stadt Logroño, die in einem goldreichen Lande liegen sollte, aufgesucht hatten. Aus dem schon mehrmals erwähnten Tagebuche Hortsmanns ersehen wir, daß man im Jahr 1740 von holländisch Guyana her zum Dorado zu gelangen glaubte, wenn man den Essequebo hinauffuhr. In Santo Thome de Angostura entwickelte der Statthalter Don Manuel Centurion ungemeinen Eifer, um zum eingebildeten See Manoa zu dringen. Arimuicaipi, ein Indianer von der Nation der Ipurucotos, fuhr den Rio Carony hinab und entzündete durch lügenhafte Berichte die Phantasie der spanischen Colonisten. Er zeigte ihnen am Südhimmel die Magellanschen Wolken, deren weißlichtes Licht er für den Widerschein der silberhaltigen Felsen mitten in der Laguna Parime erklärte. Es war dieß eine sehr poetische Schilderung des Glanzes des Glimmer- und Talkschiefers seines Landes. Ein anderer indianischer Häuptling, bei den Caraiben am Essequebo als **Capitän Jurado** bekannt, gab sich vergebliche Mühe, den Statthalter Centurion zu enttäuschen. Man machte fruchtlose Versuche auf dem Caura und dem Rio Paragua. Mehrere hundert Menschen kamen bei diesen tollen Unternehmungen elend ums Leben. Die Geographie zog indessen einigen Nutzen daraus. Nicolas Rodriguez und Antonio Santos wurden vom spanischen Statthalter auf diese Weise gebraucht (1775 bis 1780). Letzterer gelangte auf dem Carony, dem Paragua, dem Paraguamusi, dem Anocapra und über die Berge Pacaraimo und Quimiropaca an den Uraricuera und den Rio Branco. Die Reisetagebücher dieser abenteuerlichen Unternehmungen haben mir treffliche Notizen geliefert.

Die Seekarten, welche der Florentiner Reisende Amerigo Vespucci[131] in den ersten Jahren des sechzehnten Jahrhunderts als *piloto mayor* der *Casa de Contratacion* zu Sevilla entworfen, und auf die er, vielleicht in schlauer Absicht, den Namen *Terra de Amerigo* gesetzt, sind nicht auf uns gekommen. Die älteste geographische Urkunde des neuen Continents ist die einer römischen Ausgabe des Ptolemäus vom Jahr 1508 beigegebene Weltkarte des Johann Ruysch.[132] Man erkennt darauf Yucatan und Honduras (den südlichsten Theil von Mexico), die als eine Insel unter dem Namen **Culicar** dargestellt sind. Eine Landenge von Panama ist nicht vorhanden, sondern eine Meerenge, durch die man geradeaus von Europa nach Indien fahren kann. Auf der großen südlichen Insel (Südamerika) steht der Name *Terra de Careas*, die von zwei Flüssen, dem Rio Lareno und dem Rio Formoso begrenzt ist. Diese **Careas** sind ohne Zweifel die Einwohner von **Caria**, welchen Namen Cristoph Columbus bereits im Jahr 1498 vernommen hatte und mit dem lange Zeit ein großer Theil von Amerika bezeichnet wurde. Der Bischof Geraldini sagt in einem Briefe an Pabst Leo X. aus dem Jahr 1516 deutlich: »Insula illa, quae Europa et Asia est major, quam indocti continentem Asiae appellant, et alii Americam vel Pariam nuncupant.« Auf der Weltkarte von 1508 finde ich noch keine Spur vom Orinoco. Dieser Strom erscheint zum erstenmal unter dem Namen *Rio dulce* auf der berühmten Karte, die Diego Ribero, Kosmograph Kaiser Karls V. im Jahr 1529 entworfen, und die Sprengel im Jahr 1795 mit einem gelehrten Commentar herausgegeben hat. Weder Columbus (1498) noch Alonso de Guda, bei dem Amerigo Vespucci war (1499), hatten die eigentliche Mündung des Orinoco gesehen. Sie hatten dieselbe mit der nördlichen Oeffnung des Meerbusens von Paria verwechselt, dem man, wie denn Uebertreibungen der Art bei den Seefahrern jener Zeit so häufig vorkommen, eine ungeheure Masse süßen Wassers zuschrieb. Vicente Yañez Pinçon, nachdem er die Mündung des Rio Maragnon entdeckt, war auch der Erste, der die Mündung des Orinoco sah (1500). Er nannte diesen Strom *Rio dulce*, welcher Name sich seit Ribero lange auf den Karten erhalten hat und zuweilen irrthümlich dem Maroni und dem Essequebo beigelegt wurde.[133]

Der große See Parime erscheint auf den Karten erst nach Raleghs erster Reise. Jodocus Hondius war der Mann, der mit dem Jahr 1599 den Vorstellungen der Geographen eine bestimmte Richtung gab und das Innere von spanisch Guyana als ein völlig bekanntes Land darstellte. Der Isthmus zwischen dem Rio Branco und dem Rio Rupunuwini (einem Nebenfluß des Essequebo) wird von ihm in den 200 Meilen langen, 40 Meilen breiten See **Rupunuwini**, **Carime** oder **Dorado**, zwischen dem 1°45' südlicher und dem 2° nördlicher Breite verwandelt. Dieses Binnenmeer, größer als das caspische Meer, wird bald mitten in ein gebirgigtes Land, ohne Verbindung mit irgend einem andern Fluß, hineingezeichnet, bald läßt man den Rio Oyapok (Waiapago, Joapoc, Vinpoco) und den Rio de Cayana daraus entspringen. Der erstere Fluß wurde im achten Artikel des Utrechter Vertrags mit dem Rio de Vicente Pinçon (Rio Calsoene oder Mayacari?) verwechselt und blieb bis zum letzten Wiener Congreß der Gegenstand endloser Streitigkeiten zwischen den französischen und den portugiesischen Diplomaten. Der letztere ist eine chimärische Verlängerung des Tonnegrande, oder aber des Oyac (Wia?). Das Binnenmeer (*Laguna Parime*) wurde anfangs so gestellt, daß sein westliches Ende in den Meridian des Zusammenflusses des Apure und des Orinoco fiel; allmählig aber schob man es nach Ost vor, so daß das westliche Ende südlich von den Mündungen des Orinoco zu liegen kam. Dieser Wechsel zog auch Abänderungen in der respektiven Lage des Sees Parime und des Sees Cassipa, so wie in der Richtung des Laufs des Orinoco nach sich. Diesen großen Strom läßt man von seiner Mündung bis über den Meta hinauf, gleich dem Magdalenenstrom, von Süd nach Nord laufen. Die Nebenflüsse, die man aus dem See Cassipa kommen ließ, der Carony, der Arui und der Caura, laufen damit in der Richtung eines Parallels, während sie in der Wirklichkeit in der Richtung eines Meridians liegen. Außer dem Parime und dem Cassipa gab man auf den Karten einen dritten See an, aus dem man den Aprouague (Apurwaca) kommen ließ. Es war damals bei den Geographen allgemeiner Brauch, alle Flüsse mit großen Seen in Verbindung zu bringen. Auf diese Weise verband Ortelius den Nil mit dem Zaire oder Rio Congo, die Weichsel mit der Wolga und dem Dnieper. Im nördlichen Mexiko, in den angeblichen Königreichen Guivira und Cibola, die durch die Lügen des Mönchs Marcos de Niza berühmt geworden, hatte man ein großes Binnenmeer eingezeichnet, aus dem man den californischen Rio Colorado entspringen ließ.[134] Vom Rio Magdalena lief ein Arm in den See Maracaybo, und der See Xarayes, in dessen Nähe man einen **südlichen Dorado** setzte, stand mit dem Amazonenstrom, mit dem Miari (Meary) und dem Rio San Francisco in Verbindung. Die meisten dieser hydrographischen Träume sind verschwunden; nur die Seen Cassipa und Dorado haben sich lange neben einander auf unsern Karten erhalten.

Verfolgt man die Geschichte der Geographie, so sieht man den Cassipa, der als ein rechtwinklichtes Viereck dargestellt wird, sich allmählig auf Kosten des Dorado vergrößern. Letzterer wurde zuweilen ganz weggelassen, aber nie wagte man es, sich am ersteren zu vergreifen, der nichts ist, als der durch periodische Ueberschwemmungen geschwellte Rio Paragua (ein Nebenfluß des Carony). Als d'Anville durch Solanos Expedition in Erfahrung brachte, daß der Orinoco seine Quellen keineswegs westwärts am Abhang der Anden von Pasto habe, sondern von Osten her von den Gebirgen der Parime herabkomme, nahm er in der zweiten Ausgabe seiner schönen Karte von Amerika (1760) die **Laguna Parime** wieder auf und ließ sie ganz willkürlich durch den Mazuruni und den Cuyuni mit drei Flüssen (dem Orinoco, dem Rio Branco und dem Essequebo) in Verbindung stehen. Er verlegte sie unter den 3—4. Grad nördlicher Breite, wohin man bisher den See Cassipa gesetzt hatte.

Der spanische Geograph la Cruz Olmedilla (1775) folgte d'Anvilles Vorgang. Der alte, unter dem Aequator gelegene See Parime war vom Orinoco ganz unabhängig; der neue, der an der Stelle des Cassipa und wieder in der Gestalt eines Vierecks austrat, dessen längsten Seiten von Süd nach Nord laufen,[135] zeigt die seltsamsten hydraulischen Verbindungen. Bei la Cruz entspringt der Orinoco, unter dem Namen Parime und Puruma (Xuruma?) im gebirgigten Lande zwischen den Quellen des Ventuari und des Caura (unter dem 5. Grad der Breite im Meridian der Mission Esmeralda) aus einem kleinen See, der **Ipava** heißt. Dieser See läge auf meiner Reisekarte nordöstlich von den Granitbergen von Cunevo, woraus zur Genüge hervorgeht, daß wohl ein Nebenfluß des Rio Branco oder des Orinoco daraus entspringen könnte, nicht aber der Orinoco selbst. Dieser Rio Parime oder Puruma nimmt nach einem Lauf von 40 Meilen gegen Ost-Nord-Ost und von 60 Meilen gegen Südost den Rio Mahu auf, den wir bereits als einen der Hauptzweige des Rio Branco kennen; darauf läuft er in den See Parime, den man 30 Meilen lang und 20 Meilen breit macht. Aus diesem See entspringen unmittelbar drei Flüsse, der Rio Ucamu (Ocamo), der Rio Idapa (Siapa) und der Rio Branco. Der Orinoco oder Puruma ist als unterirdische Durchsickerung am Westabhang der **Sierra Mei**, welche den See oder das **weiße Meer** gegen Westen begrenzt, gezeichnet. Diese zweite Quelle des Orinoco liegt unter dem zweiten Grad nördlicher Breite und 3½ Grad ostwärts vom Meridian von Esmeralda. Nachdem der neue Fluß 50 Meilen gegen West-Nord-West gelaufen, nimmt er zuerst den Ucamu auf, der aus dem See Parime kommt, sodann den Rio Maquiritari (Padamo), der zwischen dem See Ipava und einem andern Alpsee, von la Cruz **Laguna Cavija** genannt, entspringt. Da **See** maypurisch **Cavia** heißt, so bedeutet das Wort **Laguna Cavia**, wie Laguna Parime, nichts als Wasserbecken, *laguna de agua.* Diese seltsame Flußzeichnung ist nun das Vorbild fast für alle neueren Karten von Guyana geworden. Ein Mißverständniß, das aus der Unkenntniß des Spanischen entsprang, hat der Karte des la Cruz, auf der richtige Angaben mit systematischen, den alten Karten entnommenen Vorstellungen vermengt sind, vollends großes Ansehen verschafft. Eine punktirte Linie umgibt den Landstrich, über den Solano einige Erkundigung hatte einziehen können; diese Linie hielt man nun für den **von Solano zurückgelegten Weg**, so daß dieser das südwestliche Ende des weißen Meeres gesehen haben müßte. Auf der Karte des la Cruz steht geschrieben: »Dieser Weg bezeichnet, was vom Statthalter von Caracas, Don Jose Solano, entdeckt und zur Ruhe gebracht worden ist.« Nun weiß man aber in den Missionen, daß Solano nie über San Fernando de Atabapo hinausgekommen ist, daß er den Orinoco ostwärts vom Einfluß des Guaviare gar nicht gesehen, und daß er seine Nachrichten über diese Länder nur von gemeinen Soldaten haben konnte, die der Sprachen der Eingeborenen unkundig waren. Das Werk des Pater Caulin, der ja der Geschichtschreiber der Expedition war, das Zeugniß Don Apollinarios Diaz de la Fuente und Santos' Reise thun zur Genüge dar, daß nie ein Mensch das weiße Meer des la Cruz gesehen hat, das, wie aus den Namen der sich darein ergießenden Flüsse hervorgeht, nichts ist als eine eingebildete Ausbreitung des westlichen Zweigs des Rio Branco oberhalb des Einflusses des Tacutu und des Uraricuera oder Rio Parime. Ließe man aber auch Angaben gelten, deren Unrichtigkeit jetzt zur Genüge dargethan ist, so sähe man nach allgemein anerkannten hydrographischen Grundsätzen nicht ein, mit welchem Recht der See Ipava die Quelle des Orinoco heißen könnte. Wenn ein Fluß in einen See fällt und von diesem selben Wasserbecken drei andere abgehen, so weiß man nicht, welchem von diesen man den Namen des ersteren beilegen soll. Noch viel weniger ist es zu rechtfertigen, wenn der Geograph denselben Namen einem Flusse läßt, dessen Quelle durch eine hohe Bergkette vom See getrennt ist, und der durch Durchsickerung unterirdisch entstanden seyn soll.

Vier Jahre nach der großen Karte von la Cruz Olmedilla erschien das Werk des Pater Caulin, der die Grenzexpedition mitgemacht hatte. Das Buch wurde 1759 am Ufer des Orinoco selbst geschrieben, und nur einige Anmerkungen wurden später in Europa beigefügt. Der Verfasser, ein Franciskaner von der Congregation der Observanten, zeichnet sich durch seine Aufrichtigkeit aus und an kritischem Geist ist er allen seinen Vorgängem überlegen. Er selbst ist nicht über den großen Katarakt bei Atures hinausgekommen, aber Alles, was Solano und Ituriaga Wahres und Schwankendes zusammengebracht, stand zu seiner Verfügung. Zwei Karten, die Pater Caulin im Jahr 1756 entworfen, wurden von Surville, einem Archivbeamten beim Staatssekretariat, in Eine zusammengezogen und nach angeblichen Entdeckungen vervollständigt (1778). Schon oben, als von unserem Aufenthalt in Esmeralda (dem den unbekannten Quellen des Orinoco zunächst gelegenen Punkte) die Rede war, habe ich bemerkt, wie willkürlich man bei diesen Abänderungen zu Werke ging. Sie gründeten sich auf die lügenhaften Berichte, mit denen man die Leichtgläubigkeit des Statthalters Centurion und Don Apollinarios Diaz de la Fuente, eines Kosmographen, der weder Instrumente, noch Kenntnisse, noch Bücher hatte, Tag für Tag bediente.

Das Tagebuch Pater Caulins steht mit der Karte, die demselben beigegeben ist, in fortwährendem Widerspruch. Der Verfasser setzt die Umstände aus einander, welche zu der Fabel vom See Parime Anlaß gegeben haben; aber die Karte bringt diesen See auch wieder, nur schiebt sie ihn weit weg von den Quellen des Orinoco, ostwärts vom Rio Branco. Nach Pater Caulin heißt der Orinoco Rio Maraguaca unter dem Meridian des Granitberges dieses Namens, der auf meiner Reisekarte gezeichnet ist. »Es ist vielmehr ein Bergstrom als ein Fluß; er kommt zugleich mit dem Rio Omaguaca und dem Macoma, unter 2½ Grad der Breite, aus dem kleinen See Cabiya.« Dieß ist der See, aus dem la Cruz den Maquiritari (Padamo) entspringen läßt und den er unter 5½ Grad der Breite, nördlich vom See Ipava, setzt. Die Existenz von Caulins Rio **Macoma** scheint sich auf ein verworrenes Bild der Flüsse Padamo, Ocamo und Matacona zu gründen, von denen man vor meiner Reise glaubte, sie stehen mit einander in Verbindung. Vielleicht gab auch der See, aus dem der Mavaca kommt (etwas westlich vom Amaguaca) Anlaß zu diesen Irrthümern hinsichtlich des Ursprungs des Orinoco und der Quellen des Idapa in der Nähe.

Surville setzt unter 2°10' der Breite an die Stelle des Sees Parime des la Cruz einen andern See ohne Namen, der nach ihm die Quelle des Ucamu (Ocamo) ist. In der Nähe dieses Alpsees entspringen aus derselben Quelle der Orinoco und der Idapa, ein Nebenfluß des Cassiquiare. Der See Amucu, die Quelle des Mahu, wird zum **Mar Dorado** oder zur **Laguna Parime** erweitert. Der Rio Branca hängt nur noch durch zwei seiner schwächsten Nebenflüsse mit dem Wasserbecken zusammen, aus dem der Ucamu kommt. Aus dieser rein hypothetischen Anordnung ergibt sich, daß der Orinoco aus keinem See entspringt und daß die Quellen desselben vom See Parime und dem Rio Branco durchaus unabhängig find. Trotz der **sich gabelnden Quelle** ist das hydrographische System der Surville'schen Karte nicht so abgeschmackt als das auf der Karte des la Cruz. Wenn die neueren Geographen sich so lange beharrlich an die spanischen Karten gehalten haben, ohne dieselben mit einander zu vergleichen, so erscheint es doch auffallend, daß sie nicht wenigstens der neuesten Karte den Vorzug gegeben haben, der Surville'schen, die auf königliche Kosten und auf Befehl des Ministers für Indien, Don Jose de Galvez, erschienen ist.

Ich habe hiermit, wie ich eben ungebändigt, die wechselnden Gestalten entwickelt, welche die geographischen Irrthümer zu verschiedenen Zeiten angenommen. Ich habe auseinandergesetzt, wie die Bodenbildung, der Lauf der Ströme, die Namen der Nebenflüsse und die zahlreichen Trageplätze zur Annahme eines Binnenmeers im Herzen von Guyana führen konnten. So trocken Erörterungen der Art seyn mögen, für unnütz und unfruchtbar darf man sie nicht halten. Man ersieht daraus, was Alles die Reisenden noch zu entdecken haben; sie stellen uns vor Augen, welcher Grad von Zuverläßigkeit lange Zeit wiederholten Behauptungen zukommt. Es verhält sich mit den Karten wie mit den Tafeln astronomischer Positionen in unsern für die Seefahrer bestimmten Ephemeriden. Von lange her ist zu ihrer Entwerfung das verschiedenartigste Material zusammengetragen worden, und zöge man nicht die Geschichte der Geographie zu Rathe, so wäre später so gut wie gar nicht auszumitteln, auf welcher Autorität jede einzelne Angabe beruht.

Ehe ich den Faden meiner Erzählung wieder aufnehme, habe ich noch einige allgemeine Bemerkungen über die goldhaltigen Gebirgsarten zwischen dem Amazonenstrom und dem Orinoco beizubringen. Wir haben dargethan, daß der Mythus vom **Dorado**, gleich den berühmtesten Mythen der Völker der alten Welt, nach einander auf verschiedene Oertlichkeiten bezogen worden ist. Wir haben denselben von Südwest nach Nordost, vom Ostabhang der Anden gegen die Ebenen am Rio Branco und Essequebo vorrücken sehen, ganz in der Richtung, in der die Caraiben seit Jahrhunderten ihre Kriegs- und Handelszüge machten. Man sieht leicht, wie das Gold von den Cordilleren von Hand zu Hand durch eine Menge Völkerschaften bis an das Küstenland von Guyana gelangen konnte; waren doch, lange bevor der Pelzhandel englische, russische und amerikanische Schiffe an die Nordwestküsten von Amerika zog, eiserne Werkzeuge von Neumexico und Canada bis über die Rocky Mountains gewandert. In Folge eines Irrthums in der Länge, dessen Spuren man auf sämmtlichen Karten des sechzehnten Jahrhunderts begegnet, nahm man die goldführenden Gebirge von Peru und Neu-Grenada weit näher bei den Mündungen des Orinoco und des Amazonenstromes an, als sie in Wirklichkeit sind. Es ist einmal Sitte bei den Geographen, neu entdeckte Länder übermäßig zu vergrößern und ins Breite zu ziehen. Auf der Karte von Peru, welche Paulo di Forlani in Verona herausgab, liegt die Stadt Quito 400 Meilen von der Küste der Südsee unter dem Meridian von Cumana; die Cordillere der Anden füllt fast die ganze Oberfläche des spanischen, französischen und holländischen Guyana aus. Diese falsche Ansicht von der Breite der Anden ist ohne Zweifel im Spiel, wenn man den granitischen Ebenen am Ostabhang derselben so große Wichtigkeit zugeschrieben hat. Da man die Nebenflüsse des Amazonenstroms und des Orinoco, oder (wie Raleghs Unterbefehlshaber aus Schmeichelei für ihren Obern sagten) des **Rio Raleana** beständig verwechselte, so bezog man auf diesen alle Sagen, die einem über den Dorado von Quixos, über die Omaguas und Manoas zu Ohren gekommen. Nach des Geographen Hondius Annahme lagen die durch ihre Chinawälder berühmten Anden von Loxa nur 20 Meilen vom See Parime und dem Ufer des Rio Branco. Bei dieser Nähe erschien die Kunde, daß sich der Inca in die Wälder von Guyana geflüchtet, und daß die Schätze aus Cuzco in die östlichsten Striche von Guyana geschafft worden, glaubwürdig. Fuhr man den Meta oder den Amazonenstrom hinauf, so sah man allerdings zwischen dem Puruz, dem Jupura und dem Iquiari die Eingeborenen civilisirter werden. Man fand dort Amulette und kleine Götzenbilder aus gegossenem Gold, künstlich geschnitzte Stühle und dergleichen; aber von solchen Spuren einer aufkeimenden Cultur zu den Städten und steinernen Häusern, wie Ralegh und seine Nachfolger sie beschreiben, ist ein großer Sprung. Wir haben ostwärts von den Cordilleren, in der Provinz Jaen de Bracamoros, auf dem Wege von Loxa an den Amazonenstrom herab, die Trümmer großer Gebäude gezeichnet; bis hieher waren die Incas mit ihren Waffen, mit ihrer Religion und mit ihren Künsten vorgedrungen. Die sich selbst überlassenen Eingeborenen am Orinoco waren vor der Eroberung etwas civilisirter als jetzt die unabhängigen Horden. Sie hatten dem Flusse entlang volkreiche Dörfer und standen mit südlicher wohnenden Völkern in regelmäßigem Handelsverkehr; aber nichts weist darauf hin, daß sie je ein steinernes Gebäude errichtet hätten. Wir haben auf unserer ganzen Flußfahrt nie die Spur eines solchen gesehen.

Obgleich nun aber spanisch Guyana seinen Ruf, ein reiches Land zu seyn, großentheils seiner geographisehen Lage und den Irrthümern der alten Karten zu danken hat, so ist man deßhalb doch nicht zu der Behauptung berechtigt, daß auf diesem Flächenraum von 82,000 Quadratmeilen zwischen dem Orinoco und dem Amazonenstrom, ostwärts von den Anden von Quito und Neu-Grenada, gar keine goldhaltige Gebirgsart vorkomme. Soweit ich dieses Land zwischen dem 2. und 8. Grad der Breite und dem 66. und 71. Grad der Länge kennen gelernt habe, besteht es durchgängig aus Granit und aus einem Gneiß, der in Glimmerschiefer und Talkschiefer übergeht.

Diese Gebirgsarten kommen in den hohen Gebirgen der Parime, wie in den Niederungen am Atabapo und Cassiquiare zu Tage. Der Granit überwiegt über die andern Gebirgsarten, und wenn auch der Granit von alter Formation überall fast durchgängig keine Golderze enthält, so ist daraus doch nicht zu folgern, daß der Granit der Parime gar keinen Gang, keine Schicht goldhaltigen Quarzes einschließe. Ostwärts vom Cassiquiare, den Quellen des Orinoco zu, sahen wir dergleichen Schichten und Gänge häufiger auftreten. Nach seinem Bau, nach der Beimischung von Hornblende und andern gleich bedeutsamen geologischen Merkmalen scheint mir der Granit in diesem Landstrich von neuerer Formation zu seyn, vielleicht jünger als der Gneiß und analog den zinnhaltigen Graniten, den Hyalomicten und Pegmatiten. Die jüngeren Granite sind nun aber nicht so arm an Metallen, und manche goldführende Flüsse und Bäche in den Anden, im Salzburgschen, im Fichtelgebirge und auf der Hochebene beider Castilien machen es wahrscheinlich, daß diese Granite hin und wieder gediegenes Gold und in der ganzen Gebirgsmasse goldhaltigen Schwefelkies und Bleiglanz eingesprengt enthalten, wie Zinn, Magneteisenstein und Eisenglimmer. Der Bergstock der Parime, in dem mehrere Gipfel 1300 Toisen Meereshöhe erreichen, war vor unserer Reise an den Orinoco fast ganz unbekannt, und doch ist er gegen hundert Meilen lang und achtzig breit, und wenn er auch überall, wo Bonpland und ich darüber gekommen sind, uns in seinem Bau sehr gleichförmig schien, so läßt sich doch keineswegs behaupten, daß nicht im Innern dieses gewaltigen Bergstocks sehr metallreiche Glimmerschiefer und Uebergangsgebirgsarten dem Granit aufgelagert seyn könnten.

Wie oben bemerkt, verdankt Guyana seinen hohen Ruf als metallreiches Land zum Theil dem Silberglanz des so häufig vorkommenden Glimmers. Der Spitzberg Calitamini, der jeden Abend bei Sonnenuntergang in röthlichtem Feuer strahlt, nimmt noch jetzt die Aufmerksamkeit der Einwohner von Maypures in Anspruch. Eilande aus Glimmerschiefer im See Amucu steigern, wie die Eingeborenen einem vorlügen, den Glanz der Nebelflecken am Südhimmel. »Jeder Berg,« sagt Ralegh, »jeder Stein in den Wäldern am Orinoco glänzt gleich edlen Metallen; ist das kein Gold, so ist es doch *madre del oro*.« Er versichert Stufen von weißem goldhaltigem Quarz (*harde withe spar*) mitgebracht zu haben, und zum Beweis, wie reich diese Erze seyen, beruft er sich auf die von den Münzbeamten zu London angestellten Versuche. Ich habe keinen Grund zu vermuthen, daß die damaligen Scheidekünstler Königin Elisabeth täuschen wollten; ich will Raleghs Andenken keineswegs zu nahe treten und mit seinen Zeitgenossen argwöhnen, der goldhaltige Quarz, den er mitgebracht, sey gar nicht in Amerika erhoben worden. Ueber Dinge, die in der Zeit so weit abliegen, läßt sich kein Urtheil stillen. Der Gneiß der Küstenkette enthält Spuren von edlen Metallen, und in den Gebirgen der Parime bei der Mission Encaramada hat man hin und wieder Goldkörner gefunden. Wie sollte man nach einem rein negativen Zeugnis, nach dem Umstand, daß wir auf einer dreimonatlichen Reise keinen Gang gesehen, der am Ausgehenden goldhaltig gewesen wäre, auf die absolute Taubheit der Urgebirgsarten in Guyana schließen?

Um hier Alles zusammenzufassen, was die Regierung dieses Landes über einen so lange bestrittenen Punkt aufzuklären im Stande ist, mache ich einige allgemeinere geologische Bemerkungen. — Die Gebirge Brasiliens liefern, trotz der zahlreichen Spuren von Erzlagern zwischen Sanct Paul und Villarica, bis jetzt nur Waschgold. Von den 78,000 Mark Gold,[136] welche zu Anfang des neunzehnten Jahrhunderts jährlich aus Amerika in den europäischen Handel geflossen sind, kommen mehr als sechs Siebentheile nicht aus der hohen Cordillere der Anden, sondern aus dem aufgeschwemmten Land östlich und westlich von den Cordilleren. Diese Striche haben geringe Meereshöhe, wie die bei la Sonora (in Mexico), bei Choco und Barbacoas (in Neu-Grenada), oder das Alluvium liegt auf Hochebenen, wie im Innern Brasiliens.[137] Ist es nun nicht wahrscheinlich, daß andere goldhaltige Anschwemmungen der nördlichen Halbkugel zu, bis an die Ufer des obern Orinoco und des Rio Negro, streichen, deren Becken ja mit dem des Amazonenstroms zusammenfällt? Als vom Dorado de Canelas, von dem der Omaguas und am Iquiare die Rede war, bemerkte ich, daß alle Flüsse, welche von West her kommen, reichlich Gold führen, und zwar sehr weit von den Cordilleren weg. Von Loxa bis Popayan bestehen die Cordilleren abwechselnd aus Trachyt und aus Urgebirge. Die Ebenen bei Zamora, Logroño und Macas (Sevilla del Oro), der große Rio Napo mit seinen Nebenflüssen (dem Ansupi und dem Coca in der Provinz Quixos), der Caqueta von Mocoa bis zum Einfluß des Fragua, endlich alles Land zwischen Jaen de Bracamoros und dem Guaviare behaupten noch immer ihren alten Ruf großen Metallreichthums. Weiter gegen Ost, zwischen den Quellen des Guainia (Rio Negro), des Uaupes, Iquiari und Jurubesh finden wir ein anderes unstreitig goldhaltiges Gebiet. Hieher setzen Acuña und Pater Fritz ihre *Laguna del oro*, und Manches, was ich in San Carlos aus dem Munde der portugiesischen Amerikaner vernommen, macht vollkommen erklärlich, was La Condamine von den Goldblechen erzählt, die bei den Eingeborenen gefunden worden. Gehen wir vom Iquiari auf das linke Ufer des Rio Negro, so betreten wir ein völlig unbekanntes Land zwischen dem Rio Branco, den Quellen des Essequebo und den Gebirgen von portugiesisch Guyana. Acuña spricht vom Golde, das die nördlichen Nebenflüsse des Amazonenstroms führen, wie der Rio Trombetas (Oriximina), der Curupatuba und der Sitipape (Rio de Paru). Alle diese Flüsse, und dieser Umstand scheint mir bemerkenswerth, kommen von derselben Hochebene herab, auf deren nördlichem Abhang der See Amucu, der **Dorado** Raleghs und der Holländer, der Isthmus zwischen dem Rupunuri (Rupunuwini) und dem Rio Mahu liegen. Nichts streitet wider die Annahme, daß aufgeschwemmtes goldhaltiges Land weit von den Cordilleren der Anden nördlich vom

Amazonenstrom vorkommt, wie südlich von demselben in den Gebirgen Brasiliens. Die Caraiben am Carony, Cuyuni und Essequebo haben von jeher im aufgeschwemmten Land Goldwäscherei im Kleinen getrieben. Das Becken des Orinoco, des Rio Negro und des Amazonenstroms wird nordwärts von den Gebirgen der Parime, südwärts von denen von Minas Geraes und Matogrosso begrenzt. Häufig stimmen die einander gegenüberliegenden Abhange desselben Thales im geologischen Verhalten überein.

Ich habe in diesem Bande die großen Provinzen Venezuela und spanisch Guyana beschrieben. Die Untersuchung ihrer natürlichen Grenzen, ihrer klimatischen Verhältnisse und ihrer Produkte hat mich dazu geführt, den Einfluß der Bodenbildung auf den Ackerbau, den Handel und den mehr oder weniger langsamen Gang der gesellschaftlichen Entwicklung zu erörtern. Ich habe nach einander die drei Zonen durchwandert, die von Nord nach Süd, vom Mittelmeer der Antillen bis in die Wälder am obern Orinoco und am Amazonenstrom hinter einander liegen. Hinter dem fruchtbaren Uferstriche, dem Mittelpunkt des auf den Ackerbau gegründeten Wohlstandes, kommen die von Hirtenvölkern bewohnten Steppen. Diese Steppen sind wiederum begrenzt von der Waldregion, wo der Mensch, ich sage nicht der Freiheit, die immer eine Frucht der Cultur ist, aber einer wilden Unabhängigkeit genießt. Die Grenze dieser zwei letzteren Zonen ist gegenwärtig der Schauplatz des Kampfes, der über die Unabhängigkeit und das Wohl Amerikas entscheiden soll. Die Umwandlungen, die bevorstehen, können den eigenthümlichen Charakter jeder Region nicht verwischen; aber die Sitten und die ganzen Zustände der Einwohner müssen sich gleichförmiger färben. Durch diese Rücksicht mag eine zu Anfang des neunzehnten Jahrhunderts unternommene Reise einen Reiz weiter erhalten. Gerne sieht man wohl in Einem Bilde neben einander die Schilderung der civilisirten Völker am Meeresufer und der schwachen Ueberreste der Eingeborenen am Orinoco, die von keinem andern Gottesdienste wissen, außer der Verehrung der Naturkräfte, und, gleich den Germanen des Tacitus, *deorum nominibus appellant secretum illud, quod sola reverentia vident.*

Sechsundzwanzigstes Kapitel.

Die Llanos del Pao oder des östlichen Strichs der Steppen von Venezuela. — Missionen der Caraiben. — Letzter Aufenthalt auf den Küsten von Nueva Barcelona, Cumana und Araya.

Es war bereits Nacht, als wir zum letztenmal über das Bett des Orinoco fuhren. Wir wollten bei der Schanze San Rafael übernachten und dann mit Tages Anbruch die Reise durch die Steppen von Venezuela antreten. Fast sechs Wochen waren seit unserer Ankunft in Angostura verflossen; wir sehnten uns nach der Küste, um entweder in Cumana oder in Nueva Barcelona ein Fahrzeug zu besteigen, das uns auf die Insel Cuba und von dort nach Mexico brächte. Nach den Beschwerden, die wir mehrere Monate lang in engen Canoes auf von Mücken wimmelnden Flüssen durchgemacht, hatte der Gedanke an eine lange Seereise für unsere Einbildungskraft einen gewissen Reiz. Wir gedachten nicht mehr nach Südamerika zurückzukommen. Wir brachten die Anden von Peru dem noch so wenig bekannten Archipel der Philippinen zum Opfer und beharrten bei unserem alten Plan, uns ein Jahr in Neuspanien aufzuhalten, mit der Galione von Acapulco nach Manilla zu gehen und über Basora und Aleppo nach Europa zurückzukehren. Wir dachten, wenn wir einmal die spanischen Besitzungen in Amerika im Rücken hätten, könnte der Sturz eines Ministeriums, dessen großherzigem Vertrauen ich so unbeschränkte Befugnisse zu danken hatte, der Durchführung unseres Unternehmens nicht mehr hinderlich werden. Lebhaft bewegten uns diese Gedanken während der einförmigen Reise durch die Steppen. Nichts hilft so leicht über die kleinen Widerwärtigkeiten des Lebens weg, als wenn der Geist mit der bevorstehenden Ausführung eines gewagten Unternehmens beschäftigt ist.

Unsere Maulthiere warteten unser am linken Ufer des Orinoco. Durch die Pflanzensammlungen und die geologischen Suiten, die wir seit Esmeralda und dem Rio Negro mit uns führten, war unser Gepäck bedeutend stärker geworden. Da es mißlich gewesen wäre, uns von unsern Herbarien zu trennen, so mußten wir uns auf eine sehr langsame Reise durch die Llanos gefaßt machen. Durch das Zurückprallen der Sonnenstrahlen vom fast pflanzenlosen Boden war die Hitze ungemein stark. Indessen stand der hunderttheilige Thermometer bei Tag doch nur auf 30 bis 34, bei Nacht auf 27 bis 28 Grad. Wie fast überall unter den Tropen war es daher nicht sowohl der absolute Hitzegrad als das Andauern derselben, was widrig auf unsere Organe wirkte. Wir brauchten dreizehn Tage, um über die Steppen zu kommen, wobei wir uns in den Missionen der Caraiben und in der kleinen Stadt Pao etwas aufhielten. Ich habe oben[138] das physische Gemälde dieser unermeßlichen Ebenen entworfen, die zwischen den Wäldern von Guyana und der Küstenkette liegen. Der östliche Strich der Llanos, über den wir von Angostura nach Nueva Barcelona kamen, bietet denselben öden Anblick wie der westliche, über den wir von den Thälern von Aragua nach San Fernando am Apure gegangen waren. In der trockenen Jahreszeit, welche hier **Sommer** heißt, obgleich dann die Sonne in der südlichen Halbkugel ist, weht der Seewind in den Steppen von Cumana weit stärker als in denen von Caracas; denn diese weiten Ebenen bilden, gleich den angebauten Fluren der Lombardei, ein nach Ost offenes, nach Nord, Süd und West durch hohe Urgebirgsketten geschlossenes Becken. Leider kam uns dieser erfrischende Wind, von dem die Llaneros (die Steppenbewohner) mit Entzücken sprechen, nicht zu gute. Nordwärts vom Aequator war Regenzeit; in den Llanos selbst regnete es freilich nicht, aber durch den Wechsel in der Abweichung der Sonne hatte das Spiel der Polarströmungen längst aufgehört. In diesen Landstrichen am Aequator, wo man sich nach dem Zug der Wolken orientiren kann, und wo die Schwankungen des Quecksilbers im Barometer fast wie eine Uhr die Stunde weisen, ist Alles einem regelmäßigen, gleichförmigen Typus unterworfen. Das Aufhören der Seewinde, der Eintritt der Regenzeit und die Häufigkeit elektrischer Entladungen sind durch unabänderliche Gesetze verknüpfte Erscheinungen.

Beim Einfluß des Apure in den Orinoco, am Berge Sacuima, hatten wir einen französischen Landwirth getroffen, der unter seinen Heerden in völliger Abgeschiedenheit lebte.[139] Es war das der Mann, der in seiner Einfalt glaubte, die politischen Revolutionen in der alten Welt und die daraus entsprungenen Kriege rühren nur »vom langen Widerstande der Observanten« her. Kaum hatten wir die Llanos von Neu-Barcelona betreten, so brachten wir die erste Nacht wieder bei einem Franzosen zu, der uns mit der liebenswürdigsten Gastfreundlichkeit aufnahm. Er war aus Lyon gebürtig, hatte das Vaterland in früher Jugend verlassen und schien sich um Alles, was jenseits des atlantischen Meeres, oder, wie man hier für Europa ziemlich geringschätzig sagt, »auf der andern Seite der großen Lache« (*del otro lado del charco*) vorgeht, sehr wenig zu kümmern. Wir sahen unsern Wirth beschäftigt, große Holzstücke mittelst eines Leims, der **Guayca** heißt, an einander zu fügen. Dieser Stoff, dessen sich auch die Tischler in Angostura bedienen, gleicht dem besten aus dem Thierreich gewonnenen Leim. Derselbe liegt ganz fertig zwischen Rinde und Splint einer Liane aus der Familie der Combretaceen.[140] Wahrscheinlich kommt er in seinem chemischen Verhalten nahe überein mit dem Vogelleim, einem vegetabilischen Stoff, der aus den Beeren der Mistel und der innern Rinde der Stechpalme gewonnen wird. Man erstaunt, in welcher Masse dieser klebrigte Stoff ausfließt, wenn man die rankenden Zweige des **Vejuco de Guayca** abschneidet. So findet man denn unter den Tropen in reinem Zustand und in besondern Organen abgelagert, was man sich in der gemäßigten Zone nur auf künstlichem Wege verschaffen kann.[141]

Erst am dritten Tage kamen wir in die caraibischen Missionen am Cari. Wir fanden hier den Boden durch die Trockenheit nicht so stark aufgesprungen wie in den Llanos von Calabozo. Ein paar Regengüsse hatten der Vegetation neues Leben gegeben. Kleine Grasarten und besonders jene krautartigen Sensitiven, von denen das halbwilde Vieh so fett wird, bildeten einen dichten Rasen. Weit auseinander standen hie und da Stämme der Fächerpalme (*Corypha tectorum*), der Rhopala (Chaparro) und Malpighia mit lederartigen, glänzenden Blättern. Die feuchten Stellen erkennt man von weitem an den Büschen von Mauritia, welche der Sagobaum dieses Landstrichs ist. Auf den Küsten ist diese Palme das ganze Besitzthum der Guaraons-Indianer, und, was ziemlich auffallend ist, wir haben sie 160 Meilen weiter gegen Süd mitten in den Wäldern am obern Orinoco, auf den Grasfluren um den Granitgipfel des Duida angetroffen. Der Baum hing in dieser Jahreszeit voll ungeheurer Büschel rother, den Tannenzapfen ähnlicher Früchte. Unsere Affen waren sehr lüstern nach diesen Früchten, deren gelbes Fleisch schmeckt wie überreife Äpfel. Die Thiere saßen zwischen unserem Gepäck auf dem Rücken der Maulthiere und strengten sich gewaltig an, um der über ihren Köpfen hängenden Büschel habhaft zu werden. Die Ebene schwankte wellenförmig in Folge der Luftspiegelung,[142] und als wir nach einer Stunde Wegs diese Palmstämme, die sich am Horizont wie Masten ausnahmen, erreichten, sahen wir mit Ueberraschung, wie viele Dinge an das Daseyn eines einzigen Gewächses geknüpft sind. Die Winde, vom Laub und den Zweigen im raschen Zuge aufgehalten, häufen den Sand um den Stamm auf. Der Geruch der Früchte, das glänzende Grün locken von weitem die Zugvögel her, die sich gern auf den Wedeln der Palme wiegen. Ringsum vernimmt man ein leises Rauschen. Niedergedrückt von der Hitze, gewöhnt an die trübselige Stille der Steppe, meint man gleich einige Kühlung zu spüren, wenn sich das Laub auch nur ein wenig rührt. Untersucht man den Boden an der Seite abwärts vom Winde, so findet man ihn noch lange nach der Regenzeit feucht. Insekten und Würmer[143], sonst in den Llanos so selten, ziehen sich hieher und pflanzen sich fort. So verbreitet ein einzeln stehender, häufig verkrüppelter Baum, den der Reisende in den Wäldern am Orinoco gar nicht beachtete, in der Wüste Leben um sich her.

Wir langten am 13. Juli im Dorfe Cari[144] an, der ersten der caraibischen Missionen, die unter den Mönchen von der Congregation der Observanten aus dem Collegium von Piritu[145] stehen. Wir wohnten, wie gewöhnlich, im **Kloster**, das heißt beim Pfarrer. Wir hatten, außer den Pässen des Generalcapitäns der Provinz, Empfehlungen der Bischöfe und des Gardians der Missionen am Orinoco. Von den Küsten von Neu-Californien bis Valdivia und an die Mündung des Rio de la Plata, auf einer Strecke von 2000 Meilen, lassen sich alle Schwierigkeiten einer langen Landreise überwinden, wenn man des Schutzes der amerikanischen Geistlichkeit genießt. Die Macht, welche diese Körperschaft im Staate ausübt, ist zu fest begründet, als daß sie in einer neuen Ordnung der Dinge so bald erschüttert werden könnte. Unserem Wirth war unbegreiflich, »wie Leute aus dem nördlichen Europa von den Grenzen von Brasilien her, über Rio Negro und Orinoco, und nicht auf dem Wege von Cumana her zu ihm kamen.« Er behandelte uns ungemein freundlich, verläugnete indessen keineswegs die etwas lästige Neugier, welche das Erscheinen eines nicht spanischen Europäers in Südamerika immer rege macht. Die Mineralien, die wir gesammelt, mußten Gold enthalten; so sorgfältig getrocknete Pflanzen konnten nur Arzneigewächse seyn. Hier, wie in so vielen Ländern in Europa, meint man, die Wissenschaft sey nur dann eine würdige Beschäftigung für den Geist, wenn dabei für die Welt ein materieller Nutzen herauskomme.

Wir fanden im Dorfe Cari über 500 Caraiben und in den Missionen umher sahen wir ihrer noch viele. Es ist höchst merkwürdig, ein Volk vor sich zu haben, das, früher nomadisch, erst kürzlich an feste Wohnsitze gefesselt worden und sich durch Körper- und Geisteskraft von allen andern Indianern unterscheidet. Ich habe nirgends anderswo einen ganzen so hochgewachsenen (5 Fuß 6 Zoll bis 5 Fuß 10 Zoll) und so colossal gebauten Volksstamm gesehen. Die Männer, und dieß kommt in Amerika ziemlich häufig vor, sind mehr bekleidet als die Weiber. Diese tragen nur den **Guayuco** oder Gürtel in Form eines Bandes, bei den Männern ist der ganze Untertheil des Körpers bis zu den Hüften in ein Stück dunkelblauen, fast schwarzen Tuches gehüllt. Diese Bekleidung ist so weit, daß die Caraiben, wenn gegen Abend die Temperatur abnimmt, sich eine Schulter damit bedecken. Da ihr Körper mit **Onoto** bemalt ist, so gleichen ihre großen, malerisch drapirten Gestalten von weitem, wenn sie sich in der Steppe vom Himmel abheben, antiken Broncestatuen. Bei den Männern ist das Haar sehr charakteristisch verschnitten, nämlich wie bei den Mönchen oder den Chorknaben. Die Stirne ist zum Theil glatt geschoren, wodurch sie sehr hoch erscheint. Ein starker, kreisrund geschnittener Haarbüschel fängt erst ganz nahe am Scheitel an. Diese Aehnlichkeit der Caraiben mit den Mönchen ist nicht etwa eine Folge des Lebens in den Missionen; sie rührt nicht, wie man fälschlich behauptet hat, daher, daß es die Eingeborenen ihren Herren und Meistern, den Patres Franciskanern, gleich thun wollen. Die Stämme, die zwischen den Quellen des Carony und des Rio Branco in wilder Unabhängigkeit verharren, zeichnen sich durch eben diesen *cerquillo de frailes* aus, den schon bei der Entdeckung von Amerika die frühesten spanischen Geschichtschreiber den Völkern von caraibischem Stamme zuschrieben. Alle Glieder dieses Stammes, die wir bei unserer Fahrt auf dem untern Orinoco und in den Missionen von Piritu gesehen, unterscheiden sich von den übrigen Indianern nicht allein durch ihren hohen Wuchs, sondern auch durch ihre regelmäßigen Züge. Ihre Nase ist nicht so breit und platt, ihre Backenknochen springen nicht so stark vor, der ganze Gesichtsausdruck ist weniger mongolisch. Aus ihren Augen, die schwarzer sind als bei den andern

Horden in Guyana, spricht Verstand, fast möchte man sagen Nachdenklichkeit. Die Caraiben haben etwas Ernstes in ihrem Benehmen und etwas Schwermüthiges im Blick, wie die Mehrzahl der Ureinwohner der neuen Welt. Der ernste Ausdruck ihrer Züge wird noch bedeutend dadurch gesteigert, daß sie die Augbrauen mit dem Saft des Caruto[146] färben, sie stärker machen und zusammenlaufen lassen; häufig machen sie fast im ganzen Gesicht schwarze Flecke, um grimmiger auszusehen. Die Gemeindebeamten, der Governador und die Alcalden, die allein das Recht haben, lange Stöcke zu tragen, machten uns ihre Aufwartung. Es waren junge Indianer von achtzehn, zwanzig Jahren darunter; denn ihre Wahl hängt einzig vom Gutdünken des Missionärs ab. Wir wunderten uns nicht wenig, als uns an diesen mit Onoto bemalten Caraiben das wichtig thuende Wesen, die gemessene Haltung, das kalte, herabsehende Benehmen entgegentraten, wie man sie hin und wieder bei Beamten in der alten Welt findet. Die caraibischen Weiber sind nicht so kräftig und häßlicher als die Männer. Die Last der häuslichen Geschäfte und der Feldarbeit liegt fast ganz auf ihnen. Sie baten uns dringend um Stecknadeln, die sie in Ermanglung von Taschen unter die Unterlippe steckten; sie durchstechen damit die Haut so, daß der Kopf der Nadel im Munde bleibt. Diesen Brauch haben sie aus ihrem wilden Zustand mit herübergenommen. Die jungen Mädchen sind roth bemalt und außer dem Guayuco ganz nackt. Bei den verschiedenen Völkern beider Welten ist der Begriff der Nacktheit nur ein relativer. In einigen Ländern Asiens ist es einem Weibe nicht gestattet, auch nur die Fingerspitzen sehen zu lassen, während eine Indianerin von caraibischem Stamme sich gar nicht für nackt hält, wenn sie einen zwei Zoll breiten Guahuco trägt. Dabei gilt noch diese Leibbinde für ein weniger wesentliches Kleidungsstück als die Färbung der Haut. Aus der Hütte zu gehen, ohne mit Onoto gefärbt zu seyn, wäre ein Verstoß gegen allen caraibischen Anstand.

Die Indianer in den Missionen von Piritu nahmen unsere Aufmerksamkeit umso mehr in Anspruch, als sie einem Volke angehören, das durch seine Kühnheit, durch seine Kriegszüge und seinen Handelsgeist auf die weite Landstrecke zwischen dem Aequator und den Nordküsten bedeutenden Einfluß geübt hat. Aller Orten am Orinoco hatten wir das Andenken an jene feindlichen Einfälle der Caraiben lebendig gefunden; dieselben erstreckten sich früher von den Quellen des Carony und des Erevato bis zum Ventuari, Atacavi und Rio Negro.[147] Die caraibische Sprache ist daher auch eine der verbreitetsten in diesem Theile der Welt; sie ist sogar (wie im Westen der Alleghanis die Sprache der Lenni-Lenepas oder Algonkins und die der Natchez oder Muskoghees) auf Völker übergegangen, die nicht desselben Stammes sind.

Ueberblickt man den Schwarm von Völkern, die in Süd- und Nordamerika ostwärts von den Cordilleren der Anden hausen, so verweilt man vorzugsweise bei solchen, die lange über ihre Nachbarn geherrscht und auf dem Schauplatz der Welt eine wichtigere Rolle gespielt haben. Der Geschichtschreiber fühlt das Bedürfniß, die Ereignisse zu gruppiren, Massen zu sondern, zu den gemeinsamen Quellen so vieler Bewegungen und Wanderungen im Leben der Völker zurückzugehen. Große Reiche, eine förmlich organisirte priesterliche Hierarchie und eine Cultur, wie sie auf den ersten Entwicklungsstufen der Gesellschaft durch eine solche Organisation gefördert wird, fanden sich nur auf den Hochgebirgen im Westen. In Mexico sehen wir eine große Monarchie, die zerstreute kleine Republiken einschließt, in Cundinamarca und Peru wahre Priesterstaaten. Befestigte Städte, Straßen und große steinerne Gebäude, ein merkwürdig enttvickeltes Lehenssystem, Sonderung der Kasten, Männer- und Frauenklöster, geistliche Brüderschaften mit mehr oder minder strenger Regel, sehr verwickelte Zeiteintheilungen, die mit den Kalendern, den Thierkreisen und der Astrologie der cultivirten asiatischen Völker Verwandtschaft haben, all das gehört in Amerika nur einem einzigen Landstrich an, dem langen und schmalen Streifen Alpenland, der sich vom 30. Grad nördlicher bis zum 25. südlicher Breite erstreckt. In der alten Welt ging der Zug der Völker von Ost nach West; nach einander traten Basken oder Iberier, Kelten, Germanen und Pelasger auf. In der neuen Welt gingen ähnliche Wanderungen in der Richtung von Nord nach Süd. In beiden Halbkugeln richtete sich die Bewegung der Völker nach dem Zug der Gebirge; aber im heißen Erdstrich wurden die gemäßigten Hochebenen der Cordilleren von bedeutenderem Einfluß auf die Geschicke des Menschengeschlechts, als die Gebirge in Centralasien und Europa. Da nun nur civilisirte Völker eine eigentliche Geschichte haben, so geht die Geschichte der Amerikaner in der Geschichte einiger weniger Gebirgsvölker auf. Tiefes Dunkel liegt auf dem unermeßlichen Lande, das sich vom Ostabhang der Cordilleren zum atlantischen Ocean erstreckt, und gerade deßhalb nimmt Alles, was in diesem Lande auf das Uebergewicht einer Nation über die andere, auf weite Wanderzüge, auf physiognomische, fremde Abstammung verrathende Züge deutet, unser Interesse so lebhaft in Anspruch.

Mitten auf den Niederungen von Nordamerika hat ein mächtiges ausgestorbenes Volk kreisrunde, viereckigte, achteckigte Festungswerke gebaut, Mauern, 6000 Toisen lang, Erdhügel von 600—700 Fuß Durchmesser und 140 Fuß Höhe, die bald rund sind, bald mehrere Stockwerke haben und Tausende von Skeletten enthalten. Diese Skelette gehörten Menschen an, die nicht so hoch gewachsen, untersetzter waren als die gegenwärtigen Bewohner dieser Länder. Andere Gebeine, in Gewebe gehüllt, die mit denen auf den Sandwichs- und Fidji-Inseln Aehnlichkeit haben, findet man in natürlichen Höhlen in Kentucky. Was ist aus jenen Völkern in Louisiana geworden, die vor den Lenni-Lenapas, den Shawanoes im Lande saßen, vielleicht sogar vor den Sioux (Nadowessier, Narcota) am

Missouri, die stark »mongolisirt« sind und von denen man, nach ihren eigenen Sagen, annimmt, daß sie von den asiatischen Küsten herübergekommen? Auf den Niederungen von Südamerika trifft man, wie oben bemerkt, kaum ein paar künstliche Hügel (*cerros hechos a mano*) an, nirgends Befestigungen wie am Ohio. Auf einem sehr großen Landstrich, am untern Orinoco wie am Cassiquiare und zwischen den Quellen des Essequebo und Rio Branco, findet man indessen Granitfelsen, die mit symbolischen Bildern bedeckt sind. Diese Bildwerke weisen darauf hin, daß die ausgestorbenen Geschlechter andern Völkern angehörten, als die jetzt diese Länder bewohnen. Im Westen, auf dem Rücken der Cordillere der Anden erscheinen die Geschichte von Mexico und die von Cundinamarca und Peru ganz unabhängig von einander; aber auf den Niederungen gegen Osten zeigt eine kriegerische Nation, die lange als die herrschende aufgetreten, in den Gesichtszügen und dem Körperbau Spuren fremder Abstammung. Die Caraiben haben noch Sagen, die auf einen Verkehr zwischen beiden Hälften Amerikas in alter Zeit hinzudeuten scheinen. Eine solche Erscheinung verdient ganz besondere Aufmerksamkeit; sie verdient solche, wie tief auch die Versunkenheit und die Barbarei seyn mag, in der die Europäer am Ende des fünfzehnten Jahrhunderts alle Völker des neuen Continents mit Ausnahme der Gebirgsvölker antrafen. Wenn es wahr ist, daß die meisten Wilden, wie ihre Sprachen, ihre kosmogonischen Mythen und so viele andere Merkmale darzuthun scheinen, nur verwilderte Geschlechter sind, Trümmer, die einem großen gemeinsamen Schiffbruch entgangen, so wird es doppelt von Wichtigkeit, zu untersuchen, auf welchen Wegen diese Trümmer aus einer Halbkugel in die andere geworfen worden sind.

Das schöne Volk der Caraiben bewohnt heutzutage nur einen kleinen Theil der Länder, die es vor der Entdeckung von Amerika inne hatte. Durch die Greuel der Europäer ist dasselbe auf den Antillen und auf den Küsten von Darien völlig ausgerottet, wogegen es unter der Missionszucht in den Provinzen Nueva Barcelona und spanisch Guyana volkreiche Dörfer gegründet hat. Man kann, glaube ich, die Zahl der Caraiben, die in den Llanos von Piritu und am Carony und Cuyuni wohnen, auf mehr als 35,000 veranschlagen. Rechnete man dazu die unabhängigen Caraiben, die westwärts von den Gebirgen von Cayenne und Pacaraimo zwischen den Quellen des Essequebo und des Rio Branco hausen, so käme vielleicht eine Gesammtzahl von 40,000 Köpfen von einer, mit andern eingeborenen Stämmen nicht gemischten Race heraus. Ich lege auf diese Angaben um so mehr Gewicht, als vor meiner Reise in vielen geographischen Werken von den Caraiben nur wie von einem ausgestorbenen Volksstamm die Rede war. Da man vom Innern der spanischen Colonien auf dem Festland nichts wußte, setzte man voraus, die kleinen Inseln Dominica, Guadeloupe und St. Vincent seyen der Hauptwohnsitz dieses Volkes gewesen, und von demselben bestehe (auf allen östlichen Antillen) nichts mehr, als versteinerte oder vielmehr in einem

Madreporènkalk eingeschlossene Skelette.[148] Nach dieser Voraussetzung wären die Caraiben in Amerika ausgestorben, wie die Guanchen auf dem Archipel der Canarien.

Stämme, welche, demselben Volke angehörig, sich gemeinsamen Ursprung zuschreiben, werden auch mit denselben Namen bezeichnet. Meist wird der Namen einer einzelnen Herde von den benachbarten Völkern allen andern beigelegt; zuweilen werden auch Ortsnamen zu Volksnamen, oder letztere entspringen aus Spottnamen oder aus der zufälligen Verdrehung eines Wortes in Folge schlechter Aussprache. Das Wort »Caribes«, das ich zuerst in einem Briefe des Peter Martyr d'Anghiera finde, kommt von Calina und Caripuna, wobei aus l und p r und b wurden. Ja es ist sehr merkwürdig, daß dieser Name, den Columbus aus dem Munde der haitischen Völker hörte, bei den Caraiben auf den Inseln und bei denen auf dem Festland zugleich vorkam. Aus Carina oder Calina machte man Galibi (Caribi), wie in französisch Guyana eine Völkerschaft heißt, die Von weit kleinerem Wuchse ist als die Einwohner am Cari, aber eine der zahlreichen Mundarten der caraibischen Sprache spricht. Die Bewohner der Inseln nannten sich in der Männersprache Calinago, in der Weibersprache Callipinan. Dieser Unterschied zwischen beiden Geschlechtern in der Sprechweise ist bei den Völkern von caraibischem Stamm auffallender als bei andern amerikanischen Nationen (den Omaguas, Guaranis und Chiquitos), bei welchen derselbe nur wenige Begriffe betrifft, wie z. B. die Worte Mutter und Kind. Es begreift sich, wie die Weiber bei ihrer abgeschlossenen Lebensweise sich Redensarten bilden, welche die Männer nicht annehmen mögen. Schon Cicero[149] bemerkt, daß die alten Sprachformen sich vorzugsweise im Munde der Weiber erhalten, weil sie bei ihrer Stellung in der Gesellschaft nicht so sehr den Lebenswechseln (dem Wechsel von Wohnort und Beschäftigung) ausgesetzt sind, wodurch bei den Männern die ursprüngliche Reinheit der Sprache leicht leidet. Bei den caraibischen Völkern ist aber der Unterschied zwischen den Mundarten beider Geschlechter so groß und auffallend, daß man zur befriedigenden Erklärung desselben sich nach einer andern Quelle umsehen muß. Diese glaubte man nun in dem barbarischen Brauche zu finden, die männlichen Gefangenen zu tödten und die Weiber der Besiegten als Sklaven fortzuschleppen. Als die Caraiben in den Archipel der kleinen Antillen einfielen, kamen sie als eine kriegerische Horde, nicht als Colonisten, die ihre Familien bei sich hatten. Die Weibersprache bildete sich nun im Maße, als die Sieger sich mit fremden Weibern verbanden. Damit kamen neue Elemente herein, Worte, wesentlich verschieden von den caraibischen Worten,[150] die sich im Frauengemach von Geschlecht zu Geschlecht fortpflanzten, doch so, daß der Bau, die Combinationen und die grammatischen Formen der Männersprache Einfluß darauf äußerten. So vollzog sich hier in einem beschränkten Verein von Individuen, was wir an der ganzen Völkergruppe des neuen Continents beobachten. Völlige

Verschiedenheit hinsichtlich der Worte neben großer Aehnlichkeit im Bau, das ist die Eigenthümlichkeit der amerikanischen Sprachen von der Hudsonsbai bis zur Magellanschen Meerenge. Es ist verschiedenes Material in ähnlichen Formen. Bedenkt man nun, daß die Erscheinung fast von einem Pol zum andern über die ganze Hälfte unseres Planeten reicht, betrachtet man die Eigenthümlichkeiten in den grammatischen Combinationen (die Formen für die Genera bei den drei Personen des Zeitworts, die Reduplicationen, die Frequentative, die Duale), so kann man sich nicht genug wundern, wie einförmig bei einem so beträchtlichen Bruchtheil des Menschengeschlechts der Entwicklungsgang in Geist und Sprache ist.

Wir haben gesehen, daß die Mundart der caraibischen Weiber auf den Antillen Reste einer ausgestorbenen Sprache enthält. Was war dieß für eine Sprache? Wir wissen es nicht. Einige Schriftsteller vermuthen, es könnte die Sprache der Ygneris oder der Ureinwohner der caraibischen Inseln seyn, von denen sich schwache Ueberreste auf Guadeloupe erhalten haben; andere fanden darin Aehnlichkeit mit der alten Sprache von Cuba oder mit den Sprachen der Aruacas und Apalachiten in Florida; allein alle diese Annahmen gründen sich auf eine höchst mangelhafte Kenntniß der Mundarten, die man zu vergleichen unternommen.

Liest man die spanischen Schriftsteller des sechzehnten Jahrhunderts mit Aufmerksamkeit, so sieht man, daß die caraibischen Völkerschaften damals aus einer Strecke von 18 bis 19 Breitegraden, von den Jungfraueninseln ostwärts von Portorico bis zu den Mündungen des Amazonenstroms ausgebreitet waren. Daß ihre Wohnsitze auch gegen West, längs der Küstenkette von Santa Martha und Venezuela sich erstreckt, erscheint weniger gewiß. Indessen nennen Lopez de Gomara und die ältesten Geschichtschreiber **Caribana** nicht, wie seitdem geschehen, das Land zwischen den Quellen des Orinoco und den Gebirgen von französisch Guyana,[151] sondern die sumpfigten Niederungen zwischen den Mündungen des Rio Atrato und des Rio Sinu. Ich war, als ich von der Havana nach Portobelo wollte, selbst auf diesen Küsten und hörte dort, das Vorgebirge, das den Meerbusen von Darien oder Uraba gegen Ost begrenzt, heiße noch jetzt Punta Caribana. Früher war so ziemlich die Ansicht herrschend, die Caraiben der antillischen Inseln stammen von den kriegerischen Völkern in Darien ab, und haben sogar den Namen von ihnen. »*Inde Uraban ab orientali prehendit ora, quam appellant indigenae Caribana, unde Caribes insulares originem habere nomenque retinere dicuntur.*« So drückt sich Anghiera in den Oceanica aus. Ein Neffe Amerigos Vespucci hatte ihm gesagt, von dort bis zu den Schneegebirgen von Santa Martha seyen alle Eingeborenen »*e genere Caribium sive Canibalium.*« Ich ziehe nicht in Abrede, daß ächte Caraiben am Meerbusen von Darien gehaust haben können, und daß sie durch die östlichen Strömungen dahin getrieben worden seyn mögen; es kann aber eben so gut seyn, daß die spanischen Seefahrer, die auf die Sprachen wenig achteten, jede Völkerschaft von hohem Wuchs und wilder Gemüthsart Caribe und Canibale nannten. Jedenfalls erscheint es sehr unwahrscheinlich, daß das caraibische Volk auf den Antillen und in der Parime sich selbst nach dem Lande, in dem es ursprünglich lebte, genannt haben sollte. Ostwärts von den Anden und überall, wohin die Cultur noch nicht gedrungen ist, geben vielmehr die Völker den Landstrichen, wo sie sich niedergelassen, die Namen. Wir haben schon mehrmals Gelegenheit gehabt zu bemerken, daß die Worte **Caribes** und **Canibales** bedeutsam zu seyn scheinen, daß es wohl Beinamen sind, die auf Muth und Kraft, selbst auf Geistesüberlegenheit anspielen[152] Es ist sehr bemerkenswerth, daß die Brasilianer, als die Portugiesen ins Land kamen, ihre Zauberer gleichfalls **Caraibes** nannten. Wir wissen, daß die Caraiben in der Parime das wanderlustigste Volk in Amerika waren; vielleicht spielten schlaue Köpfe in diesem umherziehenden Volk dieselbe Rolle wie die **Chaldäer** in der alten Welt. Völkernamen hängen sich leicht an gewisse Gewerbe, und als unter den Cäsaren so viele Formen des Aberglaubens aus dem Orient in Italien eindrangen, kamen die Chaldaer so wenig von den Ufern des Euphrat, als die Menschen, die man in Frankreich *Egyptiens* und *Bohémiens* nennt (die einen indischen Dialekt reden, Zigeuner), vom Nil und von der Elbe.

Wenn eine und dieselbe Nation auf dem Festland und auf benachbarten Inseln lebt, so hat man die Wahl zwischen zwei Annahmen: sie sind entweder von den Inseln auf den Continent, oder vom Continent auf die Inseln gewandert. Diese Streitfrage erhebt sich auch bei den Iberiern (Basken), die sowohl in Spanien als auf den Inseln im Mittelmeer ihre Wohnsitze hatten;[153] ebenso bei den Malayen, die auf der Halbinsel Malaca und im Distrikt Menangkabao auf der Insel Sumatra Autochthonen zu seyn scheinen.[154] Der Archipel der großen und der kleinen Antillen hat die Gestalt einer schmalen, zerrissenen Landzunge, die der Landenge von Panama parallel läuft und nach der Annahme mancher Geographen einst Florida mit dem nordöstlichen Ende von Südamerika verband. Es ist gleichsam das östliche Ufer eines Binnenmeeres, das man ein Becken mit mehreren Ausgängen nennen kann. Diese sonderbare Bildung des Landes hat den verschiedenen Wandersystemen, nach denen man die Niederlassung der caraibischen Völker auf den Inseln und auf dem benachbarten Festland zu erklären suchte, zur Stütze gedient. Die Caraiben des Festlandes behaupten, die kleinen Antillen seyen vor Zeiten von den Aruacas bewohnt gewesen, einer kriegerischen Nation, deren Hauptmasse noch jetzt an den ungesunden Ufern des Surinam und des Berbice lebt. Diese Aruacas sollen, mit Ausnahme der Weiber, von den Caraiben, die von den Mündungen des Orinoco hinübergekommen, sämmtlich ausgerottet worden seyn, und sie berufen sich zu Bewahrheitung dieser Sage auf die Aehnlichkeit zwischen der Sprache der Aruacas und der Weibersprache bei den Caraiben. Man muß aber bedenken, daß die Aruacas, wenn sie gleich Feinde der Caraiben sind, doch mit ihnen zur selben Völkerfamilie gehören, und daß das Aruakische und das Caraibische einander so nahe stehen wie Griechisch und Persisch, Deutsch und Sanskrit. Nach einer andern Sage sind die Caraiben auf den Inseln von Süden hergekommen, nicht als Eroberer, sondern aus Guyana von den Aruacas vertrieben, die ursprünglich über alle benachbarten Völker das Uebergewicht hatten. Endlich eine dritte, weit verbreitetere und auch wahrscheinlichere Sage läßt die Caraiben aus Nordamerika, namentlich aus Florida kommen. Ein Reisender, der sich rühmt, Alles zusammengebracht zu haben, was auf diese Wanderungen von Nord nach Süd Bezug hat, Bristok, behauptet, ein Stamm der Confachiqui habe lange mit den Apalachiten im Kriege gelegen; diese haben jenem Stamm den fruchtbaren Distrikt Amana abgetteten und sofort ihre neuen Bundesgenossen Caribes (d. h. **tapfere Fremdlinge**) genannt; aber in Folge eines Zwistes über den Gottesdienst seyen die Confachiqui-Caribes aus Florida vertrieben worden. Sie gingen zuerst in ihren kleinen Canoes auf die Yucayas oder die lucayischen Inseln (auf Cigateo und die zunächst liegenden Inseln), von da nach Ayay (Hayhay, heutzutage Santa Cruz) und auf die kleinen Antillen, endlich auf das Festland von Südamerika. Dieß, glaubt man, sey gegen das Jahr 1100 unserer Zeitrechnung geschehen; allein bei dieser Schätzung nimmt man an (wie bei manchen orientalischen Mythen), »bei der Mäßigkeit und Sitteneinfalt der Wilden« könne die mittlere Dauer einer Generation 180 bis 200 Jahre betragen haben, wodurch dann eine bestimmte Zeitangabe als völlig aus der Luft gegriffen erscheint. Auf dieser ganzen langen Wanderung hatten die Caraiben die großen Antillen nicht berührt, wo indessen die Eingeborenen gleichfalls aus Florida zu stammen glaubten. Die Insulaner aus Cuba, Haiti und Borriken (Portorico) waren nach der einstimmigen Aussage der ersten Conquistadoren von den Caraiben völlig verschieden; ja bei der Entdeckung von Amerika waren diese bereits von der Gruppe der kleinen lucayischen Inseln abgezogen, auf denen, wie in allen von Schiffbrüchigen und Flüchtlingen bewohnten Ländern, eine erstaunliche Mannigfaltigkeit von Sprachen herrschte.

Die Herrschaft, welche die Caraiben so lange über einen großen Theil des Festlandes ausgeübt, und das Andenken an ihre alte Größe gaben ihnen ein Gefühl von Würde und nationaler Ueberlegenheit, das in ihrem Benehmen und ihren Aeußerungen zu Tage kommt. »Nur wir sind ein Volk,« sagen sie sprüchwörtlich, »die andern Menschen (*oquili*) sind dazu da, uns zu dienen.« Die Caraiben sehen auf ihre alten Feinde so hoch herab, daß ich ein zehnjähriges Kind vor Wuth schäumen sah, weil man es einen **Cabre** oder **Cavere** nannte. Und doch hatte es in seinem Leben keinen Menschen dieses unglücklichen Volkes[155] gesehen, von dem die Stadt Cabruta (Cabritu) ihren Namen hat und das von den Caraiben fast völlig ausgerottet wurde. Ueberall, bei halb barbarischen Horden, wie bei den civilisirtesten Völkern in Europa, finden wir diesen eingewurzelten Haß und die Namen feindlicher Völker als die gröbsten Schimpfworte gebraucht.

Der Missionär führte uns in mehrere indianische Hütten, wo Ordnung und die größte Reinlichkeit herrschten. Mit Verdruß sahen wir hier, wie die caraibischen Mütter schon die kleinsten Kinder quälen, um ihnen nicht nur die Waden größer zu machen, sondern am ganzen Bein vom Knöchel bis oben am Schenkel das Fleisch stellenweise hervorzutreiben. Bänder von Leder oder Baumwollenzeug werden 2 bis 3 Zoll von einander fest umgelegt und immer stärker angezogen, so daß die Muskeln zwischen zwei Bandstreifen überquellen. Unsere Kinder im Wickelzeug haben lange nicht so viel zu leiden als die Kinder bei den caraibischen Völkern, bei einer Nation, die dem Naturzustand noch so viel näher seyn soll. Umsonst arbeiten die Mönche in den Missionen, ohne Rousseaus Werke oder auch nur den Namen des Mannes zu kennen, diesem alten System des Kinderaufziehens entgegen; der Mensch, der eben aus den Wäldern kommt, an dessen Sitteneinfalt wir glauben, ist keineswegs gelehrig, wenn es sich von seinem Putz und von seinen Vorstellungen von Schönheit und Anstand handelt. Ich wunderte mich übrigens, daß der Zwang, dem man die armen Kinder unterwirft, und der den Blutumlauf hemmen sollte, der Muskelbewegung keinen Eintrag thut. Es gibt auf der Welt kein kräftigeres und schnellfüßigeres Volk als die Caraiben.

Wenn die Weiber ihren Kindern Beine und Schenkel modeln, um Wellenlinien hervorzubringen, wie die Maler es nennen, so unterlassen sie es in den Llanos wenigstens ihnen von der Geburt an den Kopf zwischen Kissen und Brettern platt zu drücken. Dieser Brauch, der früher auf den Inseln und bei manchen caraibischen Stämmen in der Parime und in französisch Guyana so verbreitet war, kommt in den Missionen, die wir besucht haben, nicht vor. Die Leute haben dort gewölbtere Stirnen als die Chaymas, Otomacos, Macos, Maravitanos und die meisten Eingeborenen am Orinoco. Nach systematischem Begriffe sind ihre Stirnen, wie sie ihren geistigen Fähigkeiten entsprechen. Diese Beobachtung überraschte uns um so mehr, da die in manchen anatomischen Werken abgebildeten Caraibenschädel sich von allen Menschenschädeln durch die niedrigste Stirne und den kleinsten Gesichtswinkel unterscheiden. Man hat aber in unsern osteologischen Sammlungen Kunstprodukte mit Naturbildungen verwechselt. Die »fast stirnlosen« sogenannten Caraibenschädel[156] von der Insel Sanct Vincent sind zwischen Brettern gemodelte Köpfe von Zambos (schwarzen Caraiben), Abkömmlingen von Negern und wirklichen Caraiben. Der barbarische Brauch, die Stirne platt zu drücken, kommt übrigens bei mehreren Völkern vor, die nicht desselben Stammes sind; man hat denselben in neuester Zeit auch in Nordamerika angetroffen; aber der Schluß von einer gewissen Uebereinstimmung in Sitten und Gebräuchen auf gleiche Abstammung ist sehr gewagt.

Reist man in den caraibischen Missionen, so sollte man bei dem daselbst herrschenden Geiste der Ordnung und des Gehorsams gar nicht glauben, daß man sich unter Canibalen befindet. Dieses amerikanische Wort von nicht ganz sicherer Bedeutung stammt wahrscheinlich aus der Sprache von Hain oder Portorico. Es ist schon zu Ende des fünfzehnten Jahrhunderts, als gleichbedentend mit Menschenfresser, in die europäischen Sprachen übergegangen. »*Edaces humanarum carnium novi anthropophagi, quos diximus Caribes, alias Canibales appellari*«, sagt Anghiera in der dritten Decade seiner Papst Leo X. gewidmeten Oceanica. Ich bezweifle keineswegs, daß die Inselcaraiben als eroberndes Volk die Ygneris oder alten Bewohner der Antillen, die schwach und unkriegerisch waren, grausam behandelt haben; dennoch ist anzunehmen, daß diese Grausamkeiten von den ersten Reisenden, welche nur Völker hörten, die von jeher Feinde der Caraiben gewesen, übertrieben wurden. Nicht immer werden nur die Besiegten von den Zeitgenossen verläumdet; auch am Uebermuth des Siegers rächt man sich, indem man das Register seiner Gräuel vergrößert.

Alle Missionäre am Carony, am untern Orinoco und in den *Llanos del Cari*, die wir zu befragen Gelegenheit gehabt, versichern, unter allen Völkern des neuen Continents seyen die Caraiben vielleicht am wenigsten Menschenfresser; und solches behaupten sie sogar von den unabhängigen Horden, die ostwärts von Esmeralda zwischen den Quellen des Rio Branco und des Essequebo umherziehen. Es begreift sich, daß die verzweifelte Erbitterung, mit der sich die unglücklichen Caraiben gegen die Spanier wehrten, nachdem im Jahr 1504 ein königliches Ausschreiben sie für Sklaven erklärt hatte, sie vollends in den Ruf der Wildheit brachte, in dem sie stehen.[157] Der erste Gedanke, diesem Volke zu Leibe zu gehen und es seiner Freiheit und seiner natürlichen Rechte zu berauben, rührt von Christoph Columbus her, der die Ansichten des fünfzehnten Jahrhunderts theilte und durchaus nicht immer so menschlich war, als man im achtzehnten aus Haß gegen seine Verkleinerer behauptete. Später wurde der Licenciat Rodrigo de Figueroa vom Hofe beauftragt (1520), auszumachen, welche Völkerschaften in Südamerika für caraibischen oder **canibalischen** Stammes gelten könnten, und welche **Guatiaos** wären, das heißt friedliche, von lange her mit den Castilianern befreundete Indianer. Dieses ethnographische Actenstück, »el auto de Figueroa« genannt, ist eine der merkwürdigsten Urkunden für die Barbarei der ersten Conquistadoren. Nie hatte Systemsucht so trefflich dazu gedient, die Leidenschaften zu beschönigen. Unsere Geographen gehen nicht willkürlicher zu Werke, wenn sie in Centralasien mongolische und tartarische Völker unterscheiden, als Figueroa, wenn er zwischen Canibalen und Guatiaos die Grenze zog. Ohne auf die Sprachverwandtschaft zu achten, erklärte man willkürlich alle Horden, denen man Schuld geben konnte, daß sie nach dem Gefechte einen Gefangenen verzehrt, für caraibisch. Die Einwohner von Uriapari (der Halbinsel Paria) wurden Caraiben, die Urinacos (die Uferbewohner am untern Orinoco oder Urinucu) Guatiaos genannt. Alle Stämme, die Figueroa als Caraiben bezeichnete, waren der Sklaverei verfallen; man konnte sie nach Belieben verkaufen oder niedermachen. In diesen blutigen Kämpfen wehrten sich die caraibischen Weiber nach dem Tode ihrer Männer mit so verzweifeltem Muthe, daß man sie, wie Anghiera sagt, für Amazonenvölker hielt. Die gehässigen Declamationen eines Dominicanermönchs (Thomas Hortiz) trugen dazu bei, den Jammer zu verlängern, der auf ganzen Völkern lastete. Indessen, und man spricht es mit Vergnügen aus, gab es auch beherzte Männer, die mitten in den an den Caraiben verübten Greueln die Stimme der Menschlichkeit und Gerechtigkeit hören ließen. Manche Geistliche sprachen sich in entgegengesetztem Sinne aus, als sie Anfangs gethan. In einem Jahrhundert, in dem man nicht hoffen durfte, die öffentliche Freiheit auf bürgerliche Einrichtungen zu gründen, suchte man wenigstens die persönliche Freiheit zu vertheidigen. »Es ist,« sagt Gomara im Jahr 1551, »ein heiliges Gesetz (*lex sanctissima*), durch das unser Kaiser verboten hat, die Indianer zu Sklaven zu machen. Es ist gerecht, daß die Menschen, die alle frei zur Welt kommen, nicht einer des andern Sklaven werden.«

Bei unserem Aufenthalt in den caraibischen Missionen überraschte es uns, mit welcher Gewandtheit junge, achtzehn-, zwanzigjährige Indianer, wenn sie zum Amte eines **Alguatil** oder **Fiscal** herangebildet sind, stundenlange Anreden an die Gemeinde halten. Die Betonung, die ernste Haltung, die Geberden, mit denen der Vortrag begleitet wird, Alles verräth ein begabtes, einer hohen Culturentwicklung fähiges Volk. Ein Franciskaner, der so viel caraibisch verstand, daß er zuweilen in dieser Sprache predigen konnte, machte uns darauf aufmerksam, wie lang und gehäuft die Sätze in den Reden der Indianer sind, und doch nie verworren und unklar werden. Eigenthümliche Flexionen des Verbums bezeichnen zum voraus die Beschaffenheit des regierten Worts, je nachdem es belebt ist oder unbelebt, in der Einzahl oder in der Mehrzahl. Durch kleine angehängte Formen (Suffixe) wird der Empfindung ein eigener Ausdruck gegeben, und hier, wie in allen auf dem Wege ungehemmter Entwicklung entstandenen Sprachen, entspringt die Klarheit aus dem ordnenden Instinct,[158] der auf den verschiedensten Stufen der Barbarei und der Cultur als das eigentliche Wesen der menschlichen Geisteskraft erscheint. An Festtagen versammelt sich nach der Messe die ganze Gemeinde vor der Kirche. Die jungen Mädchen legen zu den Füßen des Missionärs Holzbündel, Mais, Bananenbüschel und andere Lebensmittel nieder, deren er in seinem Haushalt bedarf. Zugleich treten der **Governador**, der **Fiscal** und die Gemeindebeamten, lauter Indianer, auf, ermahnen die Eingeborenen zum Fleiß, theilen die Arbeiten, welche die

Woche über vorzunehmen sind, aus, geben den Trägen Verweise, und — es soll nicht verschwiegen werden — prügeln die Unbotmäßigen unbarmherzig durch. Die Stockstreiche werden so kaltblütig hingenommen als ausgetheilt. Diese Acte der vollziehenden Justiz kommen dem Reisenden, der von Angostura an die Küste über die Llanos geht, sehr gedehnt vor und allzu sehr gehäuft. Man sähe es lieber, wenn der Priester nicht vom Altar weg körperliche Züchtigungen verhängte, man wünschte, er möchte es nicht im priesterlichen Gewande mit ansehen, wie Männer und Weiber abgestraft werden; aber dieser Mißbrauch, oder, wenn man will, dieser Verstoß gegen den Anstand fließt aus dem Grundsatz, auf dem das ganze seltsame Missionsregiment beruht. Die willkürlichste bürgerliche Gewalt ist mit den Rechten, welche dem Geistlichen der kleinen Gemeinde zustehen, völlig verschmolzen, und obgleich die Caraiben so gut wie keine **Canibalen** sind, und so sehr man wünschen mag, daß sie mit Milde und Vorsicht behandelt werden, so sieht man doch ein, daß es zuweilen etwas kräftiger Mittel bedarf, um in einem so jungen Gemeinwesen die Ruhe aufrecht zu erhalten.

Die Caraiben sind um so schwerer an feste Wohnsitze zu fesseln, da sie seit Jahrhunderten auf den Flüssen Handel getrieben haben. Wir haben dieses rührige Volk, ein Volk von Handelsleuten und von Kriegern, schon oben kennen gelernt,[159] wie es Sklavenhandel trieb und mit seinen Waaren von den Küsten von holländisch Guyana bis in das Becken des Amazonenstromes zog. Die wandernden Caraiben waren die Bukharen des tropischen Amerika, und so hatte sie denn auch das tägliche Bedürfniß, die Gegenstände ihres kleinen Handels zu berechnen und einander Nachrichten mitzutheilen, dazu gebracht, die Handhabung der **Quippos**, oder, wie man in den Missionen sagt, der *cordoncillos con nudos*, zu verbessern und zu erweitern. Diese Quippos oder Schnüre kommen in Canada, in Mexiko (wo Boturini welche bei den Tlascalteken bekam), in Peru, auf den Niederungen von Guyana, in Centralasien, in China und in Indien vor. Als Rosenkränze wurden sie in den Händen der abendländischen Christen Werkzeuge der Andacht; als **Suampan** dienten sie zu den Griffen der **palpabeln** oder Handarithmetik der Chinesen, Tartaren und Russen.[160] Die unabhängigen Caraiben, welche in dem noch so wenig bekannten Lande zwischen den Quellen des Orinoco und den Flüssen Essequebo, Carony und Parime (Rio Branco oder *Rio de aguas blancas*) hausen, theilen sich in Stämme; ähnlich den Völkern am Missouri, in Chili und im alten Germanien bilden sie eine Art politischer Bundesgenossenschaft. Eine solche Verfassung sagt am besten der Freiheitsliebe dieser kriegerischen Horden zu, die gesellschaftliche Bande nur dann vortheilhaft finden, wenn es gemeinsame Vertheidigung gilt. In ihrem Stolze sondern sich die Caraiben von allen andern Stämmen ab, selbst von solchen, die der Sprache nach ihnen verwandt sind. Auf dieser Absonderung bestehen sie auch in den Missionen. Diese sind selten gediehen, wenn man den Versuch gemacht hat, Caraiben gemischten Gemeinden einzuverleiben, das heißt solchen, wo jede Hütte von einer Familie bewohnt ist, die wieder einem andern Volke angehört und eine andere Mundart hat. Bei den unabhängigen Caraiben vererbt sich die Häuptlingswürde vom Vater auf den Sohn, nicht durch die Schwesterkinder. Letztere Erbfolge beruht auf einem grundsätzlichen Mißtrauen, dass eben nicht für große Sittenreinheit spricht; dieselbe herrscht in Indien, bei den Ashantees in Asrika, und bei mehreren wilden Horden in Nordamerika.[161] Bei den Caraiben müssen die jungen Häuptlinge, wie die Jünglinge, die heirathen wollen, fasten und sich den seltsamsten Büßungen unterziehen. Man purgirt sie mit der Frucht gewisser Euphorbien, man läßt sie in Kasten schwitzen und gibt ihnen von den **Marirris** oder **Piaches** bereitete Mittel ein, die in den Landstrichen jenseits der Alleghanis **Kriegstränke**, **Tränke zum Muthmachen** (*war-phisicks*) heißen. Die caraibischen Marirris sind die berühmtesten von allen; sie sind Priester, Gaukler und Aerzte in Einer Person und ihre Lehre, ihre Kunstgriffe und ihre Arzneien vererben sich. Letztere werden unter Auflegen der Hände gereicht und mit verschiedenen geheimnißvollen Geberden oder Handlungen, wie es scheint, von Uralters her bekannte Manipulationen des thierischen Magnetismus. Ich hatte Gelegenheit, mehrere Leute zu sprechen, welche die verbündeten Caraiben genau hatten beobachten können, ich konnte aber nicht erfahren, ob die **Marirris** eine Caste für sich bilden. In Nordamerika hat man gefunden, daß bei den Shawanoes, die in mehrere Stämme zerfallen, die Priester, die die Opfer vornehmen (wie bei den Hebräern), nur aus Einem Stamme, dem der Mequachakes, seyn dürfen. Wie mir dünkt, muß Alles, was man noch in Amerika über die Spuren einer alten Priestercaste ausfindig macht, von bedeutendem Interesse seyn, wegen jener Priesterkönige in Peru, die sich Söhne der Sonne nannten, und jener **Sonnenkönige** bei den Natchez, bei denen man unwillkürlich an die Heliaden der ersten östlichen Colonie von Rhodus denkt.[162] Um Sitten und Gebräuche des caraibischen Volkes vollkommen kennen zu lernen, müßte man die Missionen in den Llanos, die am Carony und die Savanen südlich von den Gebirgen von Pacaraimo zugleich besuchen. Je mehr man sie kennen lernt, versichern die Franciskaner, desto mehr müssen die Vorurtheile schwinden, die man gegen sie in Europa hat, wo sie für wilder, oder, um mich des naiven Ausdrucks eines Herrn von Montmartin zu bedienen, für weit weniger **liberal** gelten, als andere Völkerschaften in Guyana.[163] Die Sprache der Caraiben auf dem Festlande ist dieselbe von den Quellen des Rio Branco bis zu den Steppen von Cumana. Ich war so glücklich, in Besitz einer Handschrift zu gelangen, die einen Auszug des Paters Sebastian Garcia aus der »*Grammatica de la lengua Caribe del P. Fernando Ximenez*« enthielt. Diese werthvolle Handschrift wurde bei Vaters[164] und meines Bruders, Wilhelm von Humboldt, nach noch weit umfassenderem Plane angelegten Untersuchungen über den Bau der amerikanischen Sprachen benützt.

Als wir von der Mission Cari aufbrechen wollten, geriethen wir in einen Wortwechsel mit unsern indianischen Maulthiertreibern. Sie hatten, zu unserer nicht geringen Verwunderung, ausfindig gemacht, daß wir Skelette aus der Höhle von Ataruipe mit uns führten, und sie waren fest überzeugt, daß das Lastthier, das »die Körper ihrer alten Verwandten« trug, auf dem Wege zu Grunde gehen müsse. Alle unsere Vorsichtsmaßregeln, um die Skelette zu verbergen, waren vergeblich; nichts entgeht dem Scharfsinn und dem Geruch eines Caraiben, und es brauchte das ganze Ansehen des Missionärs, um unser Gepäck in Gang zu bringen. Ueber den Rio Cari mußten wir im Boote fahren, über den *Rio de agua clara* waten, fast könnte ich sagen schwimmen. Wegen des Triebsands am Boden ist letzterer Uebergang bei Hochwasser sehr beschwerlich. Man wundert sich, daß in einem so ebenen Lande die Strömung so stark ist; die Steppenflüsse drängen aber auch, um mich eines ganz richtigen Ausdrucks des jüngeren Plinius zu bedienen, »nicht sowohl wegen des Bodenfalls, als wegen ihrer Fülle und wie durch ihr eigenes Gewicht vorwärts.«[165] Wir hatten, ehe wir in die kleine Stadt Pao kamen, zwei schlechte Nachtlager in Matagorda und los Niecietos. Ueberall dasselbe: kleine Rohrhütten mit Leder gedeckt, berittene Leute mit Lanzen, die das Vieh hüten, halb wilde Hornviehherden von auffallend gleicher Färbung, die den Pferden und Maulthieren die Weide streitig machen. Keine Schafe, keine Ziegen auf diesen unermeßlichen Steppen! Die Schafe pflanzen sich in Amerika nur auf Plateaus, die über tausend Toisen hoch liegen, gut fort; nur dort wird die Wolle lang und zuweilen sehr schön. Im glühend heißen Klima der Niederungen, wo statt der Wölfe die Jaguars auftreten, können sich diese kleinen wehrlosen und in ihren Bewegungen schwerfälligen Wiederkäuer nicht in Masse halten.

Am 15. Juli langten wir in der **Fundacion** oder Villa del Pao an, die im Jahr 1744 gegründet wurde und sehr vortheilhaft gelegen ist, um zwischen Nueva Barcelona und Angostura als Stapelplatz zu dienen. Ihr eigentlicher Name ist *Conception del Pao*; Alcedo, la Cruz Olmedilla und viele andere Geographen gaben ihre Lage falsch an, weil sie den Ort entweder mit San Juan Baptista del Pao in den Llanos von Caracas, oder mit el Valle del Pao am Zarate verwechselten. Trotz des bedeckten Himmels erhielt ich einige Höhen von α im Centauren, nach denen sich die Breite des Orts bestimmen ließ. Dieselbe beträgt 8°37'57". Aus Sonnenhöhen ergab sich eine Länge von 67°8'12", Angostura unter 66°15'21" angenommen. Die astronomischen Bestimmungen in Calabozo[166] und in Conception del Pao sind nicht ohne Belang für die Geographie dieser Landstriche, wo es inmitten der Grasfluren durchaus an festen Punkten fehlt. In der Umgegend von Pao findet man einige Fruchtbäume, eine seltene Erscheinung in den Steppen. Wir sahen sogar Cocosbäume, die trotz der weiten Entfernung von der See ganz kräftig schienen. Ich lege einiges Gewicht auf letztere Wahrnehmung, da man die Glaubwürdigkeit von Reisenden, welche den Cocosbaum, eine

Küstenpalme, in Tombuctu, mitten in Afrika, angetroffen haben wollten, in Zweifel gezogen hat. Wir hatten öfters Gelegenheit, Cocosbäume mitten im Baulande am Magdalenenstrom, hundert Meilen von der Küste, zu sehen.

In fünf Tagen, die uns sehr lang vorkamen, gelangten wir von der Villa del Pao in den Hafen von Nueva Barcelona. Je weiter wir kamen, desto heiterer wurde der Himmel, desto staubigter der Boden, desto glühender die Luft. Diese ungemein drückende Hitze rührt nicht von der Lufttemperatur her, sondern vom feinen Sand, der in der Luft schwebt, nach allen Seiten Wärme strahlt und dem Reisenden ins Gesicht schlägt, wie an die Kugel des Thermometers. Indessen habe ich in Amerika den hunderttheiligen Thermometer mitten im **Sandwinde** niemals über 45°8 steigen sehen. Capitän Lyon, den ich nach seiner Rückkehr von Mourzouk zu sprechen das Vergnügen hatte, schien mir auch geneigt anzunehmen, daß die Temperatur von 52 Grad, der man in Fezzan so oft ausgesetzt ist, großentheils von den Quarzkörnern herrührt, die in der Luft suspendirt sind. Zwischen Pao und dem im Jahr 1749 gegründeten, von 500 Caraiben bewohnten Dorfe Santa Cruz de Cachipo[167] kamen wir über den westlichen Strich des kleinen Plateau, das unter dem Namen Mesa de Amana bekannt ist. Dieses Plateau bildet die Wasserscheide zwischen dem Orinoco, dem Guarapiche und dem Küstenland von Neu-Andalusien. Die Erhöhung desselben ist so gering, daß es der Schiffbarmachung dieses Strichs der Llanos wenig Hinderniß in den Weg legen wird. Indessen konnte der Rio Mamo, der oberhalb des Einflusses des Carony in den Orinoco fällt und den d'Anville (ich weiß nicht, nach wessen Angabe) auf der ersten Ausgabe seiner großen Karte aus dem See von Valencia kommen und die Sewässer des Guayre aufnehmen läßt, nie als natürlicher Canal zwischen zwei Flußbecken dienen. Es besteht in der Steppe nirgends eine Gabeltheilung der Art. Sehr viele Caraiben, welche jetzt in den Missionen von Piritu leben, saßen früher nördlich und westlich vom Plateau Amana zwischen Maturin, der Mündung des Rio Areo und dem Guarapiche; die Einfälle Don Josephs Careño, eines der unternehmendsten Statthalter der Provinz Cumana, gaben im Jahr 1720 Anlaß zu einer allgemeinen Wanderung der unabhängigen Caraiben an den untern Orinoco.

Dieser ganze weit gedehnte Landstrich besteht, wie wir schon oben bemerkt,[168] aus secundären Gebirgsbildungen, die sich gegen Süden unmittelbar an die Granitgebirge am Orinoco lehnen. Gegen Nordwest trennt sie ein ziemlich schmaler Streif von Uebergangsgebirg von den aus Urgebirg bestehenden Bergen auf dem Küstenland von Caracas. Dieses gewaltige Auftreten von secundären Bildungen, die ohne Unterbrechung einen Flächenraum von 7200 Quadratmeilen bedecken (wobei nur der gegen Süd vom Rio Apure, gegen West von der Sierra Nevada de Merida und vom Paramo de las Rosas begrenzte Theil der Llanos gerechnet ist), ist in diesen Erdstrichen eine um so merkwürdigere Erscheinung, da in der ganzen Sierra de la Parime, zwischen dem rechten Ufer des Orinoco und dem Rio Negro, gerade wie in Scandinavien, die secundären Bildungen auffallenderweise gänzlich fehlen. Der rothe Sandstein, der hie und da Stricke fossilen Holzes (aus der Familie der Monocotyledonen) enthält, kommt in den Steppen von Calabozo überall zu Tage. Weiter gegen Ost sind Kalkstein und Gips demselben aufgelagert und machen ihn der geologischen Forschung unzugänglich. Weiter gegen Norden, der Mission San Joses de Curataquiche zu, fand Bonpland schöne gebänderte Stücke Jaspis oder »egyptische Kiesel.« Wir sahen dieselben nicht in der Gebirgsart eingeschlossen und wissen daher nicht, ob sie einem ganz neuen Conglomerat angehören oder dem Kalkstein, den wir am Morro von Nueva Barcelona angetroffen, und der kein Uebergangsgestein ist, obgleich er Schichten von Kieselschiefer enthält.

Man kann die Steppen oder Grasfluren von Südamerika nicht durchziehen, ohne in Gedanken bei der Aussicht zu verweilen, daß man sie eines Tags zu dem benützen wird, zu dem sie sich besser eignen, als irgend ein Landstrich des Erdballs, zur Messung der Grade eines Erdbogens in der Richtung eines Meridians oder einer auf dem Meridian senkrechten Linie. Diese Operation wäre für die genaue Kenntniß der Gestalt der Erde von großer Wichtigkeit. Die Llanos von Venezuela liegen 13 Grade ostwärts von den Punkten, wo einerseits die französischen Akademiker mittelst Dreiecken, die sich auf die Gipfel der Cordilleren stützten, andererseits Mason und Dixon, ohne trigonometrische Mittel (auf den Ebenen von Pennsylvanien), ihre Messungen ausgeführt haben; sie liegen fast unter demselben Parallel (und dieser Umstand ist von großem Belang) wie die indische Hochebene zwischen Junne und Madura, wo Oberst Lambton so ausgezeichnet operirte. So viele Bedenken auch noch hinsichtlich der Genauigkeit der Instrumente, der Beobachtungsfehler und der Einflüsse örtlicher Anziehungen bestehen mögen, beim jetzigen Zustand unserer Kenntnisse ist nicht wohl in Abrede zu ziehen, daß die Erde ungleichförmig abgeplattet ist. Ist einmal zwischen den freien Regierungen von la Plata und Venezuela ein innigeres Verhältniß hergestellt, so wird man sich ohne Zweifel diesen Vortheil und den allgemeinen Frieden zu Nutze machen und nördlich und südlich vom Aequator, in den Llanos und in den Pampas die Messungen vornehmen, die wir hier in Vorschlag bringen. Die Llanos von Pao und Calabozo sind fast unter demselben Meridian gelegen, wie die Pampas südlich von Cordova, und der Breitenunterschied dieser Niederungen, die so vollkommen eben sind, als hätte lange Wasser darauf gestanden, beträgt 45 Grad. Diese geodätischen und astronomischen Operationen wären bei der Beschaffenheit des Terrains auch gar nicht kostspielig. Schon La Condamine hat im Jahr 1734 dargethan, wie vortheilhafter und besonders weniger zeitraubend es gewesen wäre, wenn man die Akademiker in die (vielleicht etwas zu stark bewachsenen und sumpfigten) Ebenen im Süden von Cayenne, dem Einfluß des Rio Xingu in den Amazonenstrom zu, geschickt hätte, statt sie auf den Hochebenen von Quito mit Frost, Stürmen und vulkanischen Ausbrüchen kämpfen zu lassen.

Die spanisch-amerikanischen Regierungen dürfen keineswegs meinen, daß die in Rede stehenden, mit Pendelbeobachtungen verbundenen Messungen in den Llanos nur ein rein wissenschaftliches Interesse hätten: dieselben gäben zugleich die Hauptgrundlagen für Karten ab, ohne welche keine regelmäßige Verwaltung in einem Lande bestehen kann. Bis jetzt mußte man sich auf eine rein astronomische Aufnahme beschränken, und es ist dieß das sicherste und rascheste Verfahren bei einer Oberfläche von sehr großer Ausdehnung. Man suchte einige Punkte an den Küsten und im Innern **absolut** zu bestimmen, das heißt nach Himmelserscheinungen oder Reihen von Monddistanzen. Man stellte die Lage der bedeutendsten Orte nach den drei Coordinaten der Breite, der Länge und der Höhe fest. Die dazwischenliegenden Punkte wurden mit den Hauptpunkten auf **chronometrischem** Wege verknüpft. Durch den sehr gleichförmigen Gang der Chronometer in Canoes und durch die sonderbaren Krümmungen des Orinoco wurde diese Anknüpfung erleichtert. Man brachte die Chronometer zum Ausgangspunkte zurück, oder man beobachtete zweimal (im Hinweg und im Herweg) an einem dazwischen liegenden Punkte, man knüpfte die Enden der **chronometrischen Linien**[169] an sehr weitaus einander liegende Lokalitäten, deren Lage nach absoluten, d. h. rein astronomischen Erscheinungen bestimmt ist, und so konnte man die Summe der etwa begangenen Fehler schätzen. Auf diese Weise (und vor meiner Reise war im Binnenlande die Länge keines Punktes bestimmt worden) habe ich Cumana, Angostura, Esmeralda, San Carlos del Rio Negro, San Fernando de Apure, Porto-Cabello und Caracas astronomisch verknüpft. Diese Beobachtungen umfassen eine Bodenfläche von mehr als 10,000 Quadratmeilen. Das System der Beobachtungspunkte auf dem Küstenland und die werthvollen Ergebnisse der Aufnahme bei Fidalgos Seereise wurden mit dem System der Beobachtungspunkte am Orinoco und Rio Negro durch zwei chronometrische Linien in Verbindung gebracht, deren eine über die Llanos von Catabozo, die andere über die Llanos von Pao läuft. Die Beobachtungen in der Parime bilden einen Streifen, der eine ungeheure Landstrecke (73,000 Quadratmeilen), auf der bis jetzt nicht ein einziger Punkt astronomisch bestimmt ist, in zwei Theile theilt. Durch diese verschiedenen Arbeiten, die ich mit geringen Mitteln, aber nach einem allgemeinen Plane unternommen, wurde, wie ich mir wohl schmeicheln darf, der erste astronomische Grund zur Geographie dieser Länder gelegt; es ist aber Zeit, dieselben vielfach wieder aufzunehmen, sie zu berichtigen, besonders aber da, wo der Anbau des Landes es gestattet, trigonometrische Messungen an ihre Stelle treten zu lassen. An beiden Rändern der Llanos, die sich gleich einem Meerbusen vom Delta des Orinoco bis zu den Schneegebirgen von Meridia ausdehnen, streichen im Norden und im Süden zwei Granitketten parallel mit dem

Aequator. Diese früheren Küsten eines innern Seebeckens sind in den Steppen von weitem sichtbar und können zur Aufstellung von Signalen dienen. Der Spitzberg Guacharo, der Corollor und Turimiquiri, der Bergantin, die Morros San Juan und San Sebastian, die Galera, welche die Llanos wie eine Felsmauer begrenzt, der kleine Cerro de Flores, den ich in Calabozo, und zwar in einem Moment gesehen habe, wo die Luftspiegelung beinahe Null war, werden am Nordrande der Niederungen zum Dreiecknetz dienen. Diese Berggipfel sind großentheils sowohl in den Llanos als im angebauten Küstenlande sichtbar. Gegen Süden liegen die Granitketten am Orinoco oder in der Parime etwas abwärts von den Rändern der Steppen und sind für geodätische Operationen nicht ganz so günstig. Indessen werden die Berge oberhalb Angostura und Muitaco, der Cerro del Tirano bei Caycara, der Pan de Azucar und der Sacuima beim Einfluß des Apure in den Orinoco gute Dienste leisten, namentlich wenn man die Winkel bei bedecktem Himmel aufnimmt, damit nicht das Spiel der ungewöhnlichen Refractionen über einem stark erhitzten Boden die Berggipfel, welche unter zu kleinen Höhenwinkeln erscheinen, verzieht und verrückt. Pulversignale, deren Widerschein am Himmel so weit hin sichtbar ist, werden sehr förderlich seyn. Ich glaubte hier im Interesse der Sache angeben zu sollen, was meine Ortskenntniß und das Studium der Geographie von Amerika mir an die Hand gegeben. Ein ausgezeichneter Geometer, Lenz, der bei mannigfaltigen Kenntnissen in allen Zweigen der Mathematik im Gebrauch astronomischer Instrumente sehr geübt ist, beschäftigt sich gegenwärtig damit, die Geographie dieser Länder weiter auszubilden und im Auftrag der Regierung von Venezuela die Plane, die ich bereits im Jahr 1799 der Beachtung des spanischen Ministeriums vergeblich empfohlen hatte, zum Theil auszuführen.

Am 26. Juli brachten wir die Nacht im indianischen Dorfe Santa Cruz de Cachipo zu. Diese Mission wurde im Jahr 1749 mit mehreren caraibischen Familien gegründet, welche an den überschwemmten, ungesunden Ufern der *Lagunetas de Anache*, gegenüber dem Einfluß des Rio Puruay in den Orinoco, lebten. Wir wohnten beim Missionär[170] und ersahen aus den Kirchenbüchern, welch rasche Fortschritte der Wohlstand der Gemeinde durch seinen Eifer und seine Einsicht gemacht hatte. Seit wir in die Mitte der Steppen gelangt waren, hatte die Hitze so zugenommen, daß wir gerne gar nicht mehr bei Tage gereist wären; wir waren aber unbewaffnet und die Llanos waren damals von ganzen Räuberbanden unsicher gemacht, die mit raffinirter Grausamkeit die Weißen, welche ihnen in die Hände fielen, mordeten. Nichts kläglicher als die Rechtspflege in diesen überseeischen Colonien! Ueberall fanden wir die Gefängnisse mit Verbrechern gefüllt, deren Urtheil sieben, acht Jahre auf sich warten läßt. Etwa ein Drittheil der Verhafteten entspringt, und die menschenleeren, aber von Heerden wimmelnden Ebenen bieten ihnen Zuflucht und Unterhalt. Sie treiben ihr Räubergewerbe zu Pferde in der

Weise der Beduinen. Die Ungesundheit der Gefängnisse überstiege alles Maaß, wenn sie sich nicht von Zeit zu Zeit durch das Entspringen der Verhafteten leerten. Es kommt auch nicht selten vor, daß Todesurtheile, wenn sie endlich spät genug von der Audiencia zu Caracas gefällt sind, nicht vollzogen werden können, weil es an einem Nachrichter fehlt. Nach einem schon oben erwähnten barbarischen Brauch begnadigt man denjenigen der Uebelthäter, der es auf sich nehmen will, die andern zu hängen. Unsere Führer erzählten uns, kurz vor unserer Ankunft auf der Küste von Cumana habe ein wegen seiner Rohheit berüchtigter Zambo sich entschlossen, Henker zu werden und sich so der Strafe zu entziehen. Die Zurüstungen zur Hinrichtung machten ihn aber in seinem Entschlusse wankend; er entsetzte sich über sich selbst, er zog den Tod der Schande vor, die er vollends auf sich häufte, wenn er sich das Leben rettete, und ließ sich die Ketten, die man ihm abgenommen, wieder anlegen. Er saß nicht mehr lange; die Niederträchtigkeit eines Mitschuldigen half ihm zum Vollzug seiner Strafe. Ein solches Erwachen des Ehrgefühls in der Seele eines Mörders ist eine psychologische Erscheinung, die zum Nachdenken auffordert. Ein Mensch, der beim Berauben der Reisenden in der Steppe schon so oft Blut vergessen hat, schaudert beim Gedanken, sich zum Werkzeug der Gerechtigkeit hergeben, an andern eine Strafe vollziehen zu sollen, die er, wie er vielleicht fühlt, selbst verdient hat.

Wenn schon in den ruhigen Zeiten, in denen Bonpland und ich das Glück hatten, die beiden Amerika zu bereisen, die Llanos den Uebelthätern, welche in den Missionen am Orinoco ein Verbrechen begangen, oder aus den Gefängnissen des Küstenlandes entsprungen waren, als Versteck dienten, wie viel schlimmer mußte dieß noch in Folge der bürgerlichen Unruhen werden, im blutigen Kampfe, der mit der Freiheit und Unabhängigkeit dieser gewaltigen Länder seine Endschaft erreichte! Die französischen »Landes« und unsere Heiden geben nur ein entferntes Bild jener Grasfluren auf dem neuen Continent, wo Flächen von acht und zehntausend Quadratmeilen so eben sind, wie der Meeresspiegel. Die Unermeßlichkeit des Raumes sichert dem Landstreicher die Straflosigkeit; in den Savanen versteckt man sich leichter als in unsern Gebirgen und Wäldern, und die Kunstgriffe der europäischen Polizei sind schwer anwendbar, wo es wohl Reisende gibt, aber keine Wege, Herden, aber keine Hirten, und wo die Höfe so dünn gesäet sind, daß man, trotz des bedeutenden Einflusses der Luftspiegelung, ganze Tagereisen machen kann, ohne daß man einen am Horizont auftauchen sieht.

Zieht man über die Llanos von Caracas, Barcelona und Cumana, die von West nach Ost von den Bergen bei Truxillo und Merida bis zur Mündung des Orinoco hinter einander liegen, so fragt man sich, ob diese ungeheuren Landstrecken von der Natur dazu bestimmt sind, ewig als Weideland zu dienen, oder ob Pflug und Hacke sie eines Tages für den Ackerbau erobern werden? Diese Frage ist um so wichtiger, da die an beiden Enden von Südamerika gelegenen Llanos der politischen Verbindung der Provinzen, die sie auseinander halten, Hindernisse in den Weg legen. Sie machen, daß der Ackerban sich nicht von den Küsten von Venezuela Guyana zu, sich nicht von Potosi gegen die Mündung des Rio de la Plata ausbreiten kann. Die dazwischen geschobenen Steppen behalten mit dem Hirtenleben einen Charakter von Rohheit und Wildheit, der sie isolirt und von der Cultur der schon lange urbar gemachten Landstriche fern hält. Aus demselben Grunde wurden sie im Freiheitskriege der Schauplatz des Kampfes zwischen den feindlichen Parteien und sahen die Einwohner von Calabozo fast unter ihren Mauern das Geschick der verbündeten Provinzen Venezuela und Cundinamarca sich entscheiden. Ich will wünschen, daß man bei den Grenzbestimmungen der neuen Staaten und ihrer Unterabtheilungen nicht zuweilen zu bereuen habe, die Bedeutung der Llanos außer Augen gesetzt zu haben, sofern sie dahin wirken, Gemeinheiten auseinander zu halten, welche durch gemeinsame Interessen auf einander angewiesen sind. Die Steppen würden, wie Meere oder die Urwälder unter den Tropen, als natürliche Grenzen dienen, wenn sie nicht von Heeren um so leichter durchzogen würden, da sie mit ihren unzähligen Pferde-, Maulthier- und Viehherden Transport- und Unterhaltsmittel aller Art bieten.

Nirgends in der Welt ist die Bodenbildung und die Beschaffenheit der Oberfläche so fest ausgeprägt; nirgends äußern sie aber auch so bedeutenden Einfluß auf die Spaltung des Gesellschaftskörpers, der durch die Ungleichheit nach Abstammung, Farbe und persönlicher Freiheit schon genug zerrissen ist. Es steht nicht in der Macht des Menschen, die klimatischen Unterschiede zu ändern, die aus der auf kleinem Flächenraum rasch wechselnden Bodenhöhe hervorgehen, und welche die Quelle des Widerwillens sind, der zwischen den Bewohnern der der **terra caliente** und denen der **terra fria** besteht, eines Widerwillens, der auf Gegensätzen im Charakter, in Sitten und Gebrauchen beruht. Diese moralischen und politischen Einflüsse machen sich besonders in Ländern geltend, wo die Extreme von Landhöhe und Tiefland am auffallendsten sind, wo Gebirge und Niederungen am massenhaftesten auftreten und sich am weitesten ausdehnen. Hieher gehören Neu-Grenada oder Cundinamarca, Chili und Peru, wo die Incasprache reich ist an treffenden, naiven Ausdrücken für diese klimatischen Gegensätze in Temperament, Neigungen und geistigen Fähigkeiten. Im Staate Venezuela dagegen bilden die »Montaneros« in den Hochgebirgen von Bocono, Timotes und Merida nur einen unbedeutenden Bruchtheil der Gesammtbevölkerung, und die volkreichen Thäler der Küstenkette von Caracas und Caripe liegen nur drei- bis vierhundert Toisen über dem Meer. So kam es, daß, als die Staaten Venezuela und Neu-Grenada unter dem Namen Columbia verschmolzen wurden, die bedeutende Gebirgsbevölkerung von Santa Fe, Popayan, Pasto und Quito, wo nicht ganz, doch über die Hälfte durch den

Zuwachs von acht- bis neunmalhunderttausend Bewohnern der **terra caliente** aufgewogen wurde. Der Oberflächenzustand des Bodens ist nicht so unveränderlich als seine Reliefbildung, und so erscheint es als möglich, daß die scharfen Gegensätze zwischen den undurchdringlichen Wäldern Guyanas und den baumlosen, grasbewachsenen Llanos eines Tags verschwinden könnten; aber wie viele Jahrhunderte brauchte es wohl, bis ein solcher Wechsel in den unermeßlichen Steppen von Venezuela, am Meta, am Caqueta und in Buenos Ayres merkbar würde? Die Beweise, die der Mensch von seiner Macht im Kampfe gegen die Naturkräfte in Gallien, in Germanien und in neuerer Zeit in den Vereinigten Staaten, immer aber außerhalb der Tropen, gegeben hat, kann nicht wohl als Maßstab für die voraussichtlichen Fortschritte der Cultur im heißen Erdstrich dienen. Es war oben davon die Rede, wie langsam man mit Feuer und Axt Wälder ausrodet, wenn die Baumstämme 8 bis 16 Fuß dick sind, wenn sie im Fallen sich an einander lehnen, und wenn das Holz, vom unaufhörlichen Regen befeuchtet, so ungemein hart ist. Die Frage, ob die Llanos oder Pampas urbar zu machen sind, wird von den Colonisten, die darin leben, keineswegs einstimmig bejaht, und ganz im Allgemeinen läßt sich auch gar nicht darüber entscheiden. Die Savanen von Venezuela entbehren größtentheils des Vortheils, den die Savanen in Nordamerika dadurch haben, daß sie der Länge nach von drei großen Flüssen, dem Missouri, dem Arkansas und dem Red River von Natchitoches durchzogen werden; durch die Savanen am Araure, bei Calabozo und am Pao laufen die Nebenflüsse des Orinoco, von denen die östlichsten (Cari, Pao, Acaru und Manapire) in der trockenen Jahreszeit sehr wasserarm find, nur der Quere nach. Alle diese Flüsse reichen nicht weit gegen Nord, so daß in der Mitte Steppen, weite, entsetzlich dürre Landstriche (*bancos* und *mesas*) bleiben. Am culturfähigsten sind die westlichen, von der Portuguesa, vom Masparro und Orivante und den nahe bei einander liegenden Nebenflüssen derselben bewässerten Striche. Der Boden besteht aus mit Thon gemengtem Sand über einer Schicht von Quarzgeschieben. Die Dammerde, die Hauptnahrungsquelle der Gewächse, ist aller Orten sehr dünn; sie erhält so gut wie keinen Zuwachs durch das dürre Laub, das in den Wäldern der heißen Zone abfällt wie in den gemäßigten Klimaten, wenn auch nicht so streng periodisch. Seit Jahrtausenden wächst aber auf den Llanos weder Baum noch Buschwerk; die einzelnen, in der Savane zerstreuten Palmen liefern sehr wenig von jener Kohlen- und Wasserstoffverbindung, von jenem Extractivstoff, auf dem (nach den Versuchen von Saussure, Davy und Braconnot) die Fruchtbarkeit des Bodens beruht. Die geselligen Gewächse, die in den Steppen fast ausschließlich herrschen, sind Monocotyledonen, und es ist bekannt, wie stark die Gräser den Boden aussaugen, in den sie ihre Wurzeln mit dicht gedrängten Fasern treiben. Diese Wirkung der Killingia-, Paspalum- und Cenchrusarten, aus denen der Rasen besteht, äußert sich überall gleich; wo aber das Gestein beinahe zu Tag kommt, da ist der Boden verschieden, je nachdem er auf rothem Sandstein oder auf festem Kalkstein und auf Gyps liegt; so wie je nachdem die periodischen Ueberschwemmungen an den tiefsten Stellen Erdreich angeschwemmt haben, oder das Wasser von den kleinen Plateaus die wenige Dammerde vollends weggespült hat. Bereits bestehen mitten im Weideland einzelne Pflanzungen an Stellen, wo sich fließendes Wasser oder ein paar Büsche der Mauritiapalme fanden. Diese Höfe, bei denen man Mais und Manioc baut, werden sich bedeutend vermehren, wenn es gelingt, mehr Bäume und Gebüsch fortzubringen.

Die Dürre der **Mesas**[171] und die große Hitze, die darauf herrscht, rühren nicht allein von der Beschaffenheit ihrer Oberfläche und der örtlichen Reverberation des Bodens her; ihre klimatischen Verhältnisse hängen ab von der Umgebung, von der ganzen Steppe, von der die Mesas ein Theil sind. Bei den Wüsten in Afrika oder in Arabien, bei den Llanos in Südamerika, bei den großen Heiden, die von der Spitze von Jütland bis zur Mündung der Schelde fortstreichen, beruht die feste Begrenzung der Wüsten, der Llanos, der Heiden großentheils auf ihrer unermeßlichen Ausdehnung, auf der Kahlheit dieser Landstriche in Folge einer Umwälzung, welche den früheren Pflanzenwuchs unseres Planeten vernichtet hat. Durch ihre Ausdehnung, ihr ununterbrochenes Fortstreichen und ihre Masse widerstehen sie dem Eindringen der Cultur, behalten sie, als wären sie in das Land einschneidende Buchten, ihren festen Uferumriß. Ich lasse mich nicht auf die große Frage ein, ob in der Sahara, diesem Mittelmeer von Flugsand, der Keime des organischen Lebens heutzutage mehr werden. Je ausgebreiteter unsere geographischen Kenntnisse wurden, desto zahlreicher sahen wir im östlichen Theil der Wüste grüne Eilande, mit Palmen bedeckte Oasen zu Archipelen sich zusammendrängen und den Caravanen ihre Häfen öffnen; wir wissen aber nicht, ob seit Herodots Tode der Umriß der Oasen nicht fortwährend derselbe geblieben ist. Unsere Geschichtsbücher sind von zu kurzem Datum und zu unvollständig, als daß wir der Natur in ihrem langsamen, stetigen Gange folgen könnten.

Von diesen völlig öden Räumen, von denen ein gewaltsames Ereigniß die Pflanzendecke und die Dammerde weggerissen hat, von den syrischen und afrikanischen Wüsten, die in ihrem versteinerten Holz noch die Urkunden der erlittenen Veränderungen aufweisen, blicken wir zurück auf die mit Gräsern bewachsenen Llanos. Hier ist die Erörterung der Erscheinungen dem Kreise unserer täglichen Beobachtungen näher gerückt. In den amerikanischen Steppen angesiedelte Landwirthe sind hinsichtlich der Möglichkeit eines umfassenderen Anbaus derselben ganz zu den Ansichten gekommen, wie ich sie aus dem klimatischen Einfluß der Steppen unter dem Gesichtspunkt als ununterbrochene Flächen oder Massen hergeleitet habe. Sie haben die Beobachtung gemacht, daß Heiden, die rings von angebautem oder mit Holz bewachsenem Lande umgeben sind, nicht so lange dem Anbau Widerstand leisten, als Striche vom selben Umfang, die aber einer weiten Fläche von gleicher Beschaffenheit angehören. Die Beobachtung ist richtig, ob nun das eingeschlossene Stück eine Grasflur ist, oder mit Heiden bewachsen, wie im nördlichen Europa, oder mit Cistus, Lentisken und Chamärops, wie in Spanien, oder mit Cactus, Argemone und Brathys wie im tropischen Amerika. Einen je größeren Raum der Pflanzenverein einnimmt, desto stärkeren Widerstand leisten die geselligen Gewächse dem Anbau. Zu dieser allgemeinen Ursache kommt in den Llanos von Venezuela der Umstand, daß die kleinen Grasarten während der Reife der Saamen den Boden aussaugen, ferner der gänzliche Mangel an Bäumen und Buschwerk, die Sandwinde, deren Gluthhitze gesteigert wird durch die Berührung mit einem Boden, der zwölf Stunden lang die Sonnenstrahlen einsaugt, ohne daß je ein anderer Schatten als der der Aristiden, Cenchrus und Paspalum darauf fällt. Die Fortschritte, welche der große Baumwuchs und der Anbau dicotyledonischer Gewächse in der Umgebung der Städte, zum Beispiel um Calabozo und Pao, gemacht haben, beweisen, daß man der Steppe Boden abgewinnen könnte, wenn man sie in kleinen Stücken angriffe, sie nach und nach von der Masse abschlöße, sie durch Einschnitte und Bewässerungscanäle zerstückte. Vielleicht gelänge es, den Einfluß der den Boden ausdörrenden Winde zu verringern, wenn man im Großen, auf 15 bis 20 Morgen, Psidium, Croton, Cassia, Tamarinden ansäete, Pflanzen, welche trockene, offene Stellen lieben. Ich bin weit entfernt zu glauben, daß der Mensch je die Savanen ganz austilgen wird, und daß die Llanos, die ja als Weiden und für den Viehhandel so nutzbar sind, jemals angebaut seyn werden, wie die Thäler von Aragua oder andere den Küsten von Caracas und Cumana nahe gelegene Landstriche; aber ich bin überzeugt, daß ein beträchtliches Stück dieser Ebenen im Laufe der Jahrhunderte, unter einer den Gewerbfleiß fördernden Regierung, das wilde Aussehen verlieren wird, das sie seit der ersten »Eroberung« durch die Europäer behauptet haben.

Dieser allmählige Wechsel, dieses Wachsen der Bevölkerung werden nicht nur den Wohlstand dieser Länder steigern, sie werden auch auf die sittlichen und politischen Zustände günstigen Einfluß äußern. Die Llanos machen über zwei Dritttheile des Stücks von Venezuela oder der alten *Capitania general* von Caracas aus, das nördlich vom Orinoco und Rio Apure liegt. Bei bürgerlichen Unruhen dienen nun aber die Llanos durch ihre Oede und den Ueberfluß an Nahrungsmitteln, die ihre zahllosen Herden liefern, der Partei, welche die Fahne des Aufruhrs entfalten will, zugleich als Schlupfwinkel und als Stützpunkt. Bewaffnete Banden (Guerillas) können sich darin halten und die Bewohner des Küstenlandes, des Mittelpunktes der Cultur und des Bodenreichthums, beunruhigen. Wäre nicht der untere Orinoco durch den Patriotismus einer kräftigen, kriegsgewohnten Bevölkerung hinlänglich vertheidigt, so wäre beim gegenwärtigen Zustand der Llanos ein feindlicher

Einfall auf den Westküsten doppelt gefährlich. Die Vertheidigung der Ebenen und spanisch Guyanas hängen aufs Engste zusammen, und schon oben, wo von der militärischen Bedeutung der Mündungen des Orinoco die Rede war, habe ich gezeigt, daß die Festungswerke und die Batterien, womit man die Nordküste von Cumana bis Carthagena gespickt hat, keineswegs die eigentlichen Bollwerke der vereinigten Provinzen von Venezuela sind. Zu diesem politischen Interesse kommt ein anderes, noch wichtigeres und dauernderes. Eine erleuchtete Regierung kann nur mit Bedauern sehen, daß das Hirtenleben mit seinen Sitten, welche Faulheit und Landstreicherei so sehr befördern, auf mehr als zwei Dritttheilen ihres Gebiets herrscht. Der Theil der Küstenbevölkerung, der jährlich in die Llanos abfließt, um sich in den *hatos de ganado*[172] niederzulassen und die Heerden zu hüten, macht einen Rückschritt in der Cultur. Wer möchte bezweifeln, daß durch die Fortschritte des Ackerbaus, durch die Anlage von Dörfern an allen Punkten, wo fließendes Wasser ist, sich die sittlichen Zustände der Steppenbewohner wesentlich bessern müssen? Mit dem Ackerbau müssen mildere Sitten, die Liebe zum festen Wohnsitz und die häuslichen Tugenden ihren Einzug halten.

Nach dreitägigem Marsch kam uns allmählig die Bergkette von Cumana zu Gesicht, die zwischen den Llanos, oder, wie man hier oft sagen hört, »dem großen Meer von Grün«[173] und der Küste des Meeres der Antillen liegt. Ist der Bergantin über 800 Toisen hoch, so kann man ihn, auch nur eine gewöhnliche Refraction von $1/14$ des Bogens angenommen, auf 27 Seemeilen Entfernung sehen;[174] aber die Luftbeschaffenheit entzog uns lange den schönen Anblick dieser Bergwand. Sie erschien zuerst wie eine Wolkenschicht, welche die Sterne in der Nähe des Pols beim Auf- und Untergang bedeckte; allmählig schien diese Dunstmasse größer zu werden, sich zu verdichten, sich bläulich zu färben, einen gezackten, festen Umriß anzunehmen. Was der Seefahrer beobachtet, wenn er sich einem neuen Lande nähert, das bemerkt der Reisende auch am Rande der Steppe. Der Horizont fing an sich gegen Nord zu erweitern, und das Himmelsgewölbe schien dort nicht mehr in gleicher Entfernung auf dem grasbewachsenen Boden auszuruhen.

Einem **Llanero** oder Steppenbewohner ist nur wohl, wenn er, nach dem naiven Volksausdruck, »überall um sich sehen kann.« Was uns als ein bewachsenes, leicht gewelltes, kaum hie und da hügligtes Land erscheint, ist für ihn ein schreckliches, von Bergen starrendes Land. Unser Urtheil über die Unebenheit des Bodens und die Beschaffenheit seiner Oberfläche ist ein durchaus relatives. Hat man mehrere Monate in den dichten Wäldern am Orinoco zugebracht, hat man sich dort daran gewöhnt, daß man, sobald man vom Strome abgeht, die Sterne nur in der Nähe des Zenith und wie aus einem Brunnen heraus sehen kann, so hat eine Wanderung über die Steppen etwas

Angenehmes, Anziehendes. Die neuen Bilder, die man aufnimmt, machen großen Eindruck; wie dem Llanero ist einem ganz wohl, »daß man so gut um sich sehen kann.« Aber dieses Behagen (wir haben es an uns selbst erfahren) ist nicht von langer Dauer. Allerdings hat der Anblick eines unabsehbaren Horizonts etwas Ernstes, Großartiges. Dieses Schauspiel erfüllt uns mit Bewunderung, ob wir nun auf dem Gipfel der Anden und der Hochalpen uns befinden, oder mitten auf dem unermeßlichen Ocean, oder auf den weiten Ebenen von Venezuela und Tucuman. Die Unermeßlichkeit des Raumes (die Dichter aller Zungen haben solches ausgesprochen) spiegelt sich in uns selbst wieder; sie verknüpft sich mit Vorstellungen höherer Ordnung, sie weitet die Seele dessen aus, der in der Stille einsamer Betrachtung seinen Genuß findet. Allerdings aber hat der Anblick eines schrankenlosen Raumes an jedem Orte wieder einen eigenen Charakter. Das Schauspiel, dessen man auf einem freistehenden Berggipfel genießt, wechselt, je nachdem die Wolken, die auf der Niederung lagern, sich in Schichten ausbreiten, sich zu Massen ballen, oder den erstaunten Blick durch weite Ritzen auf die Wohnsitze des Menschen, das bebaute Land, den ganzen grünen Boden des Luftoceans niedertauchen lassen. Eine ungeheure Wasserfläche, belebt bis auf den Grund von tausenderlei verschiedenen Wesen, nach Färbung und Anblick wechselnd, beweglich an der Oberfläche, gleich dem Element, von dem sie aufgerührt wird, hat auf langer Seereise großen Reiz für die Einbildungskraft, aber die einen großen Theil des Jahrs hindurch staubigte, aufgerissene Steppe stimmt trübe durch ihre ewige Eintönigkeit. Ist man nach acht- oder zehntägigem Marsch gewöhnt an das Spiel der Luftspiegelung und an das glänzende Grün der Mauritiabüsche,[175] die von Meile zu Meile zum Vorschein kommen, so fühlt man das Bedürfniß mannigfaltigerer Eindrücke; man sehnt sich nach dem Anblick der gewaltigen Bäume der Tropen, des wilden Sturzes der Bergströme, der Gelände und Thalgründe, bebaut von der Hand des Landmanns. Wenn unglücklicherweise das Phänomen der afrikanischen Wüsten und der Llanos oder Savanen der neuen Welt (ein Phänomen, dessen Ursache sich in dem Dunkel der frühesten Geschichte unseres Planeten verliert) noch einen größeren Raum befaßte, so wäre die Natur um einen Theil der herrlichen, dem heißen Erdstrich eigenthümlichen Producte ärmer.[176] Die nordischen Heiden, die Steppen an Wolga und Don sind kaum ärmer an Pflanzen und Thierarten als unter dem herrlichsten Himmel der Welt, im Erdstrich der Bananen und des Brodfruchtbaums, 28,000 Quadratmeilen Savanen, die im Halbkreise von Nordost nach Südwest, von den Mündungen des Orinoco bis zum Caqueta und Putumayo sich fortziehen. Der überall sonst belebende Einfluß des tropischen Klima macht sich da nicht fühlbar, wo ein mächtiger Verein von Grasarten fast jedes andere Gewächs ausgeschlossen hat. Beim Anblick des Bodens, an Punkten, wo die zerstreuten Palmen fehlen, hätten wir glauben können in der gemäßigten Zone, ja noch viel weiter gegen Norden zu seyn; aber bei

Einbruch der Nacht mahnten uns die schönen Sternbilder am Südhimmel (der Centaur, Canopus, und die zahllosen Nebelflecken, von denen das Schiff Argo glänzt) daran, daß wir nur 8 Grade vom Aequator waren.

Eine Erscheinung, auf die bereits Deluc aufmerksam geworden und an der sich in den letzten Jahren der Scharfsinn der Geologen geübt hat, machte uns auf der Reise durch die Steppen viel zu schaffen. Ich meine nicht die Urgebirgsblöcke, die man (wie am Jura) am Abhang der Kalkgebirge findet, sondern die ungeheuern Granit- und Syenitblöcke, die, innerhalb von der Natur scharf gezogener Grenzen, im nördlichen Holland und Deutschland und in den baltischen Ländern zerstreut vorkommen. Es scheint jetzt bewiesen, daß diese wie strahlenförmig vertheilten Gesteine bei den alten Umwälzungen unseres Erdballs aus der scandinavischen Halbinsel gegen Süd herabgekommen sind, und daß sie nicht von den Granitketten des Harzes und in Sachsen stammen, denen sie nahe kommen, ohne indessen ihren Fuß zu erreichen. Ich bin auf den sandigten Ebenen der baltischen Länder geboren, und bis zu meinem achtzehnten Jahre wußte ich, was eine Gebirgsart sey, nur von diesen zerstreuten Blöcken her, und so mußte ich doppelt neugierig seyn, ob die neue Welt eine ähnliche Erscheinung aufzuweisen habe. Und ich sah zu meiner Ueberraschung auch nicht einen einzigen Block der Art in den Llanos von Venezuela, obgleich diese unermeßlichen Ebenen gegen Süd unmittelbar von einem ganz aus Granit gebauten Bergstock [Die Sierra Parime] begrenzt werden, der in seinen gezackten, fast säulenförmigen Gipfeln die Spuren der gewaltigsten Zerrüttung zeigt.[177] Gegen Nord sind die Llanos von der Granitkette der Silla bei Caracas und von Portocabello durch eine Bergwand getrennt, die zwischen Villa de Cum und Pavapara aus Schiefergebirg, zwischen dem Bergantin und Caripe aus Kalkstein besteht. Das Nichtvorhandenseyn von Blöcken fiel mir ebenso an den Ufern des Amazonenstromes auf. Schon La Condamine hatte versichert, vom Pongo de Manseriche bis zum Engpasse der Pauxis sey auch nicht der kleinste Stein zu finden. Das Becken des Rio Negro und des Amazonenstromes ist aber auch nichts als ein **Llano**, eine Ebene wie die in Venezuela und Buenos Ayres, und der Unterschied besteht allein in der Art des Pflanzenwuchses. Die beiden Llanos am Nord- und am Südende von Südamerika sind mit Gras bewachsen, es sind baumlose Grasfluren; das dazwischenliegende Llano, das am Amazonenstrom, welches im Striche der fast unaufhörlichen Aequatorialregen liegt, ist ein dichter Wald. Ich erinnere mich nicht gehört zu haben, daß auf den Pampas von Buenos Ayres oder auf den Savanen am Missouri[178] und in Neumexico Granitblöcke vorkommen. Die Erscheinung scheint in der neuen Welt überhaupt ganz zu fehlen, und wahrscheinlich auch in der afrikanischen Sahara; denn die Gesteinmassen, welche mitten in der Wüste zu Tage kommen und deren die Reisenden häufig erwähnen, sind nicht mit bloßen zerstreuten Bruchstücken zu verwechseln. Aus diesen Beobachtungen scheint hervorzugehen, daß die scandinavischen Granitblöcke, welche die sandigten Ebenen im Süden des baltischen Meeres, in Westphalen und Holland bedecken, von einer besondern, von Norden her eingebrochenen Wasserfluth, von einem rein örtlichen Vorgang herrühren. Das alte Conglomerat (der rothe Sandstein), das nach meinen Beobachtungen zum großen Theil die Llanos von Venezuela und das Becken des Amazonenstromes bedeckt, schließt ohne Zweifel Trümmer der Urgebirgsbildungen ein, aus denen die benachbarten Berge bestehen; aber die Umwälzungen, von denen diese Gebirge so deutliche Spuren aufzuweisen haben, scheinen nicht von den Umständen begleitet gewesen zu seyn, durch welche die Wegführung dieser Blocke in weite Ferne begünstigt wurde. Diese geognostische Erscheinung ist um so unerwarteter, da sonst nirgends in der Welt eine Erdfläche vorkommt, die so eben wäre und sich so ohne alle Unterbrechung bis zum steilen Abhang einer ganz aus Granit aufgebauten Cordillere fortzöge. Bereits vor meinem Abgang von Europa war mir ausgefallen, daß die Urgebirgsblöcke weder in der Lombardei vorkommen, noch auf der großen bayerischen Ebene, die ein alter, 250 Toisen über dem Meeresspiegel liegender Seeboden ist. Diese Ebene wird gegen Nord vom Granit der Oberpfalz, gegen Süd vom Alpenkalk, dem Uebergangsthonschiefer und Glimmerschiefer Tyrols begrenzt.

Am 23. Juli langten wir in der Stadt Nueva Barcelona an, weniger angegriffen von der Hitze in den Llanos, an die wir längst gewöhnt waren, als von den Sandwinden, die auf die Länge schmerzhafte Schrunden in der Haut verursachen. Vor sieben Monaten hatten wir auf dem Wege von Cumana nach Caracas ein paar Stunden am **Morro** von Barcelona angelegt, einem befestigten Felsen, der dem Dorfe Pozuelos zu nur durch eine Landzunge mit dem Festlande zusammenhängt. Im Hause eines reichen Handelsmanns von französischer Abkunft, Don Pedro Lavie, fanden wir die freundlichste Aufnahme und Alles, was zuvorkommende Gastfreundschaft bieten kann. Lavie war beschuldigt worden, den unglücklichen España, als er im Jahr 17096 sich als Flüchtling auf dieser Küste befand, aufgenommen zu haben, und wurde auf Befehl der Audiencia aufgehoben und nach Caracas ins Gefängniß geführt. Die Freundschaft des Statthalters von Cumana und die Erinnerung an die Dienste, die er dem aufkeimenden Gewerbfleiß des Landes geleistet, verhalfen ihm wieder zur Freiheit. Wir hatten ihn im Gefängniß besucht und uns bemüht ihn zu zerstreuen; jetzt hatten wir die Freude, ihn wieder im Schooße seiner Familie zu finden. Seine physischen Leiden hatten sich durch die Haft verschlimmert, und er erlag, bevor der Tag der Unabhängigkeit Amerikas angebrochen war, den sein Freund Don Josef España bei seiner Hinrichtung verkündigt hatte. »Ich sterbe,« sprach dieser Mann, ein Mann, wie geschaffen zur Durchführung großer Unternehmungen, »ich sterbe eines schimpflichen Todes; aber in Kurzem werden meine Mitbürger mit Ehrfurcht meine Asche sammeln und mein

Name wird mit Ehren genannt werden.« Diese merkwürdigen Worte wurden am 8. Mai 1799 auf dem großen Platze zu Caracas gesprochen; sie wurden mir noch im selben Jahr von Leuten mitgetheilt, von denen manche Españas Absichten so sehr verabscheuten, als andere sein Loos betrauerten.

Schon oben[179] war von der Bedeutung des Handels von Nueva Barcelona die Rede. Die kleine Stadt, die im Jahr 1790 kaum 10,000 Einwohner, im Jahr 1800 über 16,000 hatte, wurde 1637 von einem catalonischen Conquistador, Juan Urpin, gegründet. Man versuchte damals, aber vergeblich, der ganzen Provinz den Namen **Neu-Catalonien** zu geben. Da auf unsern Karten häufig zwei Städte statt Einer, Barcelona und Cumanagoto, angegeben sind, oder man diese zwei Namen für gleichbedeutend hält, so erscheint es nicht nutzlos, die Quelle dieses Irrthums hier anzugeben. An der Mündung des Rio Neveri stand früher eine **indianische**, von Lucas Faxardo im Jahr 1588 gebaute Stadt, unter dem Namen **San Cristoval de los Cumanagotos**. Dieselbe war nur von Eingeborenen bewohnt, die von den Salzwerken bei Apaicuare hieher gezogen waren. Im Jahr 1637 gründete Urpin zwei Meilen herwärts vom innern Lande mit einigen Einwohnern von Cumanagoto und vielen Cataloniern die **spanische Stadt** Nueva Barcelona. Vierunddreißig Jahre lang lagen die Nachbargemeinden in beständigem Streit, bis im Jahr 1671 der Statthalter Angulo es dahin brachte, daß sie sich an einer dritten Baustelle vereinigten, wo nunmehr die Stadt Barcelona steht, die nach meinen Beobachtungen unter dem 10°6'52" der Breite liegt. Die alte Stadt Cumanagoto ist im Lande vielberufen wegen eines wunderthätigen Bildes der h. Jungfrau,[180] das, wie die Indianer erzählen, im hohlen Stamm eines **Tutumo**, oder alten Flaschenkürbisbaums (*Crescentia Cujete*) gefunden worden ist. Dasselbe wurde in Procession nach Neu-Barcelona gebracht; aber so oft die Geistlichkeit mit den Bewohnern der neuen Stadt unzufrieden war, entfloh es bei Nacht und kehrte in den Baumstamm an der Mündung des Flusses zurück. Dieses Wunder hörte nicht eher auf, als bis man den Mönchen von der Regel des heiligen Franciscus ein großes Kloster (das Collegium der Propaganda) gebaut hatte. Wir haben oben gesehen, daß der Bischof von Caracas in einem ähnlichen Fall das Bild Unserer lieben Frau de los Valencianos in die bischöflichen Archive bringen ließ, und daß es dort dreißig Jahre unter Siegel blieb.

Das Klima von Barcelona ist nicht so heiß als das von Cumana, aber feucht und in der Regenzeit etwas ungesund. Bonpland hatte die beschwerliche Reise über die Llanos ganz gut ausgehalten; er war wieder ganz bei Kräften und seine große Thätigkeit die alte; ich dagegen war in Barcelona unwohler als in Angostura, unmittelbar nachdem die Reise auf den Flüssen hinter uns lag. Einer der tropischen Regen, bei denen bei Sonnenuntergang weit auseinander außerordentlich große Tropfen fallen, hatte mir ein Unwohlseyn zugezogen, das einen Anfall des Typhus, der eben auf der Küste herrschte, befürchten ließ. Wir verweilten fast einen Monat in Barcelona, im Genuß aller Bequemlichkeiten, welche die aufmerksamste Freundschaft bieten kann. Wir trafen hier auch wieder den trefflichen Ordensmann, Fray Juan Gouzales, dessen ich schon oft erwähnt habe, und der vor uns am obern Orinoco gewesen war. Er bedauerte, und mit Recht, daß wir auf den Besuch dieses unbekannten Landes nur so wenige Zeit hatten verwenden können; er musterte unsere Pflanzen und Thiere mit dem Interesse, das auch der Ungebildetste für die Produkte eines Landes hat, wo er lange gelebt. Fray Juan hatte beschlossen, nach Europa zurückzukehren und uns dabei bis auf die Insel Cuba zu begleiten. Wir blieben fortan sieben Monate beisammen; der Mann war munter, geistreich und dienstfertig. Wer mochte ahnen, welches Unglück seiner wartete! Er nahm einen Theil unserer Sammlungen mit; ein gemeinschastlicher Freund vertraute ihm ein Kind an, das man in Spanien erziehen lassen wollte; die Sammlungen, das Kind, der junge Geistliche, Alles wurde von den Wellen verschlungen.

Zwei Meilen südostwärts von Nueva Barcelona erhebt sich eine hohe Bergkette, die sich an den Cerro del Bergantin lehnt, den man von Cumana aus sieht.[181] Der Ort ist unter dem Namen *Aguas calientes* bekannt. Als ich mich gehörig hergestellt fühlte, unternahmen wir an einem frischen, nebligten, Morgen einen Ausflug dahin. Das mit Schwefelwasserstoff geschwängerte Wasser kommt aus einem quarzigen Sandstein, der demselben dichten Kalkstein ausgelagert ist, den wir beim Morro untersucht hatten. Die Temperatur desselben ist nur 43°2 (bei einer Lufttemperatur von 27°); es fließt zuerst vierzig Toisen weit über den Felsboden, stürzt sich dann in eine natürliche Höhle, dringt durch den Kalkstein und kommt am Fuß des Berges, am linken Ufer des kleinen Flusses Narigual wieder zu Tage. Durch die Berührung mit dem Sauerstoff der Luft schlagen die Quellen viel Schwefel nieder. Die Luftblasen, welche sich stoßweise aus den Thermen entwickeln, habe ich hier nicht gesammelt, wie in Mariara. Sie enthalten ohne Zweifel viel Stickstoff, weil der Schwefelwasserstoff das in der Quelle aufgelöste Gemenge von Sauerstoff und Stickstoff zersetzt. Die Schwefelwasser von San Juan, die wie die am Bergantin aus dem Kalkstein kommen, haben auch nur eine geringe Temperatur (31°3), während im selben Landstrich die Schwefelwasser von Mariara und las Tricheras (bei Portocabello), die unmittelbar aus dem granitischen Gneiß kommen, 58°9 und 90°4 heiß sind.[182] Es ist als ob die Wärme, welche die Quellen im Erdinnern angenommen, abnähme, je weiter sie aus dem Urgebirge in die aufgelagerten secundären Formationen gelangen. Unser Ausflug zu den *Aguas calientes* am Bergantin endete mit einem leidigen Unfall. Unser Gastfreund hatte uns seine schönsten Reitpferde gegeben. Man hatte uns zugleich gewarnt, nicht durch den kleinen Fluß Narigual zu reiten. Wir gingen daher über eine Art Brücke oder vielmehr an einander gelegte Baumstämme, und ließen unsere Pferde am Zügel hinüberschwimmen. Da verschwand das meinige auf einmal; es schlug noch eine Weile unter dem Wasser um sich, aber trotz alles Suchens konnten wir nicht ausfindig machen, was den Unfall veranlaßt haben mochte. Unsere Führer vermutheten, das Thier werde von den Caymans, die hier sehr häufig sind, an den Beinen gepackt worden seyn. Meine Verlegenheit war sehr groß; denn bei dem Zartgefühl und dem großen Wohlstand unseres Gastfreundes konnte ich kaum daran denken, ihm einen solchen Verlust ersetzen zu wollen. Lavie ging unsere Betroffenheit näher als der Verlust seines Pferdes, und er suchte uns zu beruhigen, indem er, wohl mit Uebertreibung, versicherte, wie leicht man sich in den benachbarten Savanen schöne Pferde verschaffen könne.

Die Krokodile sind im Rio Neveri groß und zahlreich, besonders der Mündung zu; im Ganzen aber sind sie nicht so bösartig als die im Orinoco. In der Gemüthsart dieser Thiere beobachtet man in Amerika dieselben Contraste wie in Egypten und Nubien, wie man deutlich sieht, wenn man die Berichte des unglücklichen Burckhard und die Belzonis aufmerksam vergleicht. Nach dem Culturzustand der verschiedenen Länder, nach der mehr oder weniger dichten Bevölkerung in der Ruhe der Flüsse ändern sich auch die Sitten dieser großen Saurier, die auf trockenem Lande schüchtern sind und vor dem Menschen sogar im Wasser fliehen, wenn sie reichliche Nahrung haben und der Angriff mit einiger Gefahr verbunden ist. In Nueva Barcelona sieht man die Indianer das Holz auf sonderbare Weise zu Markt bringen. Große Scheite von Zygophyllum und Cäsalpinia werden in den Fluß geworfen; sie treiben mit der Strömung fort und der Eigenthümer mit seinen ältesten Söhnen schwimmt bald hier bald dorthin, um die Stücke, die in den Krümmungen des Flusses stecken bleiben, wieder flott zu machen. In den meisten amerikanischen Flüssen, in denen Krokodile vorkommen, verböte sich ein solches Verfahren von selbst. Die Stadt Barcelona hat nicht, wie Cumana, eine indianische Vorstadt, und sieht man hie und da einen Indianer, so sind sie aus den benachbarten Missionen, oder aus den über die Ebene zerstreuten Hütten. Beide sind nicht von caraibischem Stamm, sondern ein Mischvolk von Cumanagotos, Palenques und Piritus, von kleinem Wuchs, untersetzt, arbeitsscheu und dem Trunk ergeben. Der gegohrene Manioc ist hier das beliebteste Getränk; der Palmwein, den man am Orinoco hat, ist an den Küsten so gut wie unbekannt. Es ist merkwürdig, wie in den verschiedenen Erdstrichen der Mensch, um den Hang zur Trunkenheit zu befriedigen, nicht nur alle Familien monocotyledonischer und dicotyledonischer Gewächse herbeizieht, sondern sogar den giftigen Fliegenschwamm (*Amanita muscaria*), von dem die Koriäken denselben Saft zu wiederholten malen fünf Tage hinter einander trinken, worauf sie aus ekelhafter Sparsamkeit gekommen sind.[183] Die Paketboote (*correos*), die von Corunna nach der Havana und nach Mexico laufen, waren seit drei Monaten ausgeblieben. Man vermuthete, sie seyen von den englischen Kreuzern aufgebracht worden. Da wir Eile hatten, nach Cumana zu kommen, um mit der ersten Gelegenheit nach Vera Cruz gehen zu können, so mietheten wir (am 26. August 1800) ein Canoe ohne Verdeck (Lancha). Solcher Fahrzeuge bedient man sich gewöhnlich in diesen Strichen, wo ostwärts vom Cap Codera die See fast nie unruhig ist. Die Lancha war mit Cacao beladen und trieb Schleichhandel mit der Insel Trinidad. Gerade deßhalb glaubte der Eigner von den feindlichen Fahrzeugen, welche damals alle spanischen Hafen blokirten, nichts zu fürchten zu haben. Wir schifften unsere Pflanzensammlungen, unsere Instrumente und unsere Affen ein und hofften bei herrlichem Wetter eine ganz kurze Ueberfahrt von der Mündung des Rio Neveri nach Cumana zu haben; aber kaum waren wir im engen Canal zwischen dem Festland und den Felseneilanden Borracha und Chimanas, so stießen wir zu unserer großen Ueberraschung auf ein bewaffnetes Fahrzeug, das uns anrief und zugleich auf große Entfernung einige Flintenschüsse auf uns abfeuerte. Es waren Matrosen, die zu einem Caper aus Halifax gehörten, und unter ihnen erkannte ich an der Gesichtsbildung und der Mundart einen Preußen, aus Memel gebürtig. Seit ich in Amerika war, hatte ich nicht mehr Gelegenheit gehabt, meine Muttersprache zu sprechen, und ich hätte mir wohl einen erfreulicheren Anlaß dazu gewünscht. Unser Protestiren half nichts und man brachte uns an Bord des Capers, der that, als ob er von den Pässen, die der Gouverneur von Trinidad für den Schmuggel ausstellte, nichts wüßte, und uns für gute Prise erklärte. Da ich mich im Englischen ziemlich fertig ausdrücke, so ließ ich mich mit dem Capitän in Unterhandlungen ein, um nicht nach Neuschottland gebracht zu werden; ich bat ihn, mich an der nahen Küste ans Land zu setzen. Während ich in der Cajüte meine und des Eigners des Canoes Rechte zu verfechten suchte, hörte ich Lärm auf dem Verdeck. Einer kam und sagte dem Capitän etwas ins Ohr. Dieser schien bestürzt und ging hinaus. Zu unserem Glück kreuzte auch eine englische Corvette (die Sloop **Hawk**) in diesen Gewässern. Sie hatte durch Signale den Capitän des Capers zu sich gerufen, und da dieser sich nicht beeilte Folge zu leisten, feuerte sie eine Kanone ab und schickte einen Midshipman zu uns an Bord. Dieser war ein sehr artiger junger Mann und machte mir Hoffnung, daß man das Canoe mit Cacao herausgeben und uns des andern Tags werde weiter fahren lassen. Er schlug mir zugleich vor, mit ihm zu gehen, mit der Versicherung, sein Commandant, Capitän Garnier von der königlichen Marine, werde mir ein angenehmeres Nachtlager anbieten, als ich auf einem Fahrzeug aus Halifax fände.

Ich nahm das freundliche Anerbieten an und wurde von Capitän Garnier aufs höflichste ausgenommen. Er hatte mit Vancouver die Reise an die Nordwestküste gemacht, und Alles, was ich ihm von den großen Katarakten bei Atures und Maypures, von der Gabeltheilung des Orinoco und von seiner Verbindung mit dem Amazonenstrom erzählte, schien ihn höchlich zu interessiren. Er nannte mir unter seinen Officieren mehrere, die mit Lord Macartney in China gewesen waren. Seit einem Jahre war ich nicht mehr mit so vielen unterrichteten Männern beisammen gewesen. Man war aus den englischen Zeitungen über den Zweck meiner Reise im Allgemeinen unterrichtet; man bewies mir großes Zutrauen und ich erhielt mein Nachtlager im Zimmer des Capitäns. Beim Abschied wurde ich mit den Jahrgängen der astronomischen Ephemeriden beschenkt, die ich in Frankreich und Spanien nicht hatte bekommen können. Capitän Garnier habe ich die Trabantenbeobachtungen zu verdanken, die ich jenseits des Aequators angestellt, und es wird mir zur Pflicht, hier dem aufrichtigen Danke für seine Gefälligkeit Ausdruck zu geben. Wenn man aus den Wäldern am Cassiquiare kommt und Monate lang in den engen Lebenskreis der Missionäre wie gebannt war, so fühlt man sich ganz glücklich, wenn man zum erstenmal wieder Männer trifft, die das Leben zur See durchgemacht und auf einem so wechselvollen Schauplatz den Kreis ihrer Ideen erweitert haben. Ich schied vom englischen Schiff mit Empfindungen, die in mir unverwischt geblieben find und meine Anhänglichkeit an die Laufbahn, der ich meine Kräfte gewidmet, noch steigerten.

Am folgenden Tag setzten wir unsere Ueberfahrt fort und wunderten uns sehr über die Tiefe der Canäle zwischen den Caracasinseln, die so bedeutend ist, daß die Corvette beim Wenden fast an den Felsen streifte. Welch ein Contrast im ganzen Ansehen zwischen diesen Kalkeilanden, die nach Richtung und Gestaltung an die große Katastrophe erinnern, die sie vom Festlande losgerissen, und jenem vulkanischen Archipel nordwärts von Lancerota,[184] wo Basaltkuppen durch Hebung aus dem Meer emporgestiegen scheinen! Die vielen Alcatras, die größer sind als unsere Schwanen, und Flamingos, die in den Buchten fischten oder den Pelikans ihre Beute abzujagen suchten, sagten uns, daß wir nicht mehr weit von Cumana waren. Es ist sehr interessant, bei Sonnenaufgang die Seevögel auf einmal erscheinen und die Landschaft beleben zu sehen. Solches erinnert an den einsamsten Orten an das rege Leben in unsern Städten beim ersten Morgengrauen. Gegen neun Uhr Morgens befanden wir uns vor dem Meerbusen von Cariaco, welcher der Stadt Cumana als Rhede dient. Der Hügel, aus dem das Schloß San Antonio liegt, hob sich weiß von der dunkeln Bergwand im Innern ab. Mit lebhafter Empfindung sahen wir das Ufer wieder, wo wir die ersten Pflanzen in Amerika gepflückt und wo ein paar Monate darauf Bonpland in so großer Gefahr geschwebt hatte. Zwischen den Cactus, die zwanzig Fuß hoch in Säulen- oder Candelaberform dastehen, kamen die Hütten der Guayqueries zum Vorschein. Die ganze Landschaft war uns so wohl bekannt, der Cactuswald, und die zerstreuten Hütten, und der gewaltige Ceibabaum, unter dem wir bei Einspruch der Nacht so gerne gebadet. Unsere Freunde kamen uns aus Cumana entgegen; Menschen aller Stände, die auf unsern vielen botanischen Excursionen mit uns in Berührung gekommen waren, äußerten ihre Freude um so lebhafter, da sich seit mehreren Monaten das Gerücht verbreitet hatte, wir haben an den Ufern des Orinoco den Tod gefunden. Anlaß dazu mochte Bonplands schwere Krankheit gegeben haben, oder auch der Umstand, daß unser Canoe durch einen Windstoß oberhalb der Mission Uruanas beinahe umgesehlagen wäre.

Wir eilten, uns dem Statthalter Don Vicente Emparan vorzustellen, dessen Empfehlungen und beständige Vorsorge uns auf der langen, nunmehr vollendeten Reise so ungemein förderlich gewesen waren. Er verschaffte uns mitten in der Stadt ein Haus,[185] das für ein Land, das starken Erdbeben ausgesetzt ist, vielleicht zu hoch, aber für unsere Instrumente ungemein bequem war. Es hatte Terrassen (*azoteas*), auf denen man einer herrlichen Aussicht auf die See, auf die Landenge Araya und auf den Archipel der Caracas-, Picuita- und Borracha-Inseln genoß. Der Hafen von Cumana wurde täglich strenger blokirt und durch das Ausbleiben der spanischen Postschiffe wurden wir noch drittehalb Monate festgehalten. Oft fühlten wir uns versucht, auf die dänischen Inseln überzusetzen, die einer glücklichen Neutralität genossen; wir besorgten aber, hätten wir einmal die spanischen Colonien verlassen, möchte es schwer halten, dahin zurückzukommen. Bei den umfassenden Befugnissen, wie sie uns in einer guten Stunde zu Theil geworden, durfte man sich auf nichts einlassen, was den Lokalbehörden mißfallen konnte. Wir wendeten unsere Zeit dazu an, die Flora von Cumana zu vervollständigen, den östlichen Theil der Halbinsel Araya geognostisch zu untersuchen und eine ansehnliche Reihe von Trabantenimmersionen zu beobachten, wodurch die auf anderem Wege gefundene Länge des Orts bestätigt wurde. Wir stellten auch Versuche an über ungewöhnliche Strahlenbrechung, über Verdunstung und Luftelektricität.

Die lebenden Thiere, die wir vom Orinoco mitgebracht, waren für die Einwohner von Cumana ein Gegenstand lebhafter Neugier. Der **Kapuziner** von Esmeralda (*Simia chiropotes*), der im Gesichtsausdruck so große Menschenähnlichkeit hat, Und der Schlafaffe (*Simia trivirgata*), der Typus einer neuen Gruppe, waren an dieser Küste noch nie gesehen worden. Wir dachten dieselben der Menagerie im Pariser Pflanzengarten zu; denn die Ankunft einer französischen Escadre, die ihren Angriff auf Curaçao hatte mißlingen sehen, bot uns unerwartet eine treffliche Gelegenheit nach Guadeloupe. General Jeannet und der Commissär Bresseau, Agent der vollziehenden Gewalt auf den Antillen, versprachen uns, die Sendung zu besorgen. Aber Affen und Vögel gingen auf Guadeloupe zu Grunde, und nur durch einen glücklichen Zufall gelangte der Balg des *Simia chiropotes*, der sonst in Europa gar nicht existirt, vor einigen Jahren in den Pflanzengarten, nachdem schon früher der Couxio (*Simia satanas*) and der Stentor oder Alouato aus den Steppen von Caracas (*Simia ursina*), die ich in meinem *Recueil de zoologie et d'anatomie comparées* abgebildet, daselbst angekommen waren. Die Anwesenheit so vieler französischer Soldaten und die Aeußerung politischer und religiöser Ansichten, die eben nicht ganz mit denen übereinstimmten, durch welche die Mutterländer ihre Macht zu befestigen meinen, brachten die Bevölkerung von Cumana in gewaltige Aufregung. Der Statthalter beobachtete den französischen Behörden gegenüber die angenehmen Formen, wie der Anstand und das innige Verhältniß, das damals zwischen Frankreich und Spanien bestand, sie vorschrieben. Auf den Straßen sah man die Farbigen sich um den Agenten des Direktoriums drängen, der reich und theatralisch gekleidet war; da aber Leute mit ganz weißer Haut, wo sie sich nur verständlich machen konnten, mit unbescheidener Neugier sich auch darnach erkundigten, wie viel Einfluß auf die Regierung von Guadeloupe die französische Republik den Colonisten einräume, so entwickelten die königlichen Beamten doppelten Eifer in der Verproviantirung der kleinen Escadre. Fremde, die sich rühmten frei zu seyn, schienen ihnen überlästige Gäste, und in einem Lande, dessen fortwährend steigender Wohlstand auf dem Schleichverkehr mit den Inseln beruhte und auf einer Art Handelsfreiheit, die man dem Ministerium abgerungen, erlebte ich es, daß die Hispano-Europäer sich nicht entblödeten, die alte Weisheit des Gesetzbuchs (*leyes de Indias*), dem zufolge die Hafen keinen fremden Fahrzeugen geöffnet werden sollen außer in äußersten Nothfällen, bis zu den Wolken zu erheben. Ich hebe diese Gegensätze zwischen den unruhigen Wünschen der Colonisten und der argwöhnischen Starrheit der herrschenden Kaste hervor, weil sie einiges Licht auf die großen politischen Ereignisse werfen, welche, von lange her vorbereitet, Spanien von seinen Colonien oder — vielleicht richtiger gesagt — von seinen überseeischen Provinzen losgerissen haben.

Vom 3. zum 5. November verbrachten wir wieder einige sehr angenehme Tage auf der Halbinsel Araya, über dem Meerbusen von Cariaco, Cumana gegenüber, deren Perlen, deren Salzlager und unterseeische Quellen flüssigen, farblosen Steinöls ich schon oben beschrieben habe.[186] Wir hatten gehört, die Indianer bringen von Zeit zu Zeit **natürlichen Alaun**, der in den benachbarten Bergen vorkomme, in bedeutenden Massen in die Stadt. An den Proben, die man uns zeigte, sah man gleich, daß es weder Alaunstein war, ähnlich dem Gestein von Tolfa und Piombino, noch jene haarförmigen, seidenartigen Salze von schwefelsaurer Thon- und Bittererde, welche Gebirgsspalten und Höhlen auskleiden, sondern wirklich Massen natürlichen Alauns, mit muschligtem oder unvollkommen blättrigem Bruch. Man machte uns Hoffnung, daß wir die **Alaungrube** im Schiefergebirg bei Maniquarez finden könnten: Eine so neue geognostische Erscheinung mußte unsere ganze Aufmerksamkeit in Anspruch nehmen. Frater Juan Gonzalez und der Schatzmeister Don Manuel Navarete, der uns seit unserer Ankunft auf dieser Küste mit seinem Rath beigestanden hatte, begleiteten uns auf dem kleinen Ausflug. Wir gingen am Vorgebirge Caney ans Land und besuchten wieder das alte Salzwerk, das durch den Einbruch des Meeres in einen See verwandelt worden, die schönen Trümmer des Schlosses Araya und den Kalkberg Barigon, der, weil er gegen West schroff abfällt, ziemlich schwer zu besteigen ist. Der Salzthon, vermischt mit Erdpech und linsenförmigem Gyps, und zuweilen in einen schwarzbraunen, salzfreien Thon übergehend, ist eine auf dieser Halbinsel, auf der Insel Margarita und auf dem gegenüberliegenden Festland beim Schloß San Antonio in Cumana sehr verbreitete Formation. Sehr wahrscheinlich hat sie sogar zum Theil die Spalten und das ganze zerrissene Wesen des Bodens veranlaßt, das dem Geognosten auffällt, wenn er auf einer der Anhöhen der Halbinsel Araya steht. Die aus Glimmerschiefer und Thonschiefer bestehende Cordillere derselben ist gegen Nord durch den Canal von Cubagua von der ähnlich gebildeten Bergkette der Insel Margarita getrennt; gegen Süd liegt der Meerbusen von Cariaco zwischen der Cordillere und der hohen Kalkgebirgskette des Festlandes. Der ganze dazwischen liegende Boden scheint einst mit Salzthon ausgefüllt gewesen zu seyn, und vom Meere beständig angefressen, verschwand ohne Zweifel die Formation allmählig und aus der Ebene wurden zuerst Lagunen, dann Buchten und zuletzt schiffbare Canäle. Der neueste Vorgang am Schlosse Araya beim Einbruch des Meeres in das alte Salzwerk, die Form der Lagune Chacopata und ein vier Meilen langer See, der die Insel Margarita beinahe in zwei Stücke theilt, sind offenbare Beweise dieser allmähligen Abspülungen. Im seltsamen Umriß der Küsten, im Morro von Chacopata, in den kleinen Inseln Caribes, Lobos und Tunal, in der großen Insel Coche und dem Vorgebirg Carnero und dein »der Manglebäume« glaubt man auch die Trümmer einer Landenge vor sich zu haben, welche einst in der Richtung von Nord nach Süd die Halbinsel Araya und die Insel Margarita verband. Auf letzterer verbindet nur noch eine ganz niedrige, 3000 Toisen lange und nicht 200 Toisen breite Landzunge gegen Nord die zwei unter dem Namen Vega de San Juan und Macanao bekannten Berggruppen. Die *Laguna grande* auf Margarita hat gegen Süd eine sehr enge Oeffnung und kleine Canoes kommen »arastradas,« das heißt über einen Trageplatz, über die Landzunge oder den Damm im Norden hinüber. Wenn sich auch heutzutage in diesen Seestrichen das Wasser vom Festland zurückzuziehen scheint, so wird doch höchst wahrscheinlich im Laufe der Jahrhunderte entweder durch ein Erdbeben oder durch ein plötzliches Anschwellen des Oceans die große langgestreckte Insel Margarita in zwei viereckigte Felseneilande zerfallen.

Bei der Besteigung des Cerro del Barigon wiederholten wir die Versuche, die wir am Orinoco über den Unterschied zwischen der Temperatur der Luft und des verwitterten Gesteins gemacht hatten. Erstere betrug gegen 11 Uhr Vormittags, des Seewinds wegen, nur 27 Grad, letztere dagegen 49°6. Der Saft in den Fackeldisteln (*Cactus quadrangularis*) zeigte 38-41°; soviel zeigte ein Thermometer, dessen Kugel ich in den fleischigten, saftigen Stamm der Cactus hineinsteckte. Diese innere Temperatur eines Gewächses ist das Produkt der Wärme des Sandes, in dem die Wurzeln sich verbreiten, der Lusfttemperatur, der Oberflächenbeschaffenheit des den Sonnenstrahlen ausgesetzten Stammes und der Leitungsfähigkeit des Holzes. Es wirken somit sehr verwickelte Vorgänge zum Resultat zusammen. Der Kalkstein des Barigon, der zu der großen Sandstein- und Kalkformation von Cumana gehört, besteht fast ganz aus Seeschalthieren, die so wohl erhalten sind, wie die in den andern tertiären Kalkgebilden in Frankreich und Italien. Wir brachen für das königliche Cabinet zu Madrid Blöcke ab, die Austern von acht Zoll Durchmesser, Kammmuscheln, Venusmuscheln und Polypengehäuse enthielten. Ich möchte Naturforscher, welche bessere Paläontologen sind, als ich damals war, auffordern, diese Felsenküste genau zu untersuchen. Sie ist europäischen Fahrzeugen, die nach Cumana, Guayra oder Curacao gehen, leicht zugänglich. Es wäre von großem Interesse, auszumachen, ob manche dieser versteinerten Mollusken- und Zoophytenarten noch jetzt das Meer der Antillen bewohnen, wie es Bonpland vorkam, und wie es auf der Insel Timor und wohl auch bei Grand-Terre auf Guadeloupe der Fall ist.

Am 4. November um 1 Uhr Nachts gingen wir unter Segel, um die natürliche Alaungrube aufzusuchen. Ich hatte den Chronometer und mein großes Dollond'sches Fernrohr mit eingeschifft, um bei der *Laguna chica*, östlich vom Dorfe Maniquarez, die Immension des ersten Jupiterstrabanten zu beobachten. Daraus wurde indessen nichts, da wir des widrigen Windes wegen nicht vor Tag hinkamen. Nur das Schaufpiel des Meerleuchtens, dessen Pracht durch die um unsere Pirogue gaukelnden Delphine noch erhöht wurde, konnte uns für diese Verzögerung entschädigen. Wir fuhren wieder über den Strich, wo auf dem Meeresboden aus dem Glimmerschiefer Quellen von Bergöl brechen, die man sehr weit riecht.[187] Bedenkt man, daß weiter nach Ost, bei Cariaco, warme unterseeische Quellen so stark sind, daß sie die Temperatur des Meerbusens an der Oberfläche erhöhen, so läßt sich wohl nicht bezweifeln, daß das Bergöl aus ungeheuren Tiefen wie herauf destillirt wird, daß es aus den Urgebirgsbildungen kommt, unter denen der Herd aller Vulkanischen Erschütterungen liegt.

Die *Laguna chica*, ist eine von steil abfallenden Bergen umgebene Bucht, die mit dem Meerbusen von Cariaco nur durch einen engen, 25 Faden tiefen Canal zusammenhängt. Es sieht aus, als wäre sie, wie auch der schöne Hafen von Acapulco, durch ein Erdbeben gebildet. Ein kleiner flacher Uferstrich scheint darauf hinzudeuten, daß die See sich hier vom Lande zurückzieht, wie an der gegenüberliegenden Küste von Cumana. Die Halbinsel Araya verengert sich zwischen den Vorgebirgen Mero und las Minas auf 1400 Toisen und ist bei der *Laguna chica* von einem Seestrich zum andern etwas über 4000 Toisen breit. Diese unbedeutende Strecke hatten wir zurückzulegen, um zum natürlichen Alaun und zum Vorgebirge, genannt Punta de Chuparuparu, zu gelangen. Der Gang ist nur darum beschwerlich, weil gar kein Weg gebahnt ist und man zwischen ziemlich tiefen Abgründen über völlig kahle Felsgräten mit stark fallenden Schichten gehen muß. Der höchste Punkt liegt gegen 220 Toisen hoch, aber die Berge zeigen, wie so häufig auf felsigten Landengen, die seltsamsten Bildungen. Die Tetas de Chacopata und de Cariaco, halbwegs zwischen der *Laguna chica* und der Stadt Cariaco, sind wahre Spitzberge, die von der Platform des Schlosses in Cumana aus ganz frei zu 'stehen scheinen. Dammerde findet sich in diesem Landstrich nur bis zur Höhe von 30 Toisen über dem Meer. Oft regnet es 15 Monate lang gar nicht;[188] fallen aber auch nur ein paar Tropfen Wasser unmittelbar nach der Blüthe der Melonen, der Wassermelonen und Kürbisse, so tragen dieselben, trotz der anscheinenden Trockenheit der Luft, Früchte von 60 bis 70 Pfund. Ich sage die anscheinende Trockenheit der Luft, denn aus meinen hygrometrischen Beobachtungen geht hervor, daß in Cumana und Araya die Luft fast zu neun Zehntheilen mit Wasserdunst gesättigt ist. Diese zugleich heiße und feuchte Luft speist die **vegetabilischen Quellen**, die kürbisartigen Gewächse, die Agaven und Melocactus, die halb im Sand vergraben sind. Als wir die Halbinsel im vorigen Jahr besuchten, herrschte da furchtbarer Wassermangel. Die Ziegen, die kein Gras mehr fanden, gingen zu Hunderten zu Grunde. Während unseres Aufenthalts am Orinoco schien sich die Reihefolge der Jahreszeiten völlig umgekehrt zu haben. Es hatte in Araya, auf Cochen, sogar auf der Insel Margarita reichlich geregnet, und diese Güsse machten noch in der Erinnerung den Einwohnern so viel zu schaffen, als den Physikern in Europa ein Aerolithenfall.

Unser indianischer Führer kannte kaum die Richtung, in der wir den Alaun zu suchen hatten; die eigentliche Lagerstätte war ihm ganz unbekannt. Dieser Mangel an Ortskenntniß ist hier fast allen Führern eigen, die der faulsten Volksklasse angehören. Wir liefen fast auf Gerathewohl sieben, acht Stunden zwischen den Felsen herum, auf denen nicht das Geringste wuchs. Der Glimmerschiefer geht zuweilen in schwarzgrauen Thonschiefer über. Auch hier fiel mir wieder die ungemeine Regelmäßigkeit im Streichen und Fallen der Schichten auf. Sie streichen Nord 50 Grad Ost und fallen unter einem Winkel von 60—70° nach Nordwest. Dieses allgemeine Streichungsverhältniß hatte ich auch am granitischen Gneiß bei Caracas und am Orinoco, an den Hornblendeschiefern bei Angostura beobachtet, sogar an den meisten secundären Formationen, die wir untersucht. Auf sehr weite Strecken bilden die Schichten denselben Winkel mit dem Meridian des Orts; sie zeigen einrn Parallelismus (oder vielmehr **Loxodromismus**), der als eines der großen geognostischen Gesetze zu betrachten ist, die durch genaue Messung zu ermitteln sind. Gegen das Cap Chuparuparu zu sahen wir die Quarzgänge im Glimmerschiefer mächtiger werden. Wir fanden welche, ein bis zwei Klafter breit, voll kleiner büschelförmiger Krystalle von Titanerz. Vergeblich suchten wir darin nach Cyanit, den wir in Blöcken bei Maniquarez gefunden. Weiterhin erscheinen im Glimmerschiefer nicht Gänge, sondern kleine Schichten von Graphit oder Kohlenstoffeisen. Sie sind 2—3 Zoll dick und streichen und fallen genau wie die Gebirgsart. Mit dem Graphit im Urgebirge tritt zum erstenmal in den Gebirgsschichten der Kohlenstoff auf, und zwar als nicht an Wasserstoff gebundener Kohlenstoff. Er ist älter als die Zeit, wo sich die Erde mit monocotyledonischen Gewächsen bedeckte.

Von diesen öden Bergen herab hatten wir eine großartige Aussicht auf die Insel Margarita. Zwei Berggruppen, die bereits genannten, der Macanao und die Vega de San Juan, steigen gerade aus dem Wasser auf. In der letzteren, der östlichsten, liegt der Hauptort der Insel, la Asuncion, der Hafen Pampatar und die Dörfer Pueblo de la Mar, Pneblo del Norte und San Juan. Die westliche Gruppe, der Macanao, ist fast ganz unbewohnt. Die Landenge, welche diese gewaltigen Glimmerschiefermassen verbindet, war kaum sichtbar; sie erschien durch die Luftspiegelung verzogen und man erkannte dieses Zwischenglied des Landes, durch das die *Laguna grande* läuft, nur an zwei kleinen zuckerhutförmigen Bergen, die unter dem Meridian der Punta de Piedras liegen. Weiter herwärts sahen wir auf den kleinen öden Archipel der vier Morros del Tunal, der Caribes und Lobos hinab.

Nach langem vergeblichem Suchen fanden wir endlich, ehe wir zur Nordküste der Halbinsel Araya hinabgingen, in einer ungemein schwer zugänglichen Schlucht (*Aroyo del Robalo*) das Mineral, das man uns in Cumana gezeigt hatte. Der Glimmerschiefer ging rasch in kohlenhaltigen, glänzenden Thonschiefer über. Es war Ampelit; das Wasser (denn es gibt hier kleine Quellen, und kürzlich hat man selbst beim Dorfe Maniquarez eine gefunden) war mit gelbem Eisenoxyd geschwängert und hatte einen zusammenziehenden Geschmack. Die anstehenden Felswände waren mit ausgewitterter haarförmiger schwefelsaurer Thonerde bedeckt, und wirkliche zwei bis drei Zoll dicke Schichten natürlichen Alauns strichen im Thonschiefer fort, so weit das Auge reichte. Der Alaun ist weissgrau, an der Oberfläche etwas matt, im Innern hat er fast Glasglanz; der Bruch ist nicht faserigt, sondern unvollkommen muschligt. An nicht starken Bruchstücken ist er halb durchsichtig. Der Geschmack ist süßlicht, adstringirend, ohne Bitterkeit. Ich fragte mich noch an Ort und Stelle, ob dieser so reine Alaun, der ohne die geringste Lücke eine Schicht im Thonschiefer bildet, gleichzeitig mit der Gebirgsart gebildet, oder ob ihm ein neuerer, so zu sagen secundärer Ursprung zuzuschreiben ist, wie dem salzsauren Natron, das man zuweilen in kleinen Gängen an Stellen findet, wo hochsöhlige Salzquellen durch Gyps- oder Thonschichten hindurchgehen? Nichts weist aber hier auf eine Bildungsweise hin, die auch noch gegenwärtig vorkommen könnte. Das Schiefergestein hat lediglich keine offene Spalte, zumal keine, die dem Streichen der Blätter parallel liefe. Man fragt sich ferner, ob dieser Alaunschiefer eine dem Urglimmerschiefer von Araya aufgelagerte Uebergangsbildung ist, oder ob er nur dadurch entsteht, daß die Glimmerschieferschichten nach Zusammensetzung und Textur eine

Veränderung erlitten haben? Ich halte letztere Annahme für die wahrscheinlichere; denn der Uebergang ist allmählig und Thonschiefer und Glimmerschiefer scheinen mir hier einer und derselben Formation anzugehören. Das Vorkommen von Cyanit, Titanerz und Granaten, und daß kein lydischer Stein, daß nirgends ein Trümmergestein zu finden ist, scheinen die Formation, die wir hier beschreiben, dem Urgebirge zuzuweisen.

Als sich im Jahr 1783 bei einem Erdbeben im Aroyo del Robalo eine große Felsmasse abgelöst hatte, lasen die Guayqueries in los Serritos 5—6 Zoll starke, ungemein durchsichtige und reine Alaunstücke auf. Zu meiner Zeit verkaufte man in Cumana an Färber und Gerber das Pfund zu zwei Realen (ein Viertheil eines harten Piasters), während der spanische Alaun zwölf Realen kostete. Dieser Preisunterschied rührte weit mehr von Vorurtheilen und von Hemmungen im Handel her, als davon, daß der einheimische Alaun, der vor der Anwendung durchaus nicht gereinigt wird, von geringerer Güte wäre. Derselbe kommt auch in der Glimmer- und Thonschieferlette an der Nordwestküste von Trinidad vor, ferner auf Margarita und beim Cap Chuparuparu nördlich vom Cerro del Distiladero. Die Indianer lieben von Natur das Geheimniß, und so verheimlichen sie auch gern die Orte, wo sie den natürlichen Alaun graben; das Mineral muß aber ziemlich reich sehn, denn ich habe in ihren Händen ganz ansehnliche Massen auf einmal gesehen. Es wäre für die Regierung von Belang, entweder das oben beschriebene Mineral oder die Alaunschiefer, die damit vorkommen, ordentlich abbauen zu lassen. Letztere könnte man rösten und sie zur Auslaugung an der glühenden tropischen Sonne gradiren. Südamerika erhält gegenwärtig seinen Alaun aus Europa, wie ihn Europa seinerseits bis zum fünfzehnten Jahrhundert von den asiatischen Völkern erhielt. Vor meiner Reise kannten die Mineralogen keine andern Substanzen, aus denen man, geröstet oder nicht, unmittelbar Alaun (schwefel- saures Alaunerdekali) gewann, als Gebirgsarten aus der Trachytformation und kleine Gänge, welche Schichten von Braunkohlen und bituminösem Holz durchsetzen. Beide Substanzen, so verschiedenen Ursprungs sie sind, enthalten alle Elemente des Alauns, nämlich Thonerde, Schwefelsäure und Kali. Die alaunhaltigen Gesteine im Trachyt verschiedener Länder rühren unzweifelhaft daher, daß schwefligtsaure Dämpfe die Gebirgsart durchdrungen haben. Sie sind, wie man sich in den Solfataren bei Puzzuoli und auf dem Pic von Teneriffa überzeugen kann, Produkte einer schwachen, lange andauernden vulkanischen Thätigkeit. Das Wasser, das diese alaunhaltigen Gebirgsarten vulkanischer Herkunft durchdringt, setzt indessen keine Massen natürlichen Alauns ab; zur Gewinnung desselben müssen die Gesteine geröstet werden. Ich kenne nirgends Alaunniederschläge, ähnlich denen, wie ich sie aus Cumana mitgebracht; denn die haarförmigen und fasrigten Massen, die man in Gängen in Braunkohlenschichten findet (an den Ufern der Egra, zwischen Saatz und Commothau in Böhmen) oder sich in Hohlräumen (Freienwalde in Brandenburg, Segario in Sardinien) durch Auswitterung bilden, sind unreine Salze, oft ohne Kaki, vermengt mit schwefelsaurem Ammoniak und schwefelsaurer Bittererde. Eine langsame Zersetzung der Schwefelkiese, die vielleicht als eben so viele kleine galvanische Säulen wirken, macht die Gewässer, welche die Braunkohle und die Alaunerde durchziehen, alaunhaltig. Aehnliche chemische Vorgänge können nun aber in Ur- und Uebergangsschiefern so gut wie in tertiären Bildungen stattfinden. Alle Schiefer, und dieser Umstand ist sehr wichtig, enthalten gegen fünf Procent Kali, Schwefeleisen, Eisenperoxyd, Kohle u. s. w. So viele ungleichartige Stoffe, in gegenseitiger Berührung und von Wasser befeuchtet, müssen nothwendig Neigung haben, sich nach Form und Zusammensetzung zu verändern. Die ausgewitterten Salze, welche in der Schlucht Robalo die Alaunschiefer in Menge bedecken, zeigen, wie sehr diese chemischen Vorgänge durch die hohe Temperatur dieses Klimas gefördert werden; aber — ich wiederhole es — in einem Gestein ohne Spalten, ohne dem Streichen und Fallen seiner Schichten parallel laufende Hohlräume ist ein natürlicher, seine Lagerstätte völlig ausfüllender, halbdurchsichtiger Alaun mit muschligtem Bruch als gleichen Alters mit der einschließenden Gebirgsart zu betrachten.

Nachdem wir lange in dieser Einöde unter den völlig kahlen Felsen umhergeirrt, ruhten unsere Blicke mit Lust auf den Malpighia- und Crotonbüschen, die wir auf dem Wege zur Küste hinab trafen. Diese baumartigen Croton waren sogar zwei neue, durch ihren Habitus sehr interessante, der Halbinsel Araya allein angehörige Arten.[189] Wir kamen zu spät zur *Laguna chica* um noch eine andere Bucht weiter ostwärts, als *Laguna grande* oder *del olispo* vielberufen, besuchen zu können. Wir begnügten uns, dieselbe von den sie beherrschenden Bergen herab zu bewundern. Außer den Häfen von Ferrol und Acapulco gibt es vielleicht keinen mehr von so sonderbarer Bildung. Es ist eine von Ost nach West dritthalb Seemeilen lange, eine Seemeile breite geschlossene Bucht. Die Glimmerschieferfelsen, die den Hafen einschließen, lassen nur eine 250 Toisen breite Einfahrt. Ueberall findet man 15 bis 20 Faden Wassertiefe. Wahrscheinlich wird die Regierung von Cumana diese geschlossene Bucht und die von Mochima, die acht Seemeilen ostwärts von der schlechten Rhede von Nueva Barcelona liegt, einmal zu benützen wissen. Navaretes Familie erwartete uns mit Ungeduld am Strand, und obgleich unser Canoe ein großes Segel führte, kamen wir doch erst bei Nacht nach Maniquarez.

Wir blieben nur noch vierzehn Tage in Cumana. Da wir alle Hoffnung aufgegeben hatten, ein Postschiff aus Corunna eintreffen zu sehen, so benützten wir ein amerikanisches Fahrzeug, das in Nueva Barcelona Salzfleisch lud, um es auf die Insel Cuba zu bringen. Wir hatten sechzehn Monate auf diesen Küsten und im Innern von Venezuela zugebracht. Wir hatten zwar noch über 50,000 Francs in Wechseln auf die ersten Häuser in der Havana; dennoch wären wir hinsichtlich der baaren Mittel in großer Verlegenheit gewesen, wenn uns nicht der Statthalter von Cumana vorgeschossen hätte, so viel wir verlangen mochten. Das Zartgefühl, mit dem Herr von Emparan ihm ganz unbekannte Fremde behandelte, verdient die höchste Anerkennung und meinen lebhaftesten Dank. Ich erwähne dieser Umstände, die nur unsere Person betrafen, um die Reisenden zu warnen, daß sie sich nicht zu sehr auf den Verkehr unter den verschiedenen Colonien desselben Mutterlandes verlassen. Wie es im Jahr 1799 in Cumana und Caracas mit dem Handel stand, hätte man einen Wechsel leichter auf Cadix und London ziehen können, als auf Carthagena de Indias, die Havana oder Vera Cruz.

Am 16. November verabschiedeten wir uns von unsern Freunden, um nun zum dritten male von der Mündung des Busens von Cariaco nach Nueva Barcelona überzufahren. Die Nacht war köstlich kühl. Nicht ohne Rührung sahen wir die Mondscheibe zum letztenmal die Spitzen der Cocospalmen an den Ufern des Manzanares beleuchten. Lange hingen unsere Blicke an der weißlichten Küste, wo wir uns nur ein einziges mal über die Menschen zu beklagen gehabt hatten. Der Seewind war so stark, daß wir nach nicht ganz sechs Stunden beim Morro von Nueva Barcelona den Anker auswarfen. Das Fahrzeug, das uns nach der Havana bringen sollte, lag segelfertig da.

Siebenundzwanzigstes Kapitel.

Allgemeine Bemerkungen über das Verhältniß des neuen zum alten Continent. — Ueberfahrt von den Küsten von Venezuela nach der Havana.

Als ich nach meiner Rückkehr nach Deutschland den »*Essai politique sur la nouvelle Espagne*« herausgab, veröffentlichte ich zugleich einen Theil des von mir über den Bodenreichthum von Südamerika gesammelten Materials. Diese vergleichende Schilderung der Bevölkerung, des Ackerbaus und des Handels aller spanischen Colonien wurde zu einer Zeit entworfen, wo große Mängel in der gesellschaftlichen Verfassung, das Prohibitivsystem und andere gleich verderbliche Mißgriffe in der Regierungskunst die Entwicklung der Cultur niederhielten. Seit ich auseinandergesetzt, welch unermeßliche Hülfsmittel den Völkern des gedoppelten Amerika durch ihre Lage an sich und durch ihren Handelsverkehr mit Europa und Asien in Aussicht ständen, sobald sie der Segnungen einer vernünftigen Freiheit genößen, hat eine der großen Umwälzungen, welche von Zeit zu Zeit das Menschengeschlecht aufrütteln, die gesellschaftlichen Zustände in den von mir durchreisten gewaltigen Ländern umgewandelt. Gegenwärtig theilen sich, kann man wohl sagen, drei Völker europäischer Abkunft in das Festland der neuen Welt: das eine, das mächtigste, ist germanischen Stammes, die beiden andern gehören nach Sprache, Literatur und Sitten dem lateinischen Europa an. Die Theile der alten Welt, die am weitesten gegen West vorspringen, die iberische Halbinsel und die britannischen Inseln, sind auch diejenigen, deren Colonien die bedeutendste Ausdehnung haben; aber ein viertausend Meilen langer, nur von Nachkommen von Spaniern und Portugiesen bewohnter Küstenstrich legt Zeugniß dafür ab, wie hoch sich die Völker der Halbinsel im fünfzehnten und sechzehnten Jahrhundert durch ihre Unternehmungen zur See über die andern seefahrenden Völker emporgeschwungen hatten. Die Verbreitung ihrer Sprachen von Californien bis an den Rio de la Plata, auf dem Rücken der Cordilleren wie in den Wäldern am Amazonenstrom ist ein Denkmal nationalen Ruhms, das alle politischen Revolutionen überdauern wird.

Gegenwärtig überwiegt die Bevölkerung des spanischen und portugiesischen Amerika die von englischer Race ums Doppelte. Die französischen, holländischen und dänischen Besitzungen auf dem neuen Continent sind von geringem Umfang; zählt man aber die Völker her, welche auf das Geschick der andern Halbkugel Einfluß äußern können, so sind noch zwei nicht zu übergehen, einerseits die Ansiedler slavischer Abkunft, die von der Halbinsel Alaska bis nach Californien Niederlassungen suchen, andererseits die freien Afrikaner auf Haiti, welche wahr gemacht haben, was der Mailänder Reisende Benzoni schon im Jahr 1545 vorausgesagt. Daß die Afrikaner auf einer Insel, zweieinhalbmal größer als Sicilien, im Schoße des Mittelmeeres der Antillen hausen, macht sie politisch um so wichtiger. Alle Freunde der Menschheit wünschen aufrichtig, daß eine Civilisation, welche wider alles Erwarten nach so viel Gräueln und Blut Wurzel geschlagen, sich fort und fort entwickeln möge. Das russische Amerika gleicht bis jetzt nicht sowohl einer Ackerbaucolonie als einem der Comptoirs, wie sie die Europa zum Verderben der Eingeborenen auf den Küsten von Afrika errichtet. Es besteht nur aus Militärposten, aus Sammelplätzen für Fischer und sibirische Jäger. Allerdings ist es eine merkwürdige Erscheinung, daß sich der Ritus der griechischen Kirche auf einem Striche Amerikas festgesetzt hat, und daß zwei Nationen, welche das Ost- und das Westende von Europa bewohnen, Russen und Spanier, Nachbarn werden auf einem Festlande, in das sie auf entgegengesetzten Wegen gekommen; aber beim halb wilden Zustand der Küsten von Ochotsk und Kamtschatka, bei der Geringfügigkeit der Mittel, welche die asiatischen Häfen liefern können, und bei der Art und Weise, wie bis jetzt die slavischen Colonien in der neuen Welt verwaltet worden, müssen diese noch lange in der Kindheit verharren. Da man nun bei nationalökonomischen Untersuchungen gewöhnt ist, nur Massen ins Auge zu fassen, so stellt es sich heraus, daß das amerikanische Festland eigentlich nur unter drei große Nationen von englischer, spanischer und portugiesischer Abkunft getheilt ist. Die erste derselben, die Angloamerikaner, ist zugleich nach dem englischen Volk in Europa diejenige, welche ihre Flagge über die weitesten Meeresstrecken trägt. Ohne entlegene Colonien hat sich ihr Handel zu einer Höhe aufgeschwungen, zu der niemals ein Volk der alten Welt gelangt ist, mit Ausnahme desjenigen, das seine Sprache, den Glanz seiner Literatur, seine Arbeitslust, seinen Hang zur Freiheit und einen Theil seiner bürgerlichen Einrichtungen nach Nordamerika hinübergetragen hat.

Die englischen und portugiesischen Ansiedler haben nur die Europa gegenüberliegenden Küsten bevölkert; die Castilianer dagegen sind gleich zu Anfang der Eroberung über die Kette der Anden gedrungen und haben selbst in den am weitesten nach West gelegenen Landstrichen Niederlassungen gegründet. Nur dort, in Mexico, Cundinamarca, Quito und Peru, fanden sie Spuren einer alten Cultur, ackerbauende Völker, blühende Reiche. Durch diesen Umstand, durch die rasche Zunahme einer eingeborenen Gebirgsbevölkerung, durch den fast ausschließlichen Besitz großer Metallschätze, und durch die Handelsverbindungen mit dem indischen Archipel, die gleich mit dem Anfang des sechzehnten Jahrhunderts in Gang kamen, erhielten die spanischen Besitzungen in Amerika ein ganz eigenes Gepräge. In den östlichen, von den englischen und portugiesischen Ansiedlern in Besitz genommenen Landstrichen waren die Eingeborenen umherziehende Jägervölker. Statt, wie auf der Hochebene von Anahuac, in Guatimala und im obern Peru, einen Bestandtheil der arbeitsamen, ackerbauenden Bevölkerung zu bilden, zogen sie sich vor den vorrückenden Weißen größtentheils zurück. Man brauchte Arbeiterhände, man baute vorzugsweise Zuckerrohr, Indigo und Baumwolle, und dieß, mit der Habsucht, welche so oft die Begleiterin des Gewerbfleißes ist und sein Schandfleck, führte den schändlichen Negerhandel herbei, der in seinen Folgen für beide Welten gleich verderblich geworden ist. Zum Glück ist auf dem Festlande von spanisch Amerika die Zahl der afrikanischen Sklaven so unbedeutend, daß sie sich zur Sklavenbevölkerung in Brasilien und in den südlichen Theilen der Vereinigten Staaten wie 1 zu 5 verhält. Die gesammten spanischen Colonien, mit Einschluß der Inseln Cuba und Portorico, haben auf einem Areal, das mindestens um ein Fünftheil größer ist als Europa, nicht so viel Neger als der Staat Virginien allein. Mit den vereinigten Ländern Neuspanien und Guatimala liefern die Hispano-Amerikaner das einzige Beispiel im heißen Erdstrich, daß eine Nation von acht Millionen nach europäischen Gesetzen und Einrichtungen regiert wird, Zucker, Cacao, Getreide und Wein zumal baut, und fast keine Sklaven besitzt, die dem Boden von Afrika gewaltsam entführt worden.

Die Bevölkerung des neuen Continents ist bis jetzt kaum etwas stärker als die von Frankreich oder Deutschland. In den Vereinigten Staaten verdoppelt sie sich in dreiundzwanzig bis fünfundzwanzig Jahren; in Mexiko hat sie sich, sogar unter der Herrschaft des Mutterlandes, in vierzig bis fünfundvierzig Jahren verdoppelt. Ohne der Zukunft allzuviel zuzutrauen, läßt sich annehmen, daß in weniger als anderthalbhundert Jahren Amerika so stark bevölkert seyn wird als Europa. Dieser schöne Wetteifer in der Cultur, in den Künsten des Gewerbfleißes und des Handels wird keineswegs, wie man so oft prophezeien hört, den alten Continent auf Kosten des neuen ärmer machen; er wird nur die Consumtionsmittel und die Nachfrage darnach, die Masse der productiven Arbeit und die Lebhaftigkeit des Austausches steigern. Allerdings ist in Folge der großen Umwälzungen, denen die menschlichen Gesellschaftsvereine unterliegen, das Gesammtvermögen, das gemeinschaftliche Erbgut der Cultur, unter die Völker beider Welten ungleich vertheilt; aber allgemach stellt sich das Gleichgewicht her, und es ist ein verderbliches, ja ich möchte sagen gottloses Vorurtheil, zu meinen, es sey ein Unheil für das alte Europa, wenn auf irgend einem andern Stück unseres Planeten der öffentliche Wohlstand gedeiht. Die Unabhängigkeit der Colonien wird nicht zur Folge haben, sie zu isoliren, sie werden vielmehr dadurch den Völkern von alter Cultur näher gebracht werden. Der Handel wirkt naturgemäß dahin, zu verbinden, was eifersüchtige Staatskunst so lange auseinandergehalten. Noch mehr: es liegt im Wesen der Civilisation, daß sie sich ausbreiten kann, ohne deßhalb da, von wo sie ausgegangen, zu erlöschen. Ihr allmähliges Vorrücken von Ost nach West, von Asien nach Europa, beweist nichts gegen diesen Satz. Ein starkes Licht behält seinen Glanz, auch wenn es einen größerm Raum beleuchtet. Geistesbildung, die fruchtbare Quelle des Nationalwohlstands, theilt sich durch Berührung mit; sie breitet sich aus, ohne von der Stelle zu rücken. Ihre Bewegung vorwärts ist keine

Wanderung; im Orient kam uns dieß nur so vor, weil barbarische Horden sich Egyptens, Kleinasiens bemächtigt hatten, und Griechenlands, des einst freien, der verlassenen Wiege der Cultur unserer Väter.

Die Verwilderung der Völker ist eine Folge der Unterdrückung durch einheimischen Despotismus oder durch einen fremden Eroberer; mit ihr Hand in Hand geht immer steigende Verarmung, Versiegung des öffentlichen Wohlstands. Freie, starke, den Interessen Aller entsprechende Staatsformen halten diese Gefahren fern, und die Zunahme der Cultur in der Welt, die Mitwerbung in Arbeit und Austausch bringen Staaten nicht herab, deren Gedeihen aus natürlicher Quelle fließt. Das gewerbfleißige und handeltreibende Europa wird aus der neuen Ordnung der Dinge, wie sie sich im spanischen Amerika gestaltet, seinen Nutzen ziehen, wie ihm die Steigerung der Consumtion zu gute käme, wenn der Weltlauf der Barbarei in Griechenland, auf der Nordküste von Afrika und in andern Ländern, auf denen die Tyrannei der Ottomanen lastet, ein Ende machte. Die einzige Gefahr, die den Wohlstand des alten Continents bedrohte, wäre, wenn die innern Zwiste kein Ende nahmen, weiche die Production niederhalten und die Zahl der Verzehrenden und zu gleicher Zeit deren Bedürfnisse verringern. Im spanischen Amerika geht der Kampf, der sechs Jahre, nachdem ich es verlassen, ausgebrochen, allmählich seinem Ende entgegen. Bald werden wir unabhängige, unter sehr verschiedenen Verfassungsformen lebende, aber durch das Andenken gemeinsamer Herkunft, durch dieselbe Sprache und durch die Bedürfnisse, wie sie von selbst aus der Cultur entspringen, verknüpfte Völker auf beiden Ufern des atlantischen Oceans wohnen sehen. Man kann wohl sagen, durch die ungeheuren Fortschritte in der Schifffahrtskunst sind die Meeresbecken enger geworden. Schon jetzt erscheint unsern Blicken das atlantische Meer als ein schmaler Canal, der die neue Welt und die europäischen Handelsstaaten nicht weiter auseinander hält, als in der Kindheit der Schifffahrt das Mittelmeer die Griechen in Peloponnes und die in Ionien, auf Sicilien und in Cyrenaica auseinander hielt.

Allerdings wird noch manches Jahr vergehen, bis siebzehn Millionen, über eine Länderstrecke zerstreut, die um ein Fünftheil größer ist als ganz Europa, durch Selbstregierung zu einem festen Gleichgewicht kommen. Der eigentlich kritische Zeitpunkt ist der, wo es lange Zeit unterjochten Völkern auf einmal in die Hand gegeben ist, ihr Leben nach den Erfordernissen ihres Wohlergehens einzurichten. Man hört immer wieder behaupten, die Hispano-Amerikaner seyen für freie Institutionen nicht weit genug in der Cultur vorgeschritten. Es ist noch nicht lange her, so sagte man dasselbe von andern Völkern aus, bei denen aber die Civilisation überreif seyn sollte. Die Erfahrung lehrt, daß bei Nationen wie beim Einzelnen das Glück ohne Talent und Wissen bestehen kann; aber ohne läugnen zu wollen, daß ein gewisser Grad von Aufklärung und Volksbildung zum Bestand von

Republiken oder constitutionellen Monarchien unentbehrlich ist, sind wir der Ansicht, daß dieser Bestand lange nicht so sehr vom Grade der geistigen Bildung abhängt, als von der Stärke des Volkscharakters, vom Verein von Thatkraft und Ruhe, von Leidenschaftlichkeit und Geduld, der eine Verfassung aufrecht und am Leben erhält, ferner von den örtlichen Zuständen, in denen sich das Volk befindet, und von den politischen Verhältnissen zwischen einem Staate und seinen Nachbarstaaten.

Wenn die heutigen Colonien nach ihrer Emancipation mehr oder weniger zu republikanischer Verfassungsform hinneigen, so ist die Ursache dieser Erscheinung nicht allein im Nachahmungstrieb zu suchen, der bei Volksmassen noch mächtiger ist als beim Einzelnen; sie liegt vielmehr zunächst im eigenthümlichen Verhältniss, in dem eine Gesellschaft sich befindet, die sich auf einmal von einer Welt mit älterer Cultur losgetrennt, aller äußern Bande entledigt sieht und aus Individuen besteht, die nicht Einer Kaste das Uebergewicht im Staate zugestehen. Durch die Vorrechte, welche das Mutterland einer sehr beschränkten Anzahl von Familien in Amerika ertheilte, hat sich dort durchaus nicht gebildet, was in Europa eine Adelsaristokratie heißt. Die Freiheit mag in Anarchie oder durch die vorübergehende Usurpation eines verwegenen Parteihauptes zu Grunde gehen, aber die wahren Grundlagen der Monarchie sind im Schooße der heutigen Colonien nirgends zu finden. Nach Brasilien wurden sie von außen hereingebracht zur Zeit, da dieses gewaltige Land des tiefsten Friedens genoß, während das Mutterland unter ein fremdes Joch gerathen war.

Ueberdenkt man die Verkettung menschlicher Geschicke, so sieht man leicht ein, wie die Existenz der heutigen Colonien, oder vielmehr wie die Entdeckung eines halb mensehenleeren Continents, auf dem allein eine so erstaunliche Entwicklung des Colonialsystems möglich war, republikanische Staatsformen in großem Maßstab und in so großer Zahl wieder ins Leben rufen mußte. Nach der Anschauung berühmter Schriftsteller sind die Umwandlungen auf dem Boden der Gesellschaft, welche ein bedeutender Theil von Europa in unsern Tagen erlitten hat, eine Nachwirkung der religiösen Reform zu Anfang des sechzehnten Jahrhunderts. Es ist nicht zu vergessen, daß in diese denkwürdige Zeit, in der ungezügelte Leidenschaften und der Hang zu starren Dogmen die Klippen der europäischen Staatskunst waren, auch die Eroberung von Mexico, Peru und Cundinamarca fällt, eine Eroberung, durch die, wie sich der Verfasser des *Esprit des lois* so schön ausdrückt, das Mutterland eine unermeßliche Schuld auf sich genommen, die es der Menschheit abzutragen hat. Ungeheure Provinzen wurden durch castilianische Tapferkeit den Ansiedlern aufgethan und durch die Bande gemeinsamer Sprache, Sitte und Gottesverehrung verknüpft. Und so hat denn durch das merkwürdigste Zusammentreffen von Ereignissen die Regierung des mächtigsten und unumschränktesten Monarchen Europas,

Carls V., die Keime ausgestreut zum Kampfe des neunzehnten Jahrhunderts und den Grund gelegt zu den staatlichen Vereinen, die, eben erst ins Leben getreten, uns durch ihren Umfang und die Gleichförmigkeit der dabei herrschenden Grundsätze in Erstaunen setzen. Befestigt sich die Emancipation des spanischen Amerika, wie man bis jetzt mit allem Grund hoffen darf, so sieht ein Meeresarm, der atlantische Ocean, auf seinen beiden Ufern Regierungsformen, die, so grundverschieden sie sind, einander nicht nothwendig feindselig gegenübertreten. Nicht allen Völkern beider Welten mag dieselbe Verfassung zum Heile gereichen; der wachsende Wohlstand einer Republik ist kein Schimpf für monarchische Staaten, so lange sie mit Weisheit und Achtung vor den Gesetzen und den öffentlichen Freiheiten regiert werden.

Seit die Entwicklung der Schifffahrtskunst und die sich steigernde Thätigkeit der Handelsvölker die Küsten der beiden Festländer einander näher gerückt haben, seit die Havana, Rio Janeiro und der Senegal uns kaum entlegener vorkommen als Cadix, Smyrna und die Häfen des baltischen Meeres, nimmt man Anstand, die Leser mit einer Ueberfahrt von der Küste von Caracas nach der Insel Cuba zu behelligen. Das Meer der Antillen ist so bekannt wie das Becken des Mittelmeers, und wenn ich hier aus meinem Seetagebuch einige Beobachtungen niederlege, so thue ich es nur, um den Faden meiner Reisebeschreibung nicht zu verlieren und allgemeine Betrachtungen über Meteorologie und physische Geographie daran zu knüpfen. Um die wechselnden Zustände der Atmosphäre recht kennen zu lernen, muß man am Abhang der Gebirge und auf der unermeßlichen Meeresfläche beobachten; in einem Forscher, der seinen Scharfsinn im Befragen der Natur lange nur im Studirzimmer geübt hat, mögen schon auf der kleinsten Ueberfahrt, auf einer Reise von den Canarien nach Madera, ganz neue Ansichten sich gestalten.

Am 24. November um neun Uhr Abends gingen wir auf der Rhede von Nueva Barcelona unter Segel und fuhren um die kleine Felseninsel Borrachita herum. Zwischen derselben und Gran Borracha ist eine tiefe Straße. Die Nacht brachte die Kühle, welche den tropischen Nächten eigen ist und einen angenehmen Eindruck macht, von dem man sich erst Rechenschaft geben kann, wenn man die nächtliche Temperatur von 23 bis 24 Graden des hunderttheiligen Thermometers mit der mittleren Tagestemperatur vergleicht, die in diesen Strichen, selbst auf den Küsten, meist 28 bis 29 Grad beträgt. Tags darauf, kurz nach der Beobachtung um Mittag, befanden wir uns im Meridian der Insel Tortuga; sie ist, gleich den Eilanden Coche und Cubagua, ohne Pflanzenwuchs und erhebt sich auffallend wenig über den Meeresspiegel. Da man in neuester Zeit über die astronomische Lage von Tortuga Zweifel geäußert hat, so bemerke ich hier, daß Louis Berthouds Chronometer mir für den Mittelpunkt der Insel 0°49'40" westwärts von

Nueva Barcelona ergab; diese Länge ist aber doch wohl noch ein wenig zu weit westlich.

Am 26. November. — Windstille, auf die wir um so weniger gefaßt waren, da der Ostwind in diesen Strichen von Anfang Novembers an meist sehr stark ist, während vom Mai bis Oktober von Zeit zu Zeit die Nordwest- und die Südwinde auftreten. Bei Nordwestwind bemerkt man eine Strömung von West nach Ost, welche zuweilen zwei, drei Wochen lang die Fahrt von Carthagena nach Trinidad beschleunigt. Der Südwind gilt auf der ganzen Küste von Terra firma für sehr ungesund, weil er (so sagt das Volk) die fauligten Effluvien aus den Wäldern am Orinoco herführt. Gegen neun Uhr Morgens bildete sich ein schöner Hof um die Sonne, und im selben Moment fiel in der tiefen Luftregion der Thermometer plötzlich um 3½ Grad. War dieses Fallen die Folge eines niedergehenden Luftstroms? Der einen Grad breite Streif, der den Hof bildete, war nicht weiß, sondern hatte die lebhaftesten Regenbogenfarben, während das Innere des Hofes und das ganze Himmelsgewölbe blau waren ohne eine Spur von Dunst.

Wir verloren nachgerade die Insel Margarita aus dem Gesicht, und ich versuchte die Höhe der Felsgruppe Macanao zu bestimmen. Sie erschien unter einem Winkel von 0°16'35", woraus sich beim geschätzten Abstand von 60 Seemeilen für den Glimmerschieferstock Macanao eine Höhe von etwa 660 Toisen ergäbe, und dieses Resultat[190] läßt mich in einem Erdstrich, wo die irdischen Refractionen so gleichförmig sind, vermuthen, daß wir uns nicht so weit von der Insel befanden, als wir meinten. Die Kuppel der Silla bei Caracas, die in Süd 62° West liegen blieb, fesselte lange unsern Blick. Mit Vergnügen betrachtet man den Gipfel eines hohen Berges, den man nicht ohne Gefahr bestiegen hat, wie er nach und nach unter den Horizont sinkt. Wenn die Küste dunstfrei ist, muß die Silla auf hoher See, den Einfluß der Refraction nicht gerechnet, auf 33 Meilen zu sehen seyn.[191] An diesem und den folgenden Tagen war die See mit einer bläulichten Haut bedeckt, die unter dem zusammengesetzten Microscop aus zahllosen Fäden zu bestehen schien. Man findet dergleichen Fäden häufig im Golfstrom und im Canal von Bahama, so wie im Seestrich von Buenos Ayres. Manche Naturforscher halten sie für Reste von Molluskeneiern, mir schienen sie vielmehr zerriebene Algen zu seyn. Indessen scheint das Leuchten der See durch sie gesteigert zu werden, namentlich zwischen dem 28. und 30. Grad der Breite, was allerdings auf thierischen Ursprung hindeutete.

Am 27. November. Wir rückten langsam auf die Insel Orchila zu; wie alle kleinen Eilande in der Nähe der fruchtbaren Küste von Terra firma ist sie unbewohnt geblieben. Ich fand die Breite des nördlichen Vorgebirges 11°51'44" und die Länge des östlichen Vorgebirges 68°26'5" (Nueva Barcelona zu 67°4'48" angenommen). Dem westlichen Cap gegenüber liegt ein Fels, an dem sich die Wellen mit starkem Getöse brechen. Einige mit dem

Sextanten aufgenommene Winkel ergaben für die Länge der Insel von Ost nach West 8,4 Seemeilen (zu 950 Toisen), für die Breite kaum 3 Seemeilen. Die Insel Orchila, die ich mir nach ihrem Namen als ein dürres, mit Flechten bedecktes Eiland vorgestellt hatte, zeigte sich jetzt in schönem Grün; die Gneißhügel waren mit Gräsern bewachsen. Im geologischen Bau scheint Orchila im Kleinen mit der Insel Margarita übereinzukommen; sie besteht aus zwei, durch eine Landzunge verbundenen Felsgruppen; jene ist ein mit Sand bedeckter Isthmus, der aussieht, als wäre er beim allmähligen Sinken des Meeresspiegels aus dem Wasser gestiegen. Die Felsen erschienen hier, wie überall, wo sie sich einzeln steil aus der See erheben, weit höher, als sie wirklich sind; sie sind kaum 80 bis 90 Toisen hoch. Gegen Nordwest streicht die *Punta rasa* hinaus und verliert sich als Untiefe im Wasser. Sie kann den Schiffen gefährlich werden, wie auch der **Mogote**, der, zwei Seemeilen vom westlichen Cap, von Klippen umgeben ist. Wir betrachteten diese Felsen ganz in der Nähe und sahen die Gneißschichten nach Nordwest fallen und von dicken Quarzlagern durchzogen. Von der Verwitterung dieser Lager rührt ohne Zweifel der Sand des umgebenden Strandes her. Ein paar Baumgruppen beschatten die Gründe; oben auf den Hügeln stehen Palmen mit fächerförmigem Laub. Es ist wahrscheinlich die *Palma de sombrero* der Llanos (*Corypha tectorum*). Es regnet wenig in diesen Strichen, indessen fände man auf der Insel Orchila wahrscheinlich doch einige Quellen, wenn man sie so eifrig suchte, wie im Glimmerschiefergestein auf Punta Araya. Wenn man bedenkt, wie viele dürre Felseneilande zwischen dem 16. und 26. Grad der Breite im Archipel der kleinen Antillen und der Bahama-Inseln bewohnt und gut angebaut sind, so wundert man sich, diese den Küsten von Cumana, Barcelona und Caracas so nahe gelegenen Eilande wüste liegen zu sehen. Es wäre längst anders, wenn sie unter einer andern Regierung als unter der von Terra firma ständen. Nichts kann Menschen veranlassen, ihre Thätigkeit auf den engen Bezirk einer Insel zu beschränken, wenn das nahe Festland ihnen größere Vortheile bietet.

Bei Sonnenuntergang kamen uns die zwei Spitzen der *Roca de afuera* zu Gesicht, die sich wie Thürme aus der See erheben. Nach der Aufnahme mit dem Compaß liegt der östlichste dieser Felsen 0°19' westwärts vom westlichen Cap von Orchila. Die Wolken blieben lange um diese Insel geballt, so daß man ihre Lage weit in See erkannte. Der Einfluß, den eine kleine Landmasse auf die Verdichtung der 800 Toisen hoch schwebenden Wasserdünste äußert, ist eine sehr auffallende Erscheinung, aber allen Seefahrern wohl bekannt. Durch diese Ansammlung von Wolken erkennt man die Lage der niedrigsten Inseln in sehr bedeutender Entfernung.

Am 29. November. Bei Sonnenaufgang sahen wir fast dicht am Meereshorizont die Kuppel der Silla bei Caracas noch ganz deutlich. Wir glaubten 39 bis 40 Meilen (Lieues) davon entfernt zu seyn, woraus, die Höhe des Berges (1350 Toisen), seine astronomische Lage und den Schiffsort als richtig bestimmt angenommen, eine für diese Breite etwas starke Refraction zwischen ⅙ und ⅐, folgte. Um Mittag verkündeten alle Zeichen am Himmel gegen Nord einen Witterungswechsel; die Luft kühlte sich auf einmal auf 22°8 ab, während die See an der Oberfläche eine Temperatur von 25°6 behielt. Während der Beobachtung um Mittag brachten daher auch die Schwingungen des Horizonts, der von schwarzen Streifen oder Bändern von sehr veränderlicher Breite durchzogen war, einen Wechsel von 3 bis 4 Minuten in der Refraction hervor. Bei ganz stiller Luft fing die See an hoch zu gehen; Alles deutete auf einen Sturm zwischen den Caymanseilanden und dem Cap San Antonio. Und wirklich sprang am 30. November der Wind auf einmal nach Nordnordost um, und die Wogen wurden ausnehmend hoch. Gegen Nord war der Himmel schwarzblau, und unser kleines Fahrzeug schlingerte um so stärker, da man im Anschlagen der Wellen zwei sich kreuzende Seen unterschied, eine aus Nord, eine andere aus Nordnordost. Auf eine Seemeile weit bildeten sich Wasserhosen und liefen rasch von Nordnordost nach Nordnordwest. So oft die Wasserhose uns am nächsten kam, fühlten wir den Wind stärker werden. Gegen Abend brach durch die Unvorsichtigkeit unseres amerikanischen Kochs Feuer auf dem Oberleuf aus. Es wurde leicht gelöscht; bei sehr schlimmem Wetter mit Windstößen, und da wir Fleisch geladen hatten, das des Fettes wegen ungemein leicht brennt, hätte aber das Feuer rasch um sich greifen können. Am 1. December Morgens wurde die See allmählig ruhiger, je mehr sich der Wind in Nordost festsetzte. Ich war zu dieser Zeit des gleichförmigen Ganges meines Chronometers ziemlich gewiß; der Capitän wollte aber zur Beruhigung einige Punkte der Insel St. Domingo peilen. Am 2. December kam wirklich Cap Beata in Sieht, an einem Punkt, wo wir schon lange Wolkenhaufen gesehen hatten. Nach Höhen des Achernar, die ich in der Nacht aufnahm, waren wir 64 Seemeilen davon entfernt. In dieser Nacht beobachtete ich eine sehr interessante optische Erscheinung, die ich aber nicht zu erklären versuche. Es war über zwölf ein halb Uhr; der Wind wehte schwach aus Ost; der Thermometer stand auf 23°2, der Fischbein-Hygrometer auf 57°. Ich war ans dem Oberleuf geblieben, um die Culmination einiger großen Sterne zu beobachten. Der volle Mond stand sehr hoch. Da auf einmal bildete sich auf der Seite des Mondes, 45 Minuten vor seinem Durchgang durch den Meridian, ein großer Bogen in allen Farben des Spectrums, aber unheimlich anzusehen. Der Bogen reichte über den Mond hinaus; der Streifen in den Farben des Regenbogens war gegen zwei Grad breit und seine Spitze schien etwa 80 bis 85 Grad über dem Meereshorizont zu liegen. Der Himmel war vollkommen rein, von Regen keine Spur; am auffallendsten war mir aber, daß die Erscheinung, die vollkommen einem Mondregenbogen glich, sich nicht dem Mond gegenüber zeigte. Der Bogen blieb 8 bis 10 Minuten, scheinbar wenigstens, unverrückt; im Moment aber, wo ich versuchte, ob er durch

Reflexion im Spiegel des Sextanten zu sehen seyn werde, fing er an sich zu bewegen und über den Mond und Jupiter, der nicht weit unterhalb des Mondes stand, hinabzurücken. Es war zwölf Uhr vierundfünfzig Minuten (wahre Zeit), als die Spitze des Bogens unter dem Horizont verschwand. Diese Bewegung eines farbigen Bogens setzte die wachhabenden Matrosen auf dem Oberlauf in Erstaunen; sie behaupteten, wie beim Erscheinen jedes auffallenden Meteors, »das bedeute Sturm.« Arago hat die Zeichnung dieses Bogens in meinem Reisetagebuche untersucht; nach seiner Ansicht hätte das im Wasser reflektirte Bild des Mondes keinen Hof von so großem Durchmesser geben können. Die Raschheit der Bewegung ist ein weiteres Moment, das diese Erscheinung, die alle Beachtung verdient, ebenso schwer erklärlich macht.

Am 3. December. Man war unruhig, weil sich ein Fahrzeug sehen ließ, das man für einen Caper hielt. Als es auf uns zukam, sah man, daß es die **Balandra del Frayle** (Goelette des Mönchs) war. Was eine so seltsame Benennung sagen wollte, war mir unklar. Es war aber nur das Fahrzeug eines Missionärs vom Franciscanerorden (*Frayle Observante*), eines sehr reichen Pfarrers eines indianischen Dorfs in den Llanos von Barcelona, der seit mehreren Jahren einen kleinen, ziemlich einträglichen Schmuggelhandel mit den dänischen Inseln trieb. In der Nacht sahen Bonpland und mehrere andere Passagiere auf eine Viertels-Seemeile unter dem Wind eine kleine Flamme an der Meeresfläche, die gegen Südwest fortlief und die Luft erhellte. Man spürte keinen Erdstoß, keine Aenderung in der Richtung der Wellen. War es ein phosphorischer Schein, den eine große Masse faulender Mollusken verbreitete, oder kam die Flamme vom Meeresboden herauf, wie solches zuweilen in von Vulkanen erschütterten Seestrichen beobachtet worden seyn soll? Letztere Annahme scheint mir durchaus unwahrscheinlich. Vulkanische Flammen können nur dann aus den Wellen hervorbrechen, wenn der feste Boden des Meeres bereits emporgehoben ist, so daß Flammen und glühende Schlacken aus dem obern gewölbten und zerklüfteten Theil hervorkommen und nicht durch das Wasser selbst hindurchgehen.

Am 4. December. Um zehn ein halb Uhr Morgens befanden wir uns unter dem Meridian des Vorgebirgs Bacco (Punta Abaccu), dessen Länge ich gleich 76°7'50" oder 90°3'2" von Nueva Barcelona fand. Im Frieden laufen, nach dem alten Brauch der spanischen Schiffer, die Fahrzeuge, die zwischen Cumana oder Barcelona und der Havana mit Salzfleisch Handel treiben, durch den Canal von Portorico und über »den alten« Canal nördlich von Cuba; zuweilen gehen sie auch zwischen Cap Tiburon und Cap Morant durch und fahren an der Nordküste von Jamaica hin. In Kriegszeiten gelten diese Wege für gleich gefährlich, weil man zu lange im Angesicht des Landes bleibt. Aus Furcht vor den Capern fuhren wir daher, sobald wir den Parallel von 17 Grad erreicht hatten, gerade über die Bank Vibora, bekannter unter dem

Namen Pedro Shoals. Diese Bank ist über 280 Quadratseemeilen groß und ihr Umriß fällt dem Geologen stark ins Auge, weil derselbe mit dem des benachbarten Jamaica so große Aehnlichkeit hat. Es ist als hätte eine Erhebung des Meerbodens die Wasserfläche nicht erreichen können, um sofort eine Insel zu bilden, fast so groß wie Portorico. Seit dem fünften December glaubten die Steuerleute in großer Entfernung nach einander die Ranaseilande (Morant Kays), Cap Portland und Pedro Kays zu peilen. Wahrscheinlich irrte man sich bei mehreren dieser Peilungen vom Mastkorbe aus; ich habe dieser Bestimmungen anderswo Erwähnung gethan,[192] nicht um sie gegen die Beobachtungen geübter englischer Seefahrer in diesen stark befahrenen Seestrichen aufzustellen, sondern allein, um die Punkte, die ich in den Wäldern am Orinoco und im Archipel der Antillen bestimmt, zu Einem System von Beobachtungen zu verknüpfen. Die milchigte Farbe des Wassers zeigte uns, daß wir uns am östlichen Rande der Bank befanden; der hunderttheilige Thermometer, der an der Meeresfläche weit ab von der Bank seit mehreren Tagen auf 27° und 27°3 gestanden hatte (bei einer Lufttemperatur von 21°2), fiel schnell auf 25°7. Das Wetter war vom vierten bis zum sechsten December sehr schlecht; es regnete in Strömen, in der Ferne tobte ein Gewitter und die Windstöße aus Nordnordwest wurden immer heftiger. In der Nacht befanden wir uns eine Zeitlang in einer ziemlich bedenklichen Lage. Man hörte vor dem Vordertheil die See an Klippen branden, auf die das Schiff zulief. Beim phosphorischen Schein des schäumenden Meeres sah man, in welcher Richtung die Riffe lagen. Das sah fast aus wie der Raudal von Garcita und andere Stromschnellen, die wir im Bett des Orinoco gesehen. Der Capitän schob die Schuld weniger auf die Nachlässigkeit des Steuermanns, als auf die Mangelhaftigkeit der Seekarten. Es gelang das Schiff zu wenden, und in weniger als einer Viertelstunde waren wir außer aller Gefahr. Das Senkblei zeigte zuerst 9, dann 12, dann 15 Faden. Wir legten die Nacht vollends bei; der Nordwind drückte den Thermometer auf 19°7 (15°7 Reaumur) herab. Am andern Tag fand ich nach chronometrischer Beobachtung in Verbindung mit der corrigirten Schätzung vom vorigen Tag, daß jene Klippen ungefähr unter 16°50' der Breite und 80°43'49" der Länge liegen. Die Klippe, an der das spanische Schiff el Monarca im Jahr 1798 beinahe zu Grunde gegangen wäre, liegt unter 16°44' der Breite und 80°23' der Länge, also viel weiter gegen Ost. Während wir von Südsüdost nach Nordnordwest über die Bank Vibora fuhren, versuchte ich es oft die Temperatur des Meerwassers an der Oberfläche zu messen. Mitten auf der Bank war die Abkühlung nicht so stark als an den Rändern, was wir den Strömungen zuschrieben, die in diesen Strichen die Wasser verschiedener Breiten mischen. Südwärts von Pedro Kays zeigte die Meeresfläche bei 25 Faden Tiefe 26°4, bei 15 Faden Tiefe 26°2. Oestlich von der Bank war die Temperatur der See 26°8 gewesen. Diese Versuche können in diesen Strichen nur dann genaue Resultate geben, wenn man sie zu einer

Zeit anstellt, wo der Wind nicht aus Nord bläst und die Strömungen nicht so stark sind. Die Nordwinde und die Strömungen kühlen nach und nach das Wasser ab, selbst wo die See sehr tief ist. Südwärts vom Cap Corientes unter 20°43' der Breite fand ich die Temperatur des Meeres an der Oberfläche 24°6, die der Luft 19°8. Manche amerikanische Schiffer versichern, zwischen den Bahamainseln merken sie oft, wenn sie in der Cajüte sitzen, ob sie sich über Untiefen befinden; sie behaupten, die Lichter bekommen kleine Höfe in den Regenbogenfarben und die ausgeathmete Luft verdichte sich zu sichtbarem Dunst. Letzteres Factum ist denn doch wohl zu bezweifeln; unterhalb dem 30. Grad der Breite ist die Erkältung durch das Wasser der Untiefen nicht bedeutend genug, um diese Erscheinung hervorzubringen. Während wir über die Bank Vibora liefen, war der Zustand der Luft ganz anders, als gleich nachdem wir sie verlassen hatten. Der Regen hielt sich innerhalb der Grenzen der Bank, und wir konnten von ferne ihren Umriß an den Dunstmassen erkennen, die darauf lagerten.

Am 9. December. Je näher wir den Caymanseilanden[193] kamen, desto stärker wurde wieder der Nordostwind. Trotz des stürmischen Wetters konnte ich einige Sonnenhöhen aufnehmen, als wir uns auf 12 Seemeilen Entfernung im Meridian des Gran-Cayman, der mit Cocosbäumen bewachsen ist, zu befinden glaubten. Ich habe anderswo die Lage des Gran-Cayman und der beiden Eilande ostwärts von demselben erörtert. Seit lange find diese Punkte auf unsern hydrographischen Karten sehr unsicher, und ich fürchte nicht glücklicher gewesen zu seyn als andere Beobachter, die ihre wahre Lage ausgemacht zu haben glaubten. Die schönen Karten des Deposito zu Madrid gaben dem Ostcap von Gran-Cayman zu verschiedenen Zeiten 82°58' (von 1799—1804), 83°43' (1809), wieder 82°59' (1821). Letztere Angabe, die auf der Karte von Barcaiztegui aufgenommen ist, stimmt mit der überein, bei der ich stehen geblieben war; aber nach der Versicherung eines ausgezeichneten Seefahrers, des Contreadmirals Roussin, dem man eine ausgezeichnete Arbeit über die Küsten von Brasilien verdankt, scheint es jetzt ausgemacht, daß das westliche Vorgebirge von Gran-Cayman unter 83°45' der Länge liegt.

Das Wetter war fortwährend schlecht und die See ging ungemein hoch; der Thermometer stand zwischen 19°2 und 20°3 (15°4—16°2 Reaumur). Bei dieser niedrigen Temperatur wurde der Geruch des Salzfleisches, mit dem das Schiff beladen war, noch unerträglicher. Der Himmel zeigte zwei Wolkenschichten; die untere war sehr dick und wurde ausnehmend rasch gegen Südost gejagt, die obere stand still und war in gleichen Abständen in gekräuselte Streifen getheilt. In der Nähe des Cap San Antonio legte sich der Wind endlich. Ich fand die Nordspitze des Caps unter 87°17'22", oder 2°34'14" ostwärts vom Morro von Havana gelegen. Diese Länge geben demselben die besten Karten noch jetzt. Wir waren noch drei Seemeilen vom Lande, und doch verrieth sich die Nähe von Cuba durch einen köstlichen aromatischen Geruch. Die Seeleute versichern, wenn man sich dem Vorgebirge Catoche an der dürren Küste von Mexico nähere, sey kein solcher Geruch zu spüren. Sobald das Wetter heiterer wurde, stieg der Thermometer im Schatten nach und nach auf 27 Grad; wir rückten rasch nach Norden vor mittelst einer Strömung aus Süd-Süd-Ost, deren Temperatur an der Wasserfläche 26°7 betrug, während ich außerhalb derselben Strömung nur 24°6 gefunden hatte. In der Besorgniß, ostwärts von der Havana zu kommen, wollte man anfangs die Schildkröteninseln (*Dry Tortugas*) am Südwestende der Halbinsel Florida aufsuchen; aber seit Cap San Antonio in Sicht gewesen, hatten wir zu Louis Berthouds Chronometer so großes Zutrauen gefaßt, daß solches überflüssig erschien. Wir ankerten im Hafen der Havana am 19. December nach einer fünf und zwanzigtägigen Fahrt bei beständig schlechtem Wetter.